西餐主厨教室

西餐厨房用具使用宝典

Williams-Sonoma Tools & Techniques

[美] 恰克 · 威廉姆斯（Chuck Williams）◎编

丛龙岩　张　竹◎译

机械工业出版社
CHINA MACHINE PRESS

序：托马斯·凯勒
责任编辑：詹妮弗·纽文斯
助理编辑：茱莉亚·胡姆斯
摄　　影：杰夫·塔克　凯文·霍斯勒

图书在版编目（CIP）数据

西餐厨房用具使用宝典 /（美）恰克·威廉姆斯（Chuck Williams）编；丛龙岩，张竹译. —北京：机械工业出版社，2023.4
（西餐主厨教室）
书名原文：Williams-Sonoma Tools & Techniques
ISBN 978-7-111-72271-7

Ⅰ. ①西…　Ⅱ. ①恰…　②丛…　③张…　Ⅲ. ①西式菜肴－炊具－介绍
Ⅳ. ①TS972.21

中国国家版本馆CIP数据核字（2023）第029607号

机械工业出版社（北京市百万庄大街22号　邮政编码100037）
策划编辑：卢志林　　　　　　　责任编辑：卢志林　范琳娜
责任校对：薄萌钰　王明欣　　责任印制：常天培
北京宝隆世纪印刷有限公司印刷
2023年8月第1版第1次印刷
210mm × 260mm · 22.75印张 · 2插页 · 521千字
标准书号：ISBN 978-7-111-72271-7
定价：168.00元

电话服务	网络服务
客服电话：010-88361066	机　工　官　网：www.cmpbook.com
010-88379833	机　工　官　博：weibo.com/cmp1952
010-68326294	金　　书　　网：www.golden-book.com
封底无防伪标均为盗版	机工教育服务网：www.cmpedu.com

厨房用具解读

目录

厨房用具使用技巧

食谱类

序

恰克·威廉姆斯与茱莉亚·查尔德，以及罗伯特·蒙达维一起通力合作，通过提升下厨人的水准和眼界，转变了我们的烹饪观。我称呼他们为美国美食界的“三圣”。当茱莉亚·查尔德开始在电视节目中教我们如何烹饪时，数百万人已经从中受益。罗伯特·蒙达维开始为我们跃跃欲试的味蕾酿造出了世界级的葡萄酒。恰克·威廉姆斯已经开始着手于提供必不可少的工具来将方方面面集合到一起。他们的努力使得我们的餐桌变得完美无缺。

半个多世纪以前，恰克很有先见之明，在加利福尼亚州的索诺玛开创了自己的事业，出售那些他认为人们想要使用和需要使用的厨房用具。虽然一开始店的规模不大，但是他只销售最高品质的产品，并向公众引荐了许多饭店专用的工具器皿。他知道，客户们会喜爱这些产品，因为这些工具很好用。

我清楚记得第一次走进威廉姆斯-索诺玛商店的情景，它给我留下了非常难忘的深刻印象，我感觉好像又回到了童年。当时购买了一把抹刀——这是我购买的第一件也是至今仍然在用的厨具。

确切地说，恰克和我志趣相投，我们只希望把最好品质的商品提供给客户，通过我们似火的热情去追求卓越。他的愿景清晰可见，那就是威廉姆斯-索诺玛品牌一直是高品质、耐用性和实用性的代名词。他的经营理念始终贯穿到每一家商店的经营之中，每次在任意一家商店里逗留，我都能深刻体会到这种精神。

在21岁时，我遇到了我的导师——罗兰·海宁。他使我深深体会到了情感与烹饪息息相关，并鼎力相助我实现了成为一名专业厨师的愿望。我意识到，要达到所渴望的高度，必须奠定坚实的基础，所以开始在法国一些顶级厨师的指导下进行训练。就如同我从最杰出的厨师那里所学习到的那样，我知道恰克的新书会给你提供坚实的基础。恰克为写这本书呕心沥血，并且着重关注不同技能水平的读者，这本烹饪书既包罗万象又富有挑战性。

它为每一位期望在家里制作出令人回味无穷美食的人提供了宝贵的信息资源和充足的烹饪技巧。

操持一个家庭和运作一间餐馆有许多相似之处。制订计划，编制预算，当然，还有烹饪。但是，正是满腔热情去学习新事物和尽最大努力去圆满完成一项工作的愿望，决定了平庸与卓越的区别。如果第一次你没有制作好，不要失去信心，总有一些新技术要去学习掌握。我的一些茅塞顿开的最好的想法，一直都是在失败之后才产生的。

这本书信息量巨大。一卷在手，你通过阅读本书，为那些欲饱口福的食客去准备琳琅满目的令人垂涎三尺的美味佳肴时，就成功了一多半。

Thomas Keller

托马斯·凯勒

如何使用本书

考虑到这是一本关于厨房内必不可少厨具的使用解读和基本烹饪技法的权威之作，书中的第一部分是家庭厨房内常用厨具和设备的全面使用指南。在这里，你会发现一些产品说明，解释了烘焙用具和烹调用具的用途，以及入门级的刀具样式和如何使用。第二部分是充满新意的超过250种的烹饪技巧，会帮助你熟悉和完成一些令人头疼的烹饪工作，就像切割一块烤肉、撬开生蚝，或者将蛋白打发至湿性发泡等，以及如何制作出铁扒烙印花纹，或者制作一个表面呈格子状的馅饼等。

本书分为两个部分，一部分涵盖了厨房工具和设备，另一部分是烹饪技巧和食谱。每一种工具类别和使用技巧依据带有编号的标签进行标记。你也可以使用本书后面的索引来找到一个特定的烹饪工具或技巧，书后面还有量度换算的表格，肉类成熟温度的判断方法，以及原材料没有的话，可以用什么材料代替。

无论你是厨房菜鸟，还是一名熟手，这本书将会成为你未来许多年厨房知识的主要来源。

Chuck Williams

恰克·威廉姆斯

厨房用具解读

厨房里摆满了琳琅满目的常用工具——经过了精心挑选的锅碗瓢盆、高品质的锋利刀具，以及经久耐用的烘焙用具。这是做出美味食物和烘焙佳肴的起始点。从购买力所能及的最佳品质的工具和设备开始，在接下来的几年里，你会从加热均匀的肉类中，以及丝滑般细腻的汤菜中得到犒劳。在此部分中，你会获得常用厨房工具和设备的使用指导建议，包括它们的尺寸大小、所用材质，以及使用方法等方面的相关信息。

1

b

2

c

e

f

g

烘焙用具

在挑选烘焙用具的时候，要记住这句古老的谚语：“一分价钱一分货。”用劣质材料制作的质量低下的烤盘和餐具，时间长了会变形或开裂，导致热传导性能差，食物烘烤得不均匀。相比较之下，经过精心保养的高质量烘焙用具可以用一辈子。

烤盘

a 带边烤盘

这些经久耐用的平底烤盘由铝或镀铝钢制成，可以用来烘烤从糕点到肉的所有食物。可以将小号的烤盘和耐热餐盘放在带边的烤盘里，带边烤盘有助于保温和传导热量，并收集烤肉时滴落的汤汁。

半平底烤盘（底下的盘子），尺寸为45厘米×33厘米（18英寸×13英寸），带有2.5厘米（1英寸）高的边缘。

四分之一平底烤盘（中间的盘子），尺寸为30厘米×23厘米（12英寸×9英寸），带有2.5厘米（1英寸）高的边缘。这个烤盘是最小号的标准烤盘。

果冻卷烤盘（上面的盘子），尺寸为38厘米×25厘米（15英寸×10英寸），并带有1.2厘米或2.5厘米（1/2英寸或1英寸）高的边缘。习惯上，这种烤盘常用来制作果冻卷，在薄薄的海绵蛋糕上涂抹上果冻，然后卷起来。也可以用来烘烤小食品。

b 曲奇烤盘

标准曲奇烤盘（底下的盘子）是一种平底的金属烤盘。曲奇烤盘的设计是为了让曲奇周围的热量循环最大化，并使它们很容易平稳地摆放到冷却架上。大多数曲奇烤盘在一侧或两侧会有低而倾斜的边，来保持稳定。它们通常为38厘米×30厘米或40厘米×35厘米（15英寸×12英寸或16英寸×14英寸）。那些带有不粘涂层的烤盘效果非常好，并且容易清洁，但也可以在曲奇烤盘上铺设烘焙纸或硅胶烤垫来防粘。要避免使用表面呈黑色的烤盘，否则会导致烤盘过热。

隔热曲奇烤盘（上面的盘子）由两层金属制成，中间夹有气垫层。这种设计有助于防止烤焦，使曲奇呈均匀的褐色。

馅饼盘和挞盘

c 馅饼盘（馅饼模具）

标准尺寸（底下的盘子和中间的盘子）的圆形铝制馅饼盘直径一般为23~25厘米（9~10英寸），带有2.5厘米（1英寸）高的斜边。馅饼盘有浅色和深色两种，后者会烘烤出颜色更深的褐色馅饼外皮。此外，还有不粘涂层馅饼盘。双层饼皮水果馅饼和预烤好的馅饼饼皮，以及用来制作填入奶油馅料的馅饼，特别适合使用铝制馅饼盘烘烤，因为这种金属很容易吸收热量，有助于馅饼外皮变得金黄酥脆。选择宽边的馅饼模具，可获得具有吸引力的、带有凸凹花纹状的饼皮。

深边馅饼盘（上面的盘子），最适合制作铺满大量水果而表面有馅饼外皮的馅饼、酥皮水果馅饼，以及咸香风味的肉馅饼等，深边馅饼烤盘看起来像普通的馅饼盘，但深度更深，为5~7.5厘米（2~3英寸）。

d 馅饼盘（馅饼餐盘）

陶瓷馅饼盘（上面的盘子）从烤箱里端出来后直接摆放到餐桌上会极具特色。它比标准尺寸的馅饼盘更深、更宽一些，深度为5~7.5厘米（2~3英寸），它们烤制馅饼的馅料可以是传统馅饼的两倍，所以最适合用来制作厚水果馅饼和肉馅饼，以及香酥的酥皮水果馅饼和香酥粒等。陶瓷馅饼盘导热效果不如金属馅饼盘，使得它们成为制作无饼底馅饼的最好选择，因为它们有助于防止馅料烤至焦煳。

玻璃馅饼盘（下面的盘子），由耐热玻璃制成，也叫玻璃馅饼餐盘，是非常受欢迎和具有吸引力的精致餐具。玻璃馅饼盘的主要优点是可以看到馅饼外壳是如何烘烤至焦黄的。然而，因为钢化玻璃不像金属那样导热，底部的馅饼面皮或许要多烘烤10~15分钟。

e 法式乳蛋饼盘

这款由陶瓷制成、有着装饰性凸凹槽状花边的浅边烤盘，非常适合用来烘烤乳蛋饼，也可以用来盛放乳蛋饼。你也可以用它来烘烤各种各样美味的蛋奶糕，或者以水果或卡仕达酱为主的甜点类。乳蛋饼盘的直径一般为25厘米或28厘米（10英寸或11英寸）。乳蛋饼也可以使用金属挞盘制作。

f 挞盘

金属挞盘有着较浅的、带有凸凹花纹的边，有普通的或带有不粘涂层的。有些挞盘底部是固定的，可以做成各种形状如正方形和长方形，用来制作各种风味特色鲜明的挞。带有活动底的、直径为25厘米或28厘米（10英寸或11英寸）的圆形挞盘最常用，这种类型的模具使得挞更容易脱模。

g 小挞盘

小的金属挞盘用来制作一人份的挞、蛋糕，以及其他甜味和咸香风味的烘焙食品。如同挞盘一样，这些小挞盘有固定底的和活动底的，以及常规的和不粘涂层的。有各种各样形状和尺寸的小挞盘，有普通形的和带凸凹花边的，有深边的，也有浅边的。

蛋糕模具

a 圆形蛋糕模具（圆形蛋糕盘）

首选高质量、无缝隙、厚重金属制成的蛋糕模具；虽然也有不锈钢和碳钢制成的蛋糕模具，但是由铝或镀铝钢板制成的模具品质最好。如果经常制作多层蛋糕，那么至少要购买两个不同尺寸的圆形蛋糕盘。最受欢迎的是直径为20厘米或23厘米（8英寸或9英寸），深度为4~5厘米（1.5~2英寸）的蛋糕模具。

b 方形蛋糕模具

可以购买与圆形蛋糕模具相同材质（也可以使用耐热玻璃）的蛋糕模具，通常是一体成型的，这些蛋糕模具非常适合制作布朗尼蛋糕、条形曲奇，以及没有添加馅料的蛋糕等。其标准尺寸为边长20厘米或23厘米（8英寸或9英寸），带有5厘米（2英寸）高的边。

c 长方形蛋糕模具

这一类型的蛋糕模具，大小一般为30厘米×23厘米（12英寸×9英寸），带有5~6厘米（2~2.5英寸）高的边缘，用于烘烤薄蛋糕、布朗尼、玉米面包和咖啡蛋糕等。

d 卡扣式蛋糕模具

这些深边的金属蛋糕模具的边缘使用卡扣固定，当卡扣闭合时，与底部形成密封体。松开卡扣时，蛋糕模具的边缘会展开然后抬起，使得蛋糕非常容易取出。卡扣式蛋糕模具通常用来制作奶酪蛋糕和慕斯蛋糕等。尽管它们的尺寸各不相同，但最常见的是直径为23厘米（9英寸）的圆形蛋糕模具。要购买那些用厚钢板制作的蛋糕模具。有些模具的表面还涂有不粘涂层。

e 中空形蛋糕模具

这类蛋糕模具的中间呈管状，此特点有助于高的、松软的蛋糕涨发起来，并且里外烘烤得均匀到位。天使蛋糕模具是最常见的中空形蛋糕模具类型，通常表面没有涂层。它有可拆卸的底部，所以蛋糕更容易脱模，还有在模具边缘朝上伸展出的支架，可以让倒扣过来的蛋糕模具在冷却的过程中不会接触到工作台面，这样蛋糕就沾不到潮气。为更多的用途考虑，可以购买一个直径为25厘米（10英寸）大小的中空形蛋糕模具，它可以盛装下3升蛋糕面糊。还可以使用中空形蛋糕模具制作其他种类的蛋糕，但是使用之前，需要在模具里均匀地涂上黄油或面粉。

f 邦特蛋糕模具

通常由重铸铝制成，有或没有不粘涂层，这是一种特制的、整体成型的中空形蛋糕盘，起源于德国和奥地利。盘边上有深深的凸凹形槽，中间有个孔洞，使得脱模之后的邦特蛋糕比传统的圆形蛋糕更容易切成片状。

其他烘焙用具

g 舒芙蕾盘

盘子有高边，这样富含气泡的舒芙蕾能够朝上膨胀得直且高。这些烤盘通常是圆形的，并且上面有着凸凹形的槽，容量从125毫升（4.23盎司）到快2升（68盎司）不等，并且是瓷制的。

h 焗盅

这些小而圆的瓷制烤盘，通常直径为7.5~10厘米（3~4英寸），常用来制作或盛装单人份甜食或咸香风味的食物。

i 烤盘（烘烤餐盘）

主要用于烘烤咸香风味的主菜、炖焖类菜肴或配菜，这些深的、耐热的玻璃或陶瓷制成的烤盘有各种各样的形状。许多烤盘会带把或外延的边，方便拿取。最受欢迎的容量是2.5~5升（84.5~169盎司）。

j 面包盘

标准的面包盘长20~30厘米（8~12英寸）、宽10~13厘米（4~5英寸）、深7.5~10厘米（3~4英寸），由铝、马口铁或镀铝钢，以及耐热玻璃等制成。可以用来烘烤甜味或咸味的酵母面包、速发面包、磅蛋糕、肉糕，或者千层肉饼等。

k 松饼烤盘（松饼模盘）

标准的松饼烤盘带有6个或12个杯形洞，每个杯形洞里可以盛放90毫升（6汤勺或3盎司）面糊。还有大号松饼模具或迷你松饼模具，迷你松饼模具有时候被称为珍宝杯。这些烤盘通常由铝或钢制成，涂有不粘涂层，是深受欢迎的特色烤盘。

l 蓬松饼烤盘

类似于松饼烤盘，这种烤盘是用来烘烤含蛋量非常多的蓬松饼面糊的。深而窄的杯身和构造——无论是老式的实心铸铁，还是新型的带有金属条连接的黑铁杯状烤盘——都有助于面糊膨胀。

m 硅胶烤垫

这些柔软不粘且耐热的垫子常铺在烤盘里。有了它，就不用涂油了，而且适合制作精致的曲奇。

n 冷却架

这些金属架带有腿脚，空气得以循环，防止潮气聚集在烘烤好的食物下面。冷却架有各种尺寸，方形或长方形的冷却架用于曲奇，而圆形的冷却架用于蛋糕或馅饼。要选择由重型金属制成的冷却架。

3

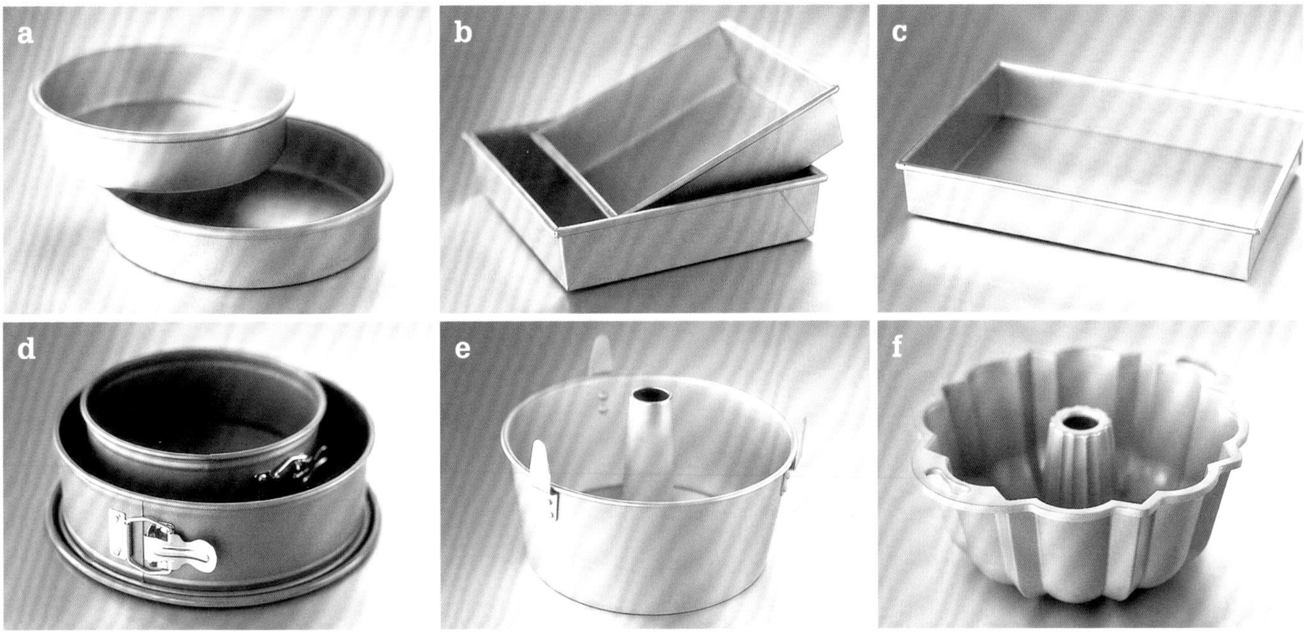

a

b

c

d

e

f

4

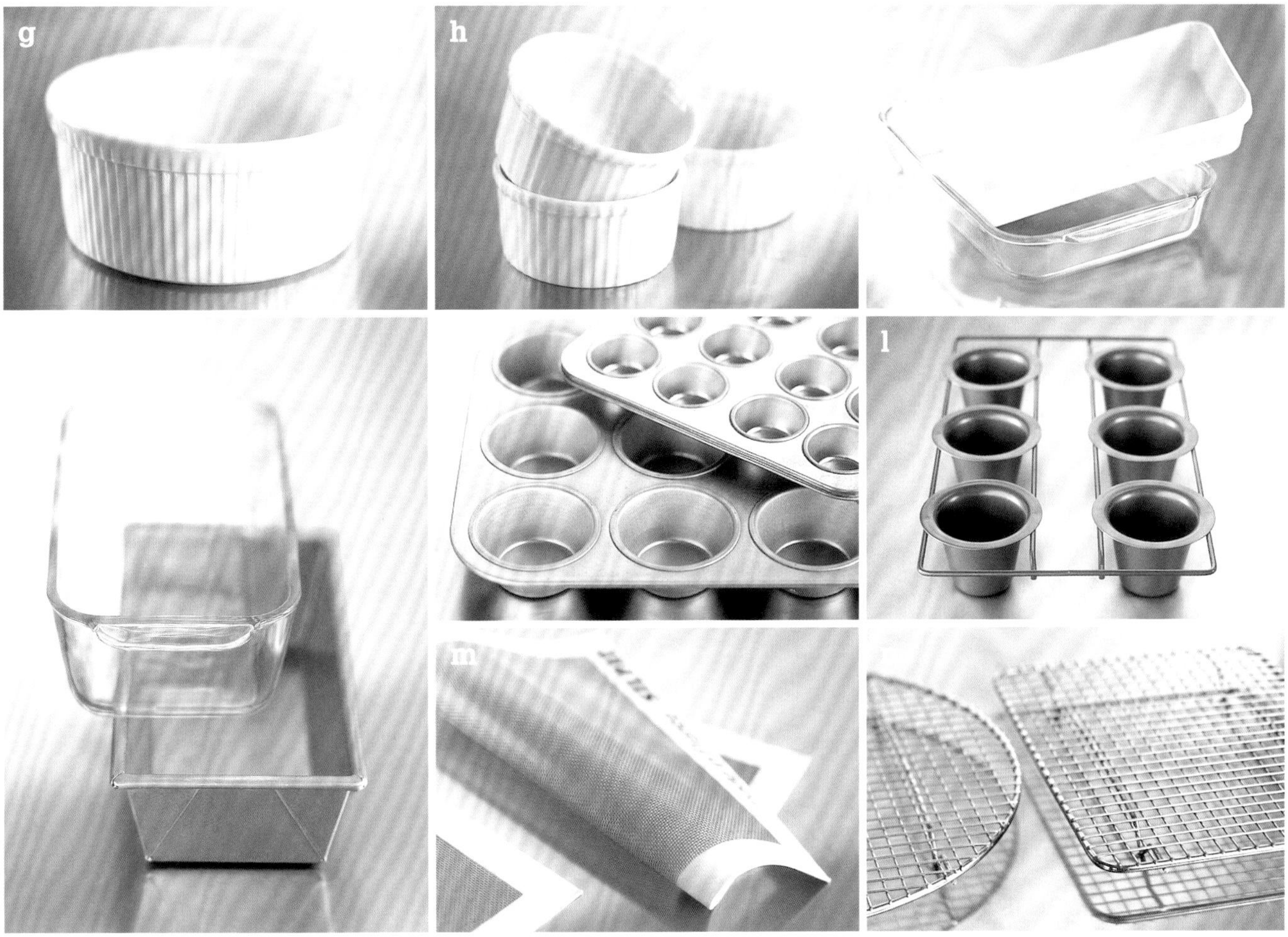

g

h

l

m

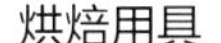

烘焙用具的材质

在过去的半个世纪里，烘焙用具最大的进步是材质的不断发展并持续改进，有助于防止食物在烘烤的过程中粘在烤盘上。目前有三种材质代表了现在的主流。

a 传统的不粘涂层

传统的不粘涂层是由合成化合物聚四氟乙烯（PTFE）组成的，它非常光滑，以至于食物很少会粘在上面。自1949年特富龙品牌问世以来，用于厨房用具上的PTFE涂层在20世纪50年代变得越来越流行。在购买带有不粘涂层的烘焙用具或厨具时，要选择涂有两层不粘涂层的产品，以确保最佳性能和耐用性。使用不粘涂层烤盘烘焙或烹饪食物时，应避免使用金属的刀铲，避免划伤不粘涂层。有许多厨房工具是专门为不粘烤盘和厨具设计的。基于同样的理由，不粘烘焙用具不要放到洗碗机内清洗；而应该用温热的洗涤液和柔软的海绵清洁，并且不得使用清洁球或研磨性的清洁粉。

b 金图不粘涂层

这是不粘涂层技术进步的一个主要例证，金图不粘烘焙用具的特色在于有两层高性能陶瓷增强性不粘涂层，该涂层的耐刮擦性是传统不粘器具的10倍，而且不会碎裂或者剥落。为了承受住频繁的使用，这种特制的不粘涂层引用了瑞士开发的一种工艺，并与商业规格的镀铝钢结合到一起，与专业厨房使用的烘焙烤盘涂层结构相同。这种金属合金散热快而均匀、抗锈蚀，烘烤出的食品效果始终如一。每个烤盘外围的厚边，都可防止其翘曲或弯曲。这种烤盘与传统不粘涂层烘焙用具还有一个区别是其美观的哑光金色。其另一个优点是，可以用洗碗机清洗。可以购买到各种各样的形状和大小的金图烤盘，如松饼烤盘、面包烤盘、圆形和方形蛋糕烤盘，以及薄烤盘等。

c　硅胶模具

最近发展起来的另一种防粘烘焙用具是硅胶模具。以在沙子中发现的化学元素硅为基础，这种橡胶状的化合物可以制成各种模具，用来烘烤松饼、蛋糕、面包和其他食物，也可以压制成有质感的薄片形状，制成不粘烤垫。硅胶的表面极其光滑，具有柔韧性和耐久性，使得在其上烘烤的食物几乎可以完全膨胀起来，并容易脱模。但是这种材料不像金属那样导热，所以将硅胶烤垫铺设在金属烤盘上用作支撑是一个很好的用途。可能还需要调整烘烤的时间或温度来促使食物上色。硅胶模具有各种鲜艳的颜色和异想天开的形状，所以对孩童来说极具吸引力。它还有助于节省金钱和减少浪费，如硅胶松饼衬垫或硅胶烤垫可以重复使用，以取代松饼纸杯或烘焙纸。硅胶烘焙用具在微波炉中使用是安全的，还可以在洗碗机中清洗。

a
b
c
d
e
f
g
h
i

烘焙工具类

在工作时拥有称手的工具可以让烘焙变得更简单，并且能乐在其中。诚然，你可以使用一个葡萄酒瓶把面团擀开，或者使用一个倒扣的水杯将饼干切割开，但这些工作使用擀面杖或饼干切割器会更加顺手。如果你购买了好用又结实的工具，它们可以使用许多年，对你帮助甚大。

馅饼和糕点工具类

a　糕点混合器

糕点混合器也称为糕点切割器或面团混合器，带有结实的木头或金属把手。可使用面团切割器反复下压切割冷冻的黄油块或其他脂肪块，这些金属丝或刀片会将脂肪分割成包裹着面粉的小块。

b　糕点案板

擀开糕点面团需要一个光滑的、硬质的案板——表面最好是凉的，以防止面团中的脂肪融化开。大理石案板是理想的选择，但也可用硬木或塑料做成的案板。不要用大理石案板切菜，因为刀会划伤其表面——更不用说会把刀弄钝了。夏季使用大理石案板前，先将其放入冰箱冷藏，以使面团尽可能保持凉爽，这一点对形成酥皮非常重要。

c　擀面杖

可以购买到各种大小、形状和材质的擀面杖，但硬木材质的擀面杖是最常见的选择。一般来说，结实、沉甸甸、做工精良的擀面杖最称手。为了避免翘曲，千万不要将木制擀面杖浸入到水里；只需简单地用一块湿布擦拭干净，然后用毛巾擦干即可。

传统擀面杖（图左侧）： 两边带有手柄的圆柱形硬木擀面杖非常适合擀馅饼面皮和其他面团。这种擀面杖效率最高，又称为面包师的擀面杖， 它有一根钢棒贯穿其中，擀起来非常平稳。要制作精致的糕点，可以用大理石或不锈钢的擀面杖，这些擀面杖能在很长一段时间内保持凉爽。

圆柱形擀面杖（图中间）： 这种法式风格的擀面杖，通常使用硬木制成。有些面包师说，使用圆柱形擀面杖比传统的带有手柄的擀面杖感觉上更好一些。

锥形擀面杖（图右侧）： 一种轻便的硬木质地的擀面杖，深受一些面包师的青睐，因为较厚的中心部位和较窄的两端使面团更容易擀成厚度均匀的规整圆形。

d　曲奇切割模具

曲奇切割模具有不同的形状和大小。大号圆形曲奇切割模具也可以切割饼干和司康饼。虽然有些曲奇切割模具是塑料制成的，但金属的最佳，它有锋利的切割刀刃。

e　糕点切割器

与曲奇切割模具有些相似，这些厚重的镀锡钢套装工具有3～10种带有刻度的，大小不同的规格，常用来切割曲奇以及糕点面团，适用于甜点制作。切割器有圆形、椭圆形、船形，也可以是方形，边缘处可以是直边，也可以是凸凹形的花边。

f　曲奇压制器

因为造型的缘故，曲奇压制器有时候也被称为曲奇枪。这种工具由一个牢固的金属管组成，里面可以填充柔软的曲奇面团，用力挤压一端的手柄，面团就会从固定在另外一端的多达24个不同造型的装饰花片中挤压到曲奇烤盘上，形成各种奇妙的造型。

g　糕点滚轮刀

糕点滚轮刀由圆形直边或带有凸凹形花边的滚刀或滚轮组成，牢固地连接在木质或金属手柄的末端。这种工具常用来切割或修剪擀开的糕点面团和意大利面，尤其是意大利饺子。带凸凹形花边的轮子有时被称为齿轮，因为它们能切割出锯齿状的花边。有一些滚轮刀在手柄的一端是直边的滚轮，而在另外一端是凸凹形的花边滚轮。

h　重石（烤石）

重石也称为糕点重石，这些铝制或陶瓷制成的小球，在盲烤（空烤即未加馅料的预烤）时用来压住馅饼面皮。将一张锡纸放入铺有糕点面皮的模具中，然后将重石铺满面皮的底部，在烘烤面皮时将其固定好，防止变形，并确保底部面皮保持规整和平坦。

i　糕点毛刷

使用糕点毛刷涂刷水、蛋液、熔化的黄油等，或者给糕点上色。糕点毛刷有各种不同的宽度，但要确保它们有着优质的鬃毛，牢固地附着在手柄上，而且是厨房专用的。要在热的洗涤液中清洗糕点毛刷。为了避免给食物带来异味，糕点毛刷和制作咸香风味食物所使用的毛刷要分开清洗。

蛋糕烘焙工具类

a　筛具

面筛（图左侧）：这种由金属或塑料制成的罐状面筛装有两个或三个重叠的金属丝网筛和一个把手，当挤压或转动时，旋转一个内部的刀片，会将面粉、可可粉或其他干性原料通过金属丝网过筛并混入空气。对于大多数家庭烘焙来说，一个500毫升或750毫升的面筛最合适。

网筛（图右侧）：将一个网筛置于盆的上方，可以很好地过滤干性原材料。将原材料倒入到网筛里，轻轻拍打网筛的边缘位置，让原料过筛后飘落到盆里。

b　刮板（刮刀）

刮刀（图上方）：由一个宽的、直边的金属刀片连接到一个由木材、金属或塑料制成的坚固的把柄上。可以用刮刀把黏性的面团从工作台面上刮取下来，把面团切割成小份，或者把切碎的原料从案板上铲起送到盆里或锅里。

刮板（图下方）：与刮刀大小差不多，但它们是由可弯曲的塑料制成的。圆形的边缘与搅拌盆的轮廓完美贴合。这个称手的工具可以把最后一点面糊全部刮取进烤盘里。在搅拌曲奇面团时，可以高效地刮下搅拌盆边上的面团。

c　蛋糕转盘（蛋糕装饰转台）

专业面点师会使用小的圆形转盘来确保在涂抹糖霜、填入馅料，或者制作裱花蛋糕时的精致程度。这种工具对家庭面点师来说同样方便实用：把蛋糕摆放在可以转动的铝制转盘上，然后根据需要转动转盘以涂抹或装饰蛋糕。也可以使用带有底座，由瓷器、玻璃、不锈钢或其他材料制成的圆形蛋糕转盘。

d　抹刀

抹刀也叫刮抹刀或糕点抹刀。这些长而扁平的金属工具有着15~30厘米（6~12英寸）的细长刀片及类似于圆形的刀尖。它们非常灵活，可以非常容易将糖霜或糖霜膏顺滑地摊平到蛋糕、糕点，以及其他各种烘焙食品上，尤其是圆形食品表面上。曲柄式抹刀的把手与刀片的角度略有偏离，一些蛋糕装饰师认为，这一功能可以使蛋糕涂抹更加高效。抹刀有各种不同的宽度：当要大面积涂抹覆盖时，宽抹刀很实用，比如在整片蛋糕上涂抹糖霜；当在小块糕点或蛋糕上做精致装饰时，一把细抹刀的帮助更大。

e　裱花袋

裱花袋也被称为装饰袋或挤花袋。漏斗形的裱花袋是由带有塑料衬里的帆布、涤纶、尼龙，或者一次性塑料制成的。最实用的裱花袋是20～30厘米（8～12英寸）长，一端是用来填装东西的阔的开口，另一端是窄的开口。选配好裱花嘴，装入裱花袋里窄的开口处，即可用于整齐美观的面团、糖霜、慕斯的成型，以及将其他柔软的、可涂抹的材料变成各种各样的造型。如果打算使用裱花袋来做更多的裱花工作，至少要拥有两个裱花袋，这样就可以在不同颜色的糖霜之间快速转换，而不用去清洗裱花袋。用温热的洗涤液来清洗裱花袋，然后把它们都翻过来晾干。一定要把用于制作咸香风味菜肴的裱花袋和用于制作甜点的裱花袋区分开。

f　裱花嘴

裱花嘴设计的目的在于能够紧贴在裱花袋的窄口处，当挤出糖霜、柔软的糕点或曲奇面团时，可以实现各种各样的装饰效果。这一系列的圆锥形裱花嘴，通常由镀锡或镀铬钢制成。最常用到的裱花嘴包括书写文字的小圆形开口的裱花嘴；将糖霜或面团挤成圆条形状的较大的圆形开口裱花嘴；用于挤出丝带状的小而宽的狭缝状裱花嘴；用于挤出带有脊状线的波段形状或玫瑰花造型的星状裱花嘴。尽量购买一套带有连接器和螺纹旋口的裱花嘴，这样就可以很容易更换裱花嘴，而不用把裱花袋里的糖霜全部倒出来。

装饰工具的替代品

如果只是偶尔烘烤和装饰蛋糕，完全不需要购买很多专业工具，只需要购买一些裱花嘴。如果没有蛋糕转盘，可以用保鲜膜覆盖住蛋糕模具的外面，扣过来使得它底面朝上，然后在这个使用保鲜膜覆盖好的模具底面上摆放好蛋糕，并在蛋糕分层上涂抹糖霜（奶油）；可以手动旋转模具帮助将糖霜（奶油）涂抹得光滑平整。可重复密封使用的塑料袋可以代替裱花袋。在袋子的一角切割出一个小孔洞，在孔洞里放入一个裱花嘴，在袋子里装入糖霜（奶油），将其朝下挤压到裱花嘴处，挤出袋内的空气，密封好之后即可裱花。

a
b
d
e
f

a
b
c
d
e
f
g
i
j
k

烹调工具类

为厨房配备一系列实用性的烹调工具是一个长期的过程。一些为特别具体的、不常做的工作设计的工具可能会让人感觉很鸡肋。然而，可以提高效率的、高质量的日常使用的工具有可能会持续使用几十年之久。

常用工具

a 勺子

漏眼勺（图左侧）：漏眼勺是从液体中捞出固体食物所用的主要工具。漏眼勺要选择不锈钢材制的，其坚固耐用，并且不会吸收味道或产生金属味。

炒勺（图中间）：结实的不锈钢炒勺很适合翻拌大量浓稠的食物，或者将食物从一个容器盛放到另一个容器里。也可以用它来撇去高汤或酱汁中的油脂。

木勺（图右侧）：木勺是厨房里不可或缺的用具。木勺坚固耐用，不会刮伤盆或锅，并且会保持低温。最耐用的木勺是用坚硬的细纹木制成的。

b 长柄勺

长柄勺的深碗状勺头与其长柄呈一定的角度，是供应汤菜和酱汁的必需工具。碗状勺头应由不锈钢或耐热塑料制成，手柄应该足够长，可以方便和安全地伸入到最深的罐子里。小一些的长柄勺可以给食物浇淋酱汁，或将高汤盛入到容器内进行冷冻处理。

c 金属铲子

实心铲子（图上方）：在煎炒、铁扒或烘烤时，铲子是翻动各种食物的完美工具。选择耐用性强的不锈钢铲子，或者供不粘厨具使用的耐热塑料铲子。铲子的边缘处应该很薄或呈锥形，以方便铲到食物的下面，手柄应该是木制的或其他能保持凉爽的材料制成的。

鱼铲（图中间）：有些铲子是专门用来铲起和翻动鲜嫩的鱼肉用的，它们有着更宽、更长、更薄及更加柔韧的铲面，可以很容易铲到鱼肉的下面，并铲起整块的鱼肉。

漏眼铲（图下方）：主要用于煎炒，铲面上的开槽可以让油脂滴落，防止其飞溅。

d 硅胶刮刀

柔韧的硅胶刮刀是将食材混合或翻拌到一起，以及刮取搅拌盆内食物的最佳工具。它们锥形的刀片大小不一，以用来适应不同的工作。由于它们是由耐热的硅胶制成的，所以非常适合在烹调加热的过程中翻拌和混合。

e 夹子

这些夹子用来夹取块状食物非常实用，也可以用来拌制沙拉及其他操作。有些夹子在铰链上装有弹簧，有的还包括一个闭锁装置，使夹子保持关闭状态以便于存储。要购买那些夹头精准吻合、经久耐用的不锈钢夹子。

f 搅拌器

搅拌器带有圆形金属丝的头部，附着在牢固的金属或木质把柄上，常用于快速搅拌食物并将它们彻底混合均匀，也被称为打蛋器。它们有着各种不同的尺寸。

直边搅拌器（图左侧）：这种搅拌器的特点是金属丝形成了相当直而窄的圆形，可以将原材料充分混合均匀，而不会增加多余的空气。

球形搅拌器（图中间）：球形搅拌器有着非常明显的圆形头部，使用起来非常灵活，在搅打蛋白或奶油时，它们的球形造型有助于将最大量的空气混入其中。

扁平形搅拌器（图右侧）：也称为面糊搅拌器，常用来搅拌变得浓稠的酱汁，而同时能挤压锅底酱汁中的块粒，使其变得细腻光滑。

g 盐和胡椒磨

要购买做工精良的木制或漆器制成的胡椒磨，其带有一个硬化钢的研磨器，可以调整研磨时的粗糙程度。由具有抗腐蚀性陶瓷、硬质塑料或不锈钢研磨配件制成的盐磨，有助于从较大的盐粒中获取更多的风味。

h 压蒜器

这种装有铰链的工具包括一个带有孔洞的漏斗，放入一瓣或多瓣大蒜后，蒜瓣被挤压进这些孔洞，形成了细小的蒜末。

i 削皮刀

传统型削皮刀（图上方）：这种削皮刀有一个从手柄处延伸出来的、固定的、开槽式的不锈钢刀片。好用的削皮刀应配有可转动的刀片，以适应不同的外形。

Y形削皮刀（图下方）：这种类型削皮刀的特点是有宽大的手柄和两个伸展成Y形的叉子，它们之间固定着一个可转动的刀片。这种独特的形状使其只需轻轻用力，就可以很容易将食物的外皮削去。

j 砂锅垫

砂锅垫对于安全地端起或拿起火锅、平底锅等厨具至关重要。这些方块形的布厚实而隔热，带有填充层，并且尺寸宽大。有些砂锅垫上有口袋，可以方便地把手伸进去。

k 高温手套（隔热手套）

高温手套用于处理较大的物品，以及调整热的烤箱架。要选择隔热和填充层较厚的布制高温手套，手套应该足够大，以提供最大化的覆盖面。但要既合手又足够灵活，这样可以保持一个安全的抓着力。

碗（盆）类

a　套装玻璃碗

一套多达10个不同的规格，从40毫升（1.5盎司）到4.5升（160盎司）不等，还有更多的规格型号。套装玻璃碗从盛放少量原材料（厨师的餐前准备工作）到混合蛋糕面糊都是不可缺少的。玻璃不与酸性物质发生反应，玻璃碗容易清洗，还能直观地看到各种原材料是如何混合到一起的。套装规格的玻璃碗也节省了厨房的存储空间。要选择钢化玻璃制作的碗，它可以在微波炉、冷冻冰箱或洗碗机里使用。

b　陶瓷搅拌碗

一直以来，坚固的陶瓷碗作为厨房的标准用具，用于搅拌蛋糕面糊和曲奇面糊，以及其他的厨房工作，已经有几个世纪之久了。它们的吸引力之一在于陶瓷碗具有丰富的色彩，可以与所有的厨房装饰搭配。陶瓷碗的温度变化非常缓慢，可以让热的食物保持温热，冷的原材料保持凉爽。要确保购买的陶瓷碗的釉层符合食品安全，并且不要使用没有上釉的碗，因为这样的碗会吸收味道。

c　密胺塑料碗

耐高温的密胺（三聚氰胺）塑料碗，可以单独或成套购买。因为它们重量很轻，不会与酸性物质起反应，并且容易清洗，因此是非常值得拥有的厨具。它们也有着琳琅满目的鲜艳色彩，甚至有适合孩子们使用的规格。挑选那些底座上带有橡胶圈的碗，以防止在台面上滑动，以及那些一端带有手柄，一端带有唇口的碗，以便于倒出面糊、腌泡汁，以及其他液体性混合物等。

d　不锈钢碗

如果没有套装的不同大小的碗，那么至少需要一个不锈钢碗。不锈钢不会像铜或铝那样与食物发生反应，而且它比陶瓷或玻璃更轻、更耐用。你也可以购买带有唇口、容易倒出的不锈钢碗。

e　铜碗

有的面包师非常喜欢用单层的铜碗来搅打蛋白。铜和蛋白会发生一种无害的化学反应，当它们被搅打入蛋白时，会提供更强的稳定性，产生更加蓬松、更加稳定的效果。尽管铜碗有各种大小，但是直径为25厘米或30厘米（10英寸或12英寸）的铜碗是最适合家庭厨房使用的。

f　实木碗

实木碗，尤其是使用枫木制作的实木碗，因其质朴的外观和耐用性受到一些厨师的青睐。实木碗尤其适合于当沙拉碗用。实木碗配合着一种叫“梅扎卢纳”的半月形刀，可以用来切碎食材，见本书53页。如果你用实木碗来切菜，就不要用它来盛菜，以避免串味。用手在温热的洗涤液中洗净实木碗，并立即擦拭干净；不要将它们放入洗碗机内清洗，也不要在碗内留有残液。

擦菜器（磨碎器、擦菜板）和切菜器

g　四面刨（箱式擦菜器）

这种传统的厨房备用品由不锈钢制成，提供了不同形状的切面选择，通常为四个切面，箱式的每一个边都有一个切面。一些制造商正在生产多达六个切面的箱式擦菜器，可以提供更多的切面选择。在研磨的那个切面，当擦取一块食物（如硬质奶酪、陈面包或巧克力等）时，在切面处上下移动，数不清的小尖刺会将食物锉成细小的颗粒状。四面刨至少应包括两个擦丝的切面，分别带有锋利的凸边的中号、大号的孔洞，当食物（如根类蔬菜或中软质到硬质奶酪等）在这些孔洞上来回擦取时，就会擦成丝状。最后一个切面通常会有一个斜的、凸起的、锋利的狭缝来擦取刨片，或者将食材擦取成宽的带状。要购买结构耐用的四面刨，顶部有一个牢固而握着舒适的把手。有一些四面刨带有一个塑料或金属制成的后盖，方便把擦好的食物存放在四面刨里。

h　研磨器（擦碎器）

研磨器最初是作为木工工具开发的，大约十年前，研磨器被引入厨房，从那时起，它在餐馆和家庭厨房中越来越受欢迎。手持式研磨器有两种形状：一种是细长的形状，类似于一把尺子，带或不带塑料手柄；另一种像一个宽而平的桨。

选择符合人体工程学的手持式研磨器，带软质橡胶手柄，有较大的研磨面积，可以使用洗碗机清洗。一些研磨器带有保护性的塑料护套，在不使用的时候，可以保护其锋利的刀刃。

现在可以寻觅到一种箱式设计的研磨器，具有多个刀刃和一个可以保护手指的滑动式配件。

细孔研磨器（图①、图③）：细孔研磨器可以将柑橘类水果的外皮擦碎，可以制作蒜泥、胡椒泥、姜泥和大葱泥。

带状擦菜器（图②）：带状擦菜器可以擦软质奶酪、巧克力、卷心菜和土豆丝。

粗孔研磨器（图④）：粗孔研磨器是研磨巧克力、硬质奶酪或椰丝的理想工具。

9

a

b

c

d

e

10

11

a

b

c

d

e

f

g

12

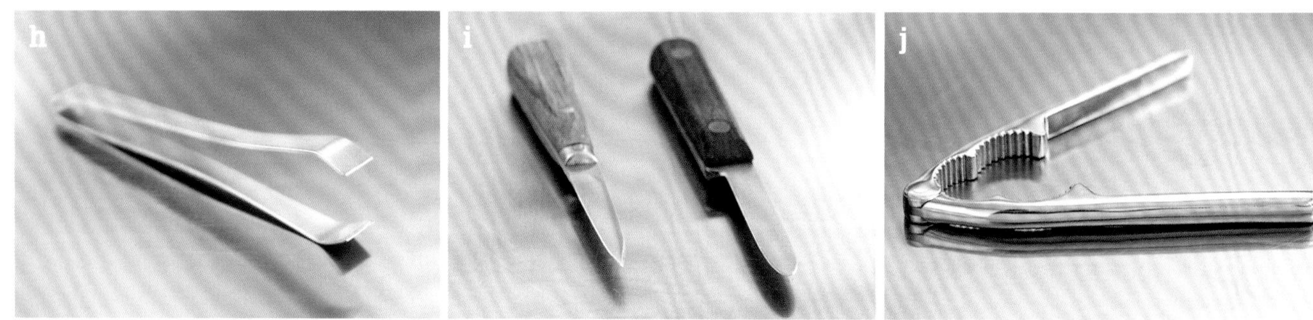

过滤器

a　滤盆

独立式滤盆可以用于冲洗原材料，或者沥干煮熟的意大利面或蔬菜等。它们的特点是在一个盆上有着排水用的穿透的孔洞，有手柄、底座或支架。选择一个牢固和耐用的滤盆，不锈钢的、铝的、树脂的、塑料的均可。也可以选用硅胶的，它们非常耐用，并且可以耐高温。可以考虑购买两个滤盆，一个用于较大量的，如意大利面或烫煮过的蔬菜等；另一个用于较小量的，如煮熟的鸡蛋或煮单份蔬菜等。

b　手持式网筛过滤器

用钢丝网制成的过滤器有细眼网筛和粗眼网筛。它们的大小也各不相同，小到非常小，大到非常大，各有各的用途。小的过滤器可以用来在甜品表面筛上少量糖粉或可可粉；大的过滤器可用于众多的厨房工作。其长柄使得过滤器易于用手握住。有些还带有金属挂钩，能固定在盆或锅的边缘处。粗眼网筛过滤器可以方便地烫蔬菜，将蔬菜从开水中快速捞出倒入冰水中过凉。细眼网筛过滤器可以去除块状物，为美味的酱汁或蓉汤等提供细滑的浓稠口感。牢固型的过滤器甚至可以用来把柔软的食物制成泥状，用一把大勺子的背面将食物从过滤器里挤出去。

c　圆锥形过滤器

这些过滤器是由不锈钢、镀锡钢、铝制成，有着微小的孔洞。它们不仅用于从液体中滤出固体食材，而且更特别的是，借助于一把大汤勺或木杵，使用类似于圆锥形细网过滤器（见下文）的方式将煮至柔软的蔬菜或水果制成蓉泥状。

d　圆锥形细网过滤器

圆锥形细网过滤器的特色是有非常细小的孔洞。一根细长的、带尖的木杵（与过滤器一起售卖）沿着圆锥形细网过滤器的内侧快速转动，将食物通过这些孔洞挤压出去。使用一个圆锥形细网过滤器可以制作出超级细滑的汤菜和酱汁，并且可以用来澄清高汤。

e　撇沫勺

把撇沫勺想象成一个金属勺和一个滤盆或过滤器的混合体。在长柄的末端是一个带有小孔的浅的金属勺。可以像使用漏勺一样使用撇沫勺把固体食物从热的汤汁中捞出来，或者在小火加热烧开的过程中，从高汤或汤里除去锅里的浮沫杂质、油脂，以及其他漂浮在表面的残留物。

f　漏勺（笊篱）

漏勺有时也被称为线状撇沫勺。这种专业风格极强的手持式工具，因其与蜘蛛网的形状相似而得名。在长柄的一端是一个宽的、圆形的、浅碗状的松散排列但却异常坚固的金属丝网。这使得厨师能够用漏勺来捞取和过滤各种食材，如在水中或肉汤里煨的蔬菜或意大利面、煮的水饺或其他油炸或炒的菜肴等。

g　纱布（奶酪布、棉布）

传统上用于奶酪制作的纱布（奶酪布）是一种不含染料的轻质棉纱。它主要用于细滤和过滤。在过滤高汤和少司时，将其铺设在过滤器或滤盆内。

鱼类和贝类海鲜工具

h　鱼钳

如果你喜欢烹制鱼柳，尤其是三文鱼或鳟鱼，那么鱼钳是非常实用的工具。这些品种的鱼通常含有残留的细小鱼刺，称为针刺。具有外科手术级别品质、使用不锈钢制成的鱼钳，对于即便最黏滑的鱼刺的末端都可以获得一个强力的、稳当的抓着力，可以很容易把鱼刺夹出来（如果没有鱼钳，干净的尖嘴钳也能起到同样的作用）。

i　贝类海鲜刀

蛤蜊刀和牡蛎刀都有一个短的不锈钢刀刃，上面连着结实的木柄。它们的设计各不相同，是根据特定的贝类海鲜量身定做的，不可以互换使用。

牡蛎刀（图左侧）：这种刀的尖头可插入牡蛎的两瓣壳之间，并把它们撬开。

蛤蜊刀（图右侧）：圆刃的蛤蜊刀有一个稍微锋利的刀边，使其可以在贝壳之间滑动，并把蛤蜊肉切割下来。

j　龙虾钳

金属制成的龙虾钳类似胡桃钳，有着特别的锯齿和弧度，可以夹碎煮熟的龙虾或螃蟹的外壳。如果想把龙虾肉取出来，一把龙虾钳就可以做到。龙虾钳通常会与细细的金属钩一起售卖，钩子可以从碎裂的龙虾壳中，以及龙虾腿上狭窄的开口处将龙虾肉剔取出来。

肉类和家禽类工具

a 厨用棉线

厨用棉线也叫捆绑棉线，通常用来捆绑整只鸡或火鸡，并且可以捆扎成卷的烤肉等。捆绑一个加工制作的预备步骤，可以确保这些肉类在烤箱里烤得很均匀，取出来的时候整洁美观并诱人食欲。厨用棉线也可以用到其他工作中，比如拴牢香草束等。要选择结实、天然、不着色的亚麻线绳，它不会被烤焦或带来异味，也不会被烤上色。

b 淋油器

类似于一个大的滴管，这种工具由一个大的金属管、耐热玻璃管或塑料管组成，一端有一个变窄的开口，而另外一端有一个可进行挤压的橡胶球或硅胶球。淋油器从烤盘底部吸取热汁，或从杯子中吸取美味的腌泡汁或上色混合物，然后将其淋到火鸡、鸡或烤肉的表面。金属制成的淋油器是最实用的，因为它们不会碎裂、熔化，或者翘曲。

c 肉叉

一对大号的金属叉形工具可以伸到烤盘里的大型家禽两侧的下面，并轻松将其提起来，用于将其翻转以便烤成均匀的金黄色，或者是移到一块切割案板上，或者摆放到餐盘里。

d 油刷

油刷通常有着长柄和宽的鬃毛，这样使其可以很容易地吸收锅里的汁液、腌泡汁或上色材料，并在烘烤时，将它们涂刷在烤肉、牛排或猪排的表面。

天然鬃毛油刷（图上方）：最好的天然鬃毛油刷是由消过毒的猪鬃毛制成，它能承受高温，并且可以固定在硬木手柄末端的套筒里。不要买使用合成材料制成的油刷，因为它们在高温下会熔化。

硅胶毛油刷（图下方）：特制的硅胶毛油刷，在高温烤箱中或铁扒炉中使用时，可以方便地为食物涂刷上各种液体或上色材料。带有可拆卸刷头的油刷便于清洁。

e 油脂分离器

油脂分离器也叫肉汁分离器，这种透明的耐热玻璃或塑料容器类似于量杯，从其底部探出一个长长的壶嘴。将锅内的汤汁倒入分离器中（有些分离器内装有过滤器，可以滤去棕色的碎末），然后让汤汁静置几分钟，汤汁中的油脂会浮到表面上，从底部倒出汁液，用来制作酱汁。

f 肉锤

该工具由一个扁平而沉重的圆形金属块或方形金属块组成，从其中心位置延伸出坚固的手柄。握住手柄将其抬起，砸落到一块无骨的肉或家禽上，将其砸平整，且厚度均匀。有些肉锤在其锤头的一个边上带有齿状的表面，用来使老韧的肉块变嫩。

水果类和蔬菜类工具

g 果汁压榨器

这种木制或金属制成的工具用来挤压切成两半的柑橘类水果的果汁，使用其脊状的丘形表面对着切开的水果挤压并扭动。

它的设计很巧妙，可以让你每次仅加入一两滴柑橘果汁到菜肴里。

h 果汁榨汁器

果汁榨汁器通过杠杆作用，从切成两半的柑橘水果中榨取果汁。果汁榨汁器有不同的大小，用来从青柠檬、柠檬或橙子中榨取果汁。

i 手动榨汁器

手动榨汁器是将一个果汁榨汁器放在圆形的碗状底座上，当切成两半的柑橘类水果朝下按压并转动时，这个底座就会收集到果汁。

有一些手动榨汁器中有嵌入在内的过滤器，用来将果肉从果汁中分离出来。

j 食物辗磨器

食物辗磨器看起来像不锈钢或塑料制成的少司锅，底部穿孔，内部有曲柄状的手柄，有探出的摇臂，可以安稳地放置在盆或锅上面。辗磨器的底部有圆形的桨状刀片，它对着一个带有小孔的圆形盆底旋转。当转动手柄时，刀片会把食物从这些小孔中挤压出去，落入到盆里或锅里。而所有的籽、外皮或纤维则被留在碾磨器内。有些碾磨器带有可以互换的孔洞大小不一的圆形底部，用来制作各种浓稠程度不一的蓉泥。食物辗磨器比食品加工机处理食物要更加温和，可以得到质地更加均匀的蓉泥。

k 土豆捣碎器

土豆捣碎器有一根粗大的钢格栅或穿孔的金属圆盘连接在坚固的手柄上，可以快速将煮熟的土豆或其他食物捣碎成蓉泥状。

l 菜泥压榨器

这种工具因为能够将煮熟的土豆和其他蔬菜制作成细腻的蓉泥状而备受赞誉。柱塞附在控制杆上，挤压着熟食通过装料斗，装料斗上有一个带孔的圆盘，使食物变得细腻。

m 沙拉脱水器（蔬菜脱水器）

沙拉脱水器通过在略大的盆里旋转带孔的菜篮，使蔬菜快速旋转甩水。多余的水在离心力的作用下分离出来，并收集到盆里。

n 蒸笼

这种折叠式工具由带有孔洞的金属制成，侧面呈扇形，并带有铰链，可以调整以适应不同大小的平底锅。底部有支架，可隔水蒸。

13

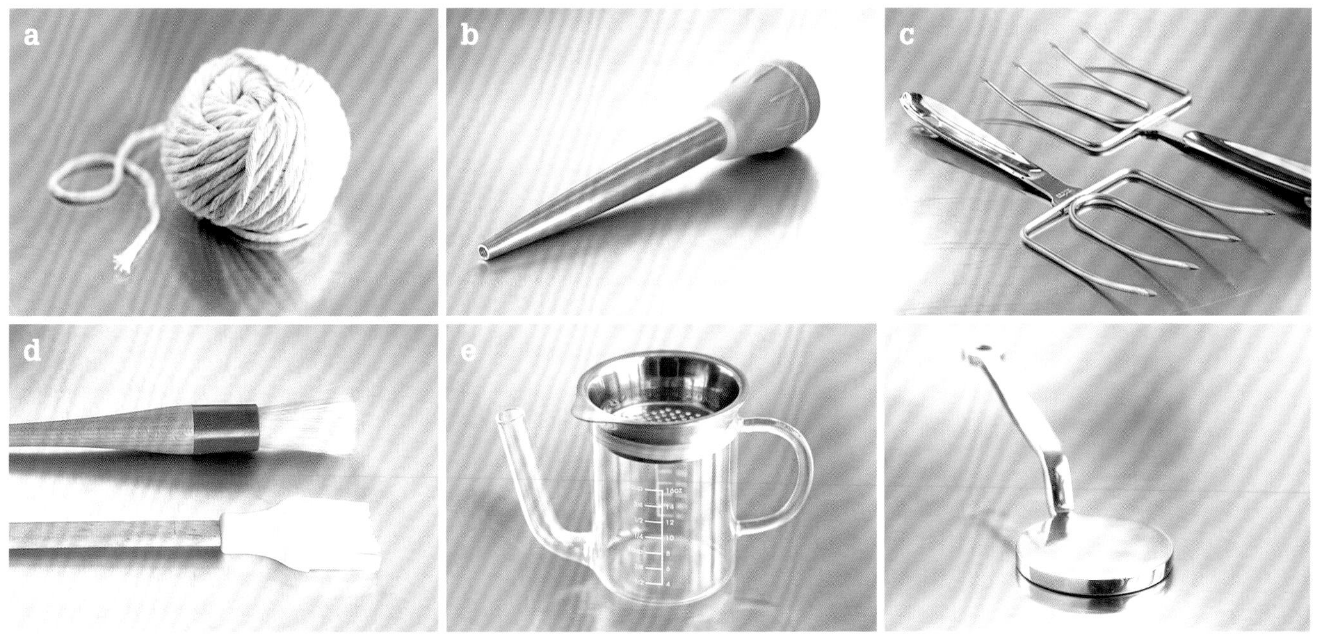

14

g
h
j
k
l
m
n

a
b
c
d
e
f
g
i
h
j
k
l

专用工具（特制工具）

a　苹果去核器

这个工具用来将整个苹果的果核和籽去掉。手柄上附着一个锋利的不锈钢管。这个不锈钢管足够长，从上到下一直穿透苹果的中心位置，并且足够粗，可以削去所有的苹果籽。把去核器从苹果里拔出来，果核就留在不锈钢管里了。

b　柠檬刨丝器

这种工具有锋利的、呈V形的刀尖，很容易在水果和蔬菜的表面上切割出装饰性的细长沟槽。调酒师会用这个工具在鸡尾酒中加入一点“柠檬皮卷”。

c　柑橘削皮器

剥皮器上的不锈钢刀刃，装有一排4～6个锋利的小孔洞，当在柑橘类水果的表皮上刮过时，会刮下细条状的、带有颜色和风味的最外层果皮，而留下里面的苦涩白色内层皮。

d　水果挖球器

这种标准尺寸的工具在一端有一个直径大约为2.5厘米（1英寸）的小而锋利的半球形金属碗。只要扭动一下手腕，就很容易从瓜类水果或其他半硬质的食物中挖取装饰性的圆球。还可以用来给梨及其他软质水果和蔬菜去核和芯，或者将它们中间挖空用于酿馅。有些型号在另外一端有一个小一号的圆形小碗。水果挖球器也有更小尺寸的。

e　樱桃/橄榄去核器

这个工具可以加快去掉整个樱桃核或橄榄核的速度。去核器里有一个中间挖空的托架，在里面可以放置一个樱桃或橄榄。随着工具的挤压，穿孔器被推动着穿过樱桃或橄榄，将果核顶了出去，而留下整个的樱桃或橄榄。

f　柚子削皮刀

这把刀有一个小的、有一定角度的、带有弹性的金属刀片，边缘处带有锯齿。这把刀设计的目的是在沿着果实的自然轮廓，绕着柚子瓣和坚韧的薄膜进行切割时，能够切割得规整。

g　喷火枪

喷火枪最常见的用途是制作焦糖布丁。该设备由丁烷气体罐提供燃料，微型喷嘴会喷出一小股灼热的火焰，能迅速地将布丁表面的糖层焦糖化，从而形成一层富有光泽的金色外层。

h　冰激凌勺

除了挖取冰激凌以外，冰激凌勺还是通用的厨房工具。半球形的冰激凌勺有一个深碗和一个触发操作的金属条，通过在碗的内部摆动来释放出勺内的冰激凌球。有各种大小的冰激凌勺可供选择，可以使用冰激凌勺做出大小均匀的曲奇，或者把肉馅制作成肉丸。

i　蔬菜切割器（蔬果刨）

这种扁平的长方形工具通常配有多种平滑的和锯齿状的刀片，可以将各种各样的硬质食材切割成片状、丝状，或者华夫饼格状（蜂巢状）。蔬菜切割器的优势在于它的精确性和规整性，以及它令人叹为观止的速度。蔬菜切割器最适合处理大批量的原材料。否则，在切割时节省下来的几分钟，可能还不够弥补组装和清洗蔬菜切割器所花费的时间。蔬菜切割器有各种各样的设计。有些必须用手来保持稳定，而更复杂的型号有折叠支架，无须用手。一定要买含有护手的，在使用蔬菜切割器时，能保护手指远离锋利的切削刀刃。

j　研钵和杵

虽有电动研磨器，但有些厨师仍然喜欢用研钵和杵所带来的质朴、手工制作的质感，比如香蒜酱、莫尔少司，或者咖喱等。这款经久耐用的工具使用碗状的研钵来盛放原材料，使用棒状的杵来碾碎和研磨原材料。从手掌大小的瓷碗到实心的大理石或木制的容器，研钵的大小和材质各不相同。虽然杵通常是由与研钵相同的材质制成的，但也可以使用硬木的。无论是研钵还是杵，都必须有一个研磨的表面能让工具高效地工作。

k　比萨切割刀

比萨切割刀也称比萨滚轮刀，该工具的特点是在手柄末端有一个可以旋转的刀片。它能非常高效地将刚出炉的比萨切割成整齐的小块，并因此而得名。然而比萨切割刀也可以用于其他各种各样的工作，如切出一条条的面团，编制成一个格子状的水果派。锋利的切割轮直径为5~10厘米（2~4英寸）。有些型号的切割刀有一个护手板，当切割的时候可以保护手指。购买时，选择一个耐用的比萨切割刀，并确保它带有一个结实的把手。

l　不粘烹调用具

如果你拥有不粘烘焙用具，就得配备一套经过专门设计的、不会刮擦到这些用具表面的工具。

许多制造商现在正在用硬质的、耐热的橡胶、硅胶和尼龙（或者涂上了这些材料）来制造这些工具。你也可以使用木制工具或硅胶铲，它们能够耐高温，并且柔软抗磨损。

厨房用具类

与燃气灶和烤箱一样，品质优良的厨房用具是你能够做到的最重要的长期投资项目之一。许多购置新厨房用具的人都想着购买成套的厨房用具，但也可以一次只挑选几件，随着你了解到更多的有关烹调的知识，再慢慢添置。

常用的烹调用具

a 平底锅

这些宽大的平底锅有着朝外伸展的锅边，将食物倒出时非常方便。最好准备一个直径为23~25厘米（9~10英寸）的较小炒锅和一个直径为30~35厘米（12~14英寸）的大一些的炒锅。如果你只想购买两个炒锅，其中一个最好是不粘锅。

b 煎锅（煎炒锅）

煎锅带有锅柄和相对较高的锅边，以防止食物在搅拌、翻锅或翻炒时飞落到锅外。锅边有6~10厘米（2.5~4英寸）高，而其中7.5厘米（3英寸）高的是最受欢迎的。煎锅的直径可以达到15~36厘米（6~14.25英寸），并且容量一般为1~7升（1~7夸脱），其中2.5~4升（2.5~4夸脱）是最适合家庭烹饪用的。煎锅通常都带有锅盖，做需要长时间小火加热慢炖的菜时，锅盖有助于控制水分的蒸发。因此，煎锅也适合炖菜。

烹调用具的历史

从欧洲带到美国的第一个烹调用具很可能是用铸铁制作而成的。后来铝的发现给现代烹饪带来了革命性的变化，因为铝重量轻、强度高、导热性好。但铝也有非常明显的缺点，包括与酸性物质反应，受热不均匀，会在锅里产生热点。今天的制造商已经克服了铝的这些缺点，将其与其他金属合金化，通过阳极氧化改变了其化学结构，并且会在各种锅内涂上不起化学反应的涂层。

c 少司锅

这种造型简单的圆平底锅有直的或略微有点倾斜的锅边，容量在1~5升（1~5夸脱）。如果你只购买一个少司锅，可以考虑购买一个2升（2夸脱）的，这样的少司锅是通用的。少司锅的设计是为了有助于少司的快速蒸发，使少司变得更加浓稠，加热效率更高。带有高直边的少司锅是长时间烹调加热的理想锅类，因为液体不会蒸发得那么快。

d 荷兰炖烤锅

圆形或椭圆形的大锅，带有合体的锅盖和环状锅把。荷兰炖烤锅适用于采用小火加热的烹调方法，像在炉灶上或放入烤箱里煨和炖等。荷兰炖烤锅有4~12升（4~12夸脱）大小的，对于大多数家庭厨房来说，推荐8升或9升（8或9夸脱）大小的荷兰炖烤锅。

e 汤锅

汤锅有时被称为煲汤锅，是一种高而窄的锅。长时间小火加热高汤、汤菜，以及炖焖菜肴时，它的蒸发作用最小。为了最有效地烹调加热，汤锅应该由厚重金属制成并具有一定的重量。最小号的汤锅有8升（8夸脱）的容量，但是大多数家庭厨师发现10~12升（10~12夸脱）的汤锅最实用。汤锅也可以用来煮需要大量水的意大利面、龙虾或玉米棒等。

f 烤盘

这种大的长方形烤盘有着低矮的盘边，这样在烘烤的过程中，可以让烤箱内的热量尽可能多地作用到食物上。对于烤肉和烘烤整只的家禽类，可以选择一个厚底的烤盘，有助于保护食物的底部和烤盘内的汁液不被烧焦。虽然带有不粘涂层的烤盘很容易清理干净，但是普通的烤盘在烤肉的过程中会让更多的棕色物质附着在烤盘上，用这些棕色物质会制作出颜色更深、更加美味的烤肉酱汁或肉汁。

g 烤架

金属烤架放置在烤盘里，以支撑大块的肉或整只禽类，可以防止食物的底部在烤盘内滴落的汤汁中炖煮，并且可以让更多的食物表面在不需要翻动的情况下变成棕色。它还有助于形成更清澈的汤汁，从而制成美味的酱汁或肉汁。一个V形烤架非常适合于整只禽类。一个可调节的平面烤架可以用于烧肉或较小的食物。烤架有不粘涂层，更容易清洁。

a
b
c
d
e
f
g

a
b
c
d
e
f
g
h
i
j

专用厨房用具

a　炖锅

与荷兰炖烤锅相类似，顾名思义，炖锅最适合用来炖，或者在相对较少量的汤汁中用小火加热小块的肉类、家禽类或其他原材料等。炖锅能容纳大块的烤肉，略微倾斜的锅壁保持食物在适量的液体中加热烹调，圆顶状的、紧密贴合的锅盖使锅内产生的蒸汽从锅盖上滑落下来，再滴落回锅里，保持着锅内的空气湿润。炖锅通常由金属制成，能够保温。炖锅设计的目的是在加入汤汁之前，在炉灶上使食物迅速上色，之后炖锅可以移至烤箱里，盖上锅盖后均匀加热。

b　薄饼锅（可丽饼锅）

这款浅底锅的锅边略微朝外伸展开，锅柄又长又平，能够快速而均匀地加热制作的薄饼面糊。薄饼锅有各种大小的，但是直径约为25厘米（10英寸）的最受欢迎，用途最广。

其扁平的锅柄形状使得加热过程中很容易翻转薄饼锅。薄饼锅的造型也使得薄饼在加热过程中很容易就翻转过来。

c　双层锅（隔水加热锅）

双层锅是一套两个锅的锅，一个嵌入在另一个上面，并带有适合这两个锅的锅盖。下面的锅放水，上面的锅放食物。将下面锅里的水用小火加热，精致的食物（如巧克力、卡仕达酱，以及奶油少司）就会在上面的锅里加热。双层锅也能很好地保持食物的温度。双层锅两层之间的紧密贴合确保了没有水或水蒸气与食物混合到一起，否则会让熔化的巧克力质地有所变化。有许多套装的双层锅，下面的锅也可以单独当少司锅用。如果没有双层锅，可以把一个耐热的搅拌盆或稍微小一点的少司锅放置在一个大一点的少司锅上，从而很容易搭建出一个双层锅。虽然它可能不是那么平稳或贴合得那么紧密。

d　汁煲（汁锅）

这种锅有着矮的、向外侧倾斜的锅边，能够促进汤汁的快速蒸发，使其成为制作酱汁，特别是将酱汁烧浓的完美工具。有一些型号的汁煲，其特色是锅的边角处都呈圆形，以确保黄油炒面粉不会滞留在锅底的边角处，因为黄油炒面粉在这些边角处会变焦煳。

e　煎盘

一种由铸铁或铸铝制成的平底锅，通常表面有不粘涂层。煎盘可以煎薄煎饼、鸡蛋、培根、薄牛排、三明治和其他需要平整、光滑的表面和大火，甚至是高温加热的菜肴。有些煎盘的锅边上会有凹槽，以便收集油脂。

f　铁扒锅（烧烤锅）

铁扒锅是一种铸铁锅或阳极电镀铝锅，或者是在锅的底部有脊状凸起的煎锅，可以烙印上漂亮的棕色纹理，类似于烧烤架上的食物。虽然使用铁扒锅的实际效果更接近于用平底锅煎，而不如烧烤的效果，但是铁扒锅的优点是可以排出食物中的一些脂肪，同时也提供了诱人食欲的外形。有些铁扒锅是专门为烧烤设计的，另外一些则可以直接放置在炉灶上使用。

g　多用锅

这种高锅边的锅带有一个严丝合缝的锅盖，并配有一个带有孔洞的内锅，可以容纳约907克（2磅）重的意大利面，可以从锅里抬起，以方便控水。内锅也可以作为蒸笼使用，可以用来蒸大批量的蔬菜。多用锅通常有6升或8升（6或8夸脱）的容量，比汤锅要小，但也可以用于制作少量高汤、汤菜和炖焖类菜肴。

h　海鲜饭锅

这个又大又圆又浅的平底锅有两个锅把，直径通常为33~35厘米（13~14英寸）。它的大小和形状，以及金属材质，使它成为制作米饭类菜肴最完美的盛器。制作出的菜肴味道浓郁、米粒柔嫩筋道，锅底有一层诱人的锅巴。

i　塔吉锅

这种烹调容器由一个浅的圆形平底锅和一个适用于平底锅的圆锥形盖子组成。它的作用是锁住水分，让水分再滴回到用小火加热的食物上。锅的顶部有一个小孔，可以让部分蒸汽逸出。传统的塔吉锅是用上釉的陶器或其他陶瓷制成的。

j　炒锅

这种用途广泛的中式炒锅是炒、炸和蒸的理想用具。传统的炒锅由普通碳素钢制成，底部是圆形的，这样小块的食物就可以快速翻炒。它有高的、逐渐倾斜的锅边，以帮助食物在炒的过程中翻转自如。在西方的厨房里，圆底锅是通过一个金属环固定在燃气灶上的，这样可以让火焰上升，并把热量传导到锅里。平底的炒锅可以安全地放在电炉上。根据制造商的不同，炒锅有一个长锅把和一个短锅把，或者两个短锅把。它们有时候会带有一个用于蒸的锅盖一起出售。

18

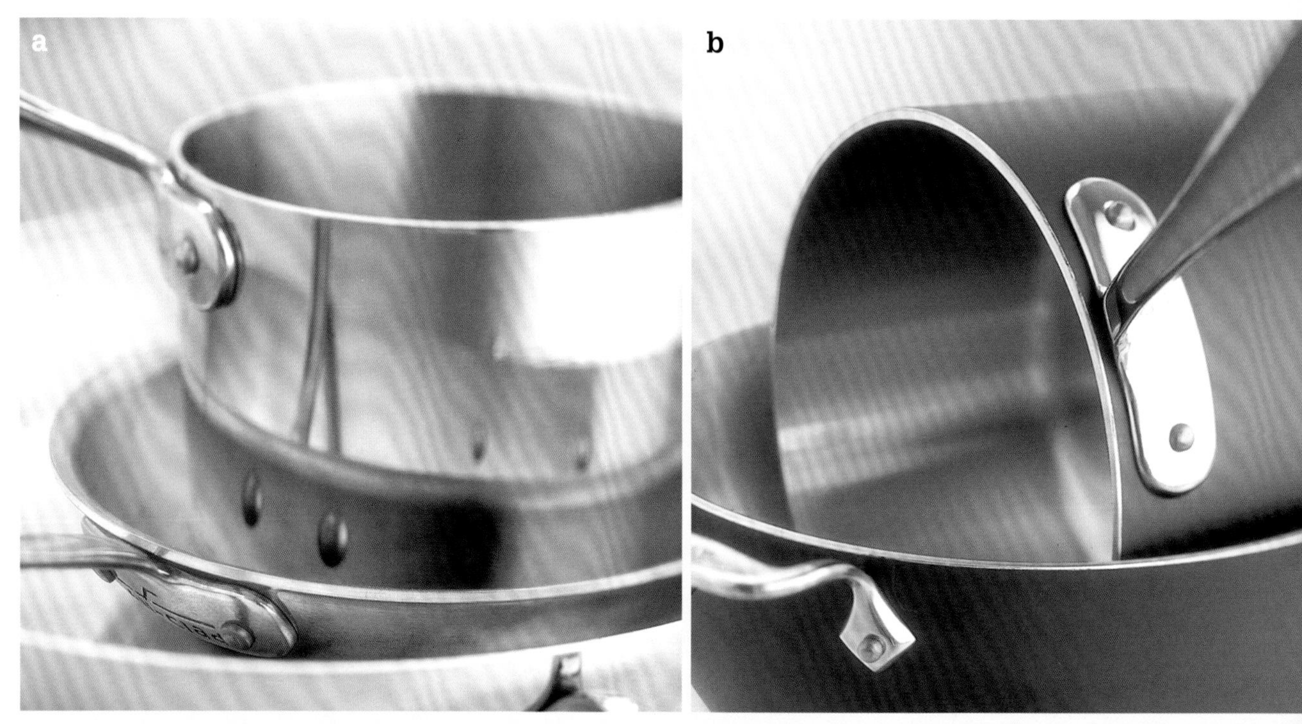

厨房用具的材质

今天厨房用具的材质非常多，而过去只有铸铁和薄铝，当你配备锅碗瓢盆时，要记住你的烹饪风格和对清洁厨房卫生的容忍程度，以便选择最适合你的。

a　不锈钢

不锈钢是一种非常受欢迎的烹调用具材质，因为它极其耐用、美观，而且可以用洗碗机清洗。此外，不锈钢不会被腐蚀，也不会与酸性物质发生反应，并且它相对来说是抗粘的。但不锈钢是一种相对较差的热导体，容易出现热点，而且随着时间的推移容易变形。厨具制造商们克服了不锈钢的缺点，在不锈钢锅的底部粘上铝芯，以实现更迅速和更均匀的导热。专业级的不锈钢厨具经久耐用、可靠性强，而且比其他材质更加便宜，对那些刚刚开始装备厨房的厨师来说是必备之选。

b　包铝不锈钢

铝是一种非常优秀的热导体，但它会与酸性食物发生反应，并且单独使用时会变形。通过将不锈钢内壁与实心铝芯相熔合，最后以硬质阳极氧化铝制成外壳，一个锅就具有了这两种金属的优点。不锈钢材质的内壁不会被腐蚀，也不会与酸性物质产生反应，而内芯和外部双层铝的材质有助于高效地导热。包铝厨具比纯不锈钢制成的厨具需要更多的护理，并且最好手工清洗。高质量的厨具相对较重，并且有安全的铆接、舒适的手柄，这些设计旨在隔热。

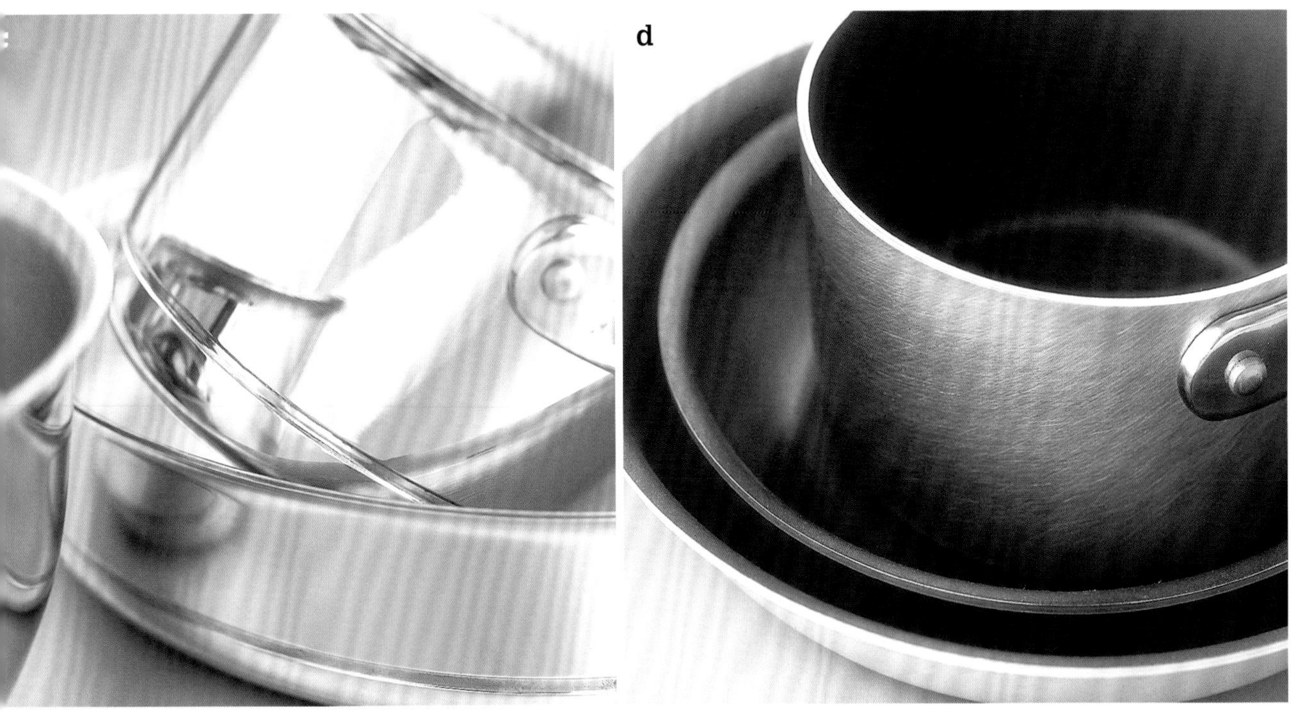

c 包铜

这种极具吸引力厨具的特点是多层金属结合在一起，以达到最大的效率。纯铜（一种以快速均匀分布热量而闻名的金属）的内层处于锅的内壁和外壳的不锈钢层之间。铜可以与酸性物质起反应，会使一些食物粘在一起，而且要非常小心地保持其光泽。把它夹在不锈钢层之间就可以防止这些问题，由于不锈钢与酸性物质是不起反应的，抗粘性强，并且会让厨具带有一层光泽，无须再抛光。尽量购买铜芯一直延伸到厨具的侧面部位的高质量的锅，而不仅仅只在锅底有。这一特点确保热量会更充分地围绕着食物，在湿热型的加热方式，如炖或焖时，会格外有利。包铜锅一般很沉重，以使其受热均匀，并抵御热点，并需要手洗，以保持其外观和性能都维持在最佳状态。

d 不粘厨具

不粘厨具广受赞誉，因为能容易地取出食物，且保持完整，这样就带来了诱人食欲的效果，而且能够更加快速、更加容易地清洗干净。由于不粘锅表面几乎不会吸附任何油脂，所以在低脂和脱脂烹饪中尤其实用，非常适合健康的生活方式。在高质量的不粘锅中，铝和不锈钢的交替层调节着热量的分布情况，消除热点，确保精确的温度控制。使用高温配上一点油脂或不使用油脂烧灼肉类、家禽或鱼类，就能烹制出令人垂涎的焦黄外层。许多厨具制造商制造的表面带有不粘涂层的平底锅，其外观与其他厨具别无二致。这意味着你可以集齐一套看起来一样，但具有不同属性特点的厨具。最重要的是要有专门为不粘厨具设计的工具，以确保不会刮伤它们的表面。一定要手工清洗，用温热的洗涤剂和柔软的海绵清洗不粘厨具。

e　铜

铜是一种非常受欢迎的厨房用具材料，因为它是极好的导热体，能够迅速升温和降温，并受热均匀，防止产生热点。由于铜对热的敏感性，可以让厨师最大限度地控制烹调加热食物的最终结果，不像其他材料的厨具那样，即使从火上端离下来，仍然会保持热度并持续对食物加热。铜制厨具必须带有内衬，以防止金属与酸性食物反应，并有助于防粘。在过去，马口铁是传统的铜锅内衬材料，但它有熔点低和相对柔软的缺点，以不锈钢做铜锅内衬效果更好。

f　阳极电镀铝

这种厨房用具因其用途广泛而闻名，其经久耐用，受热均匀，不易粘，具有优异的让食物变棕色的能力。这种厨房用具经过电解工艺处理，使得铝比不锈钢更硬，比其自然状态下的密度更大。此外，阳极氧化的过程使铝对酸性物质不起反应，金属分子也不会渗入所加热的液体中。阳极电镀铝厨房用具，带有炭灰色的特征，可以在烤箱内使用，但是需要手工清洗。洗碗机中使用的洗涤剂会污染这种锅的表层，影响其光泽和耐粘性，并影响其表面硬度。在1975年以前，这种类型的厨房用具只能在餐馆和商业厨房里见到踪迹。时至今日，阳极电镀铝厨房用具被广泛使用，并且在家庭厨房里是一种深受欢迎的、极具吸引力的用具。最近，一些制造商推出了带有不粘涂层的阳极电镀铝厨房用具，使得它们的用途更加广泛。

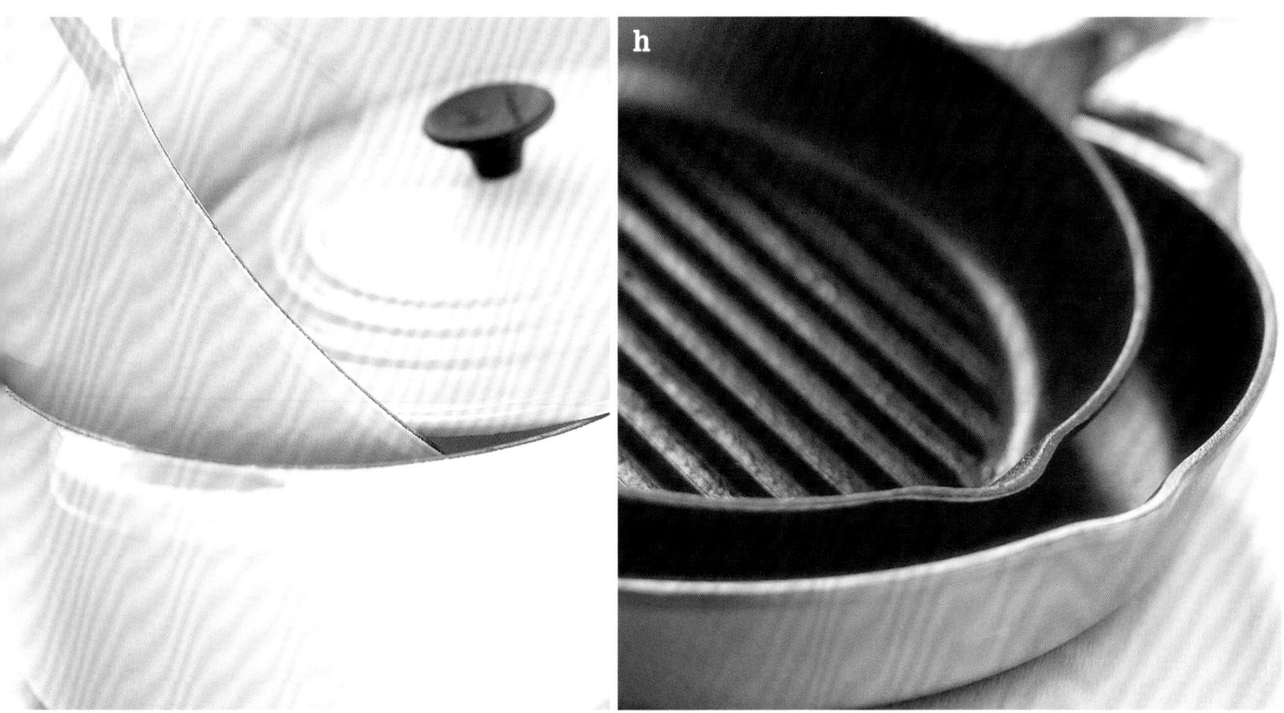

g 搪瓷铸铁（搪瓷釉）

搪瓷铸铁制成的锅受热缓慢，可是一旦变热了，就能很好地保温。与传统的铸铁锅不同，搪瓷铸铁厨房用具不会与酸性食物发生反应或产生金属味。搪瓷涂层的表面也很耐粘，所以它非常适合低脂烹饪。其亮丽的外观颜色通常与哑光的黑色珐琅面漆结合在一起，然后将其熔合到锅中。这种厨房用具既可以在炉灶上加热使用，也可以放在烤箱里烘烤，将其直接从厨房端到餐桌上会极具吸引力。荷兰炖烤锅是搪瓷铸铁制成的最受欢迎的厨具，但是煎锅和煲类锅是非常实用的款式，搪瓷涂层会被划伤，所以要避免使用研磨性清洁剂和百洁布。浅色的搪瓷用具在使用过程中可能会变色，但是如果使用得当，多年后仍能保持良好的使用效果。

h 铸铁

铸铁加热缓慢，但能很好地保留热量并使其均匀分布，即使在高温下也是如此。这些特性使这种厨房用具材料成为煎炸和烧灼食物的最佳选择。一些制造商建议避免在铸铁锅中使用酸性原材料，因为它们会与铸铁发生反应，给食物带来异味和颜色变化。传统的无涂层表面的铸铁锅在美国家庭中代代相传，这就证明了它们的经久耐用性。新的铸铁锅在使用之前需要经过开锅处理，在加热几次的同时涂上食用油，以防止锅的表面粘锅。一些制造商也会生产一种预先经过开锅处理的铸铁厨房用具，这种厨房用具表面有防粘涂层。除了煎锅，还有带脊状条纹的铁扒锅、扒炉、荷兰炖烤锅，以及其他用铸铁制成的锅。为了防止生锈和保持锅的开锅处理效果，洗完锅后要马上彻底擦干，然后在锅的内表面涂满少量食用油。

刀具及辅助工具

刀具是最基本的和最通用的烹饪工具。使用一把做工精良、刀刃锋利、大小和形状合适的刀，可以轻松和高效地完成几乎所有的厨房工作。从一套基本的刀具开始，然后根据需要增加更多的专业刀具。

基本刀具

a 去皮刀（雕刻刀）

这种小刀通常有7.5或10厘米（3或4英寸）长，可以削皮、去核、修整、切水果和蔬菜等，也可以切碎小的食材。使用去皮刀来测试蔬菜的成熟程度也非常实用。去皮刀锋利的刀尖还可以把蔬菜切削成装饰性的配菜。

b 通用厨刀

外形与去皮刀相似，只是稍微大一些，刀刃的长度为11.5~20厘米（4.5~8英寸）。它可以削皮、切片、切末、切丁，将肉或家禽切割成小块，并把它们的脂肪去掉。有一些通用厨刀还有锯齿状的刀刃，特别适合用来切割硬质面包的脆皮、外皮坚韧的香肠、内层厚实的奶酪，或者像成熟的番茄这样质地细腻的食物。

用心爱护你的刀具

优质的刀具一定要人工清洗，因为洗碗机会使刀刃变钝，还会使刀柄老化。每次使用之后，用温热的洗涤剂仔细清洗，然后漂洗干净，并用柔软的毛巾彻底拭干。一定要将刀具存储在刀具架或抽屉内的存放架上，这将对刀刃形成保护。壁挂式刀架、磁性刀架或单独的刀套都是存放刀具的安全方法。不要把刀具散放在抽屉里或与其他餐具一起放在容器里。

c 剔骨刀（去骨刀）

长度和通用厨刀差不多，刀刃为13~18厘米（5~7英寸）长。这把刀有一个非常窄的、弯曲的刀刃，可以很容易地在骨头周围、骨头关节之间，以及在生的家禽或肉类的肌腱和软骨之间进行切割。尽管可以使用一把剔骨刀来完成各种工作，但如果经常剔牛羊的骨头，那么就要寻求一把刀片更硬的剔骨刀；如果经常和家禽打交道，那么要寻求一把刀片更柔韧的剔骨刀。一把有着柔韧刀片的剔骨刀，在必要的情况下可以代替片鱼刀。

d 厨刀

厨刀有更大的、比例均匀的、锥形的刀刃，有时也称为厨师刀或法式厨刀。厨刀可应用于厨房内的各种工作。这个名字强调了这样一个事实，即许多专业厨师认为厨刀是一个不可或缺的工具，每一位厨师都应该拥有一把。厨刀的长度为10~30厘米（4~12英寸），其中20厘米（8英寸）的厨刀用途最为广泛。在较宽的、坚硬的刀刃上略微弯曲的弧线，加上刀柄和刀刃之间恰如其分的重量平衡，使得厨刀在切和剁时，更有节奏感，效率更高。

e 锯齿刀

这种长而直的刀身上有着锋利的锯齿边，长度为19~30厘米（7.5~12英寸），很容易切透面包上硬质的外皮和柔软的内部，成品平滑整洁，面包片上只有很少的面包糠。有些厨师也喜欢用锯齿刀来切碎巧克力或切割番茄。它能够不费吹灰之力地切透罐装的番茄块和柑橘类水果。

f 磨刀棒

磨刀棒是一套基本刀具中的重要组成部分。优秀的厨师经常用它来将刀刃磨得锋利，使刀处于最佳状态。

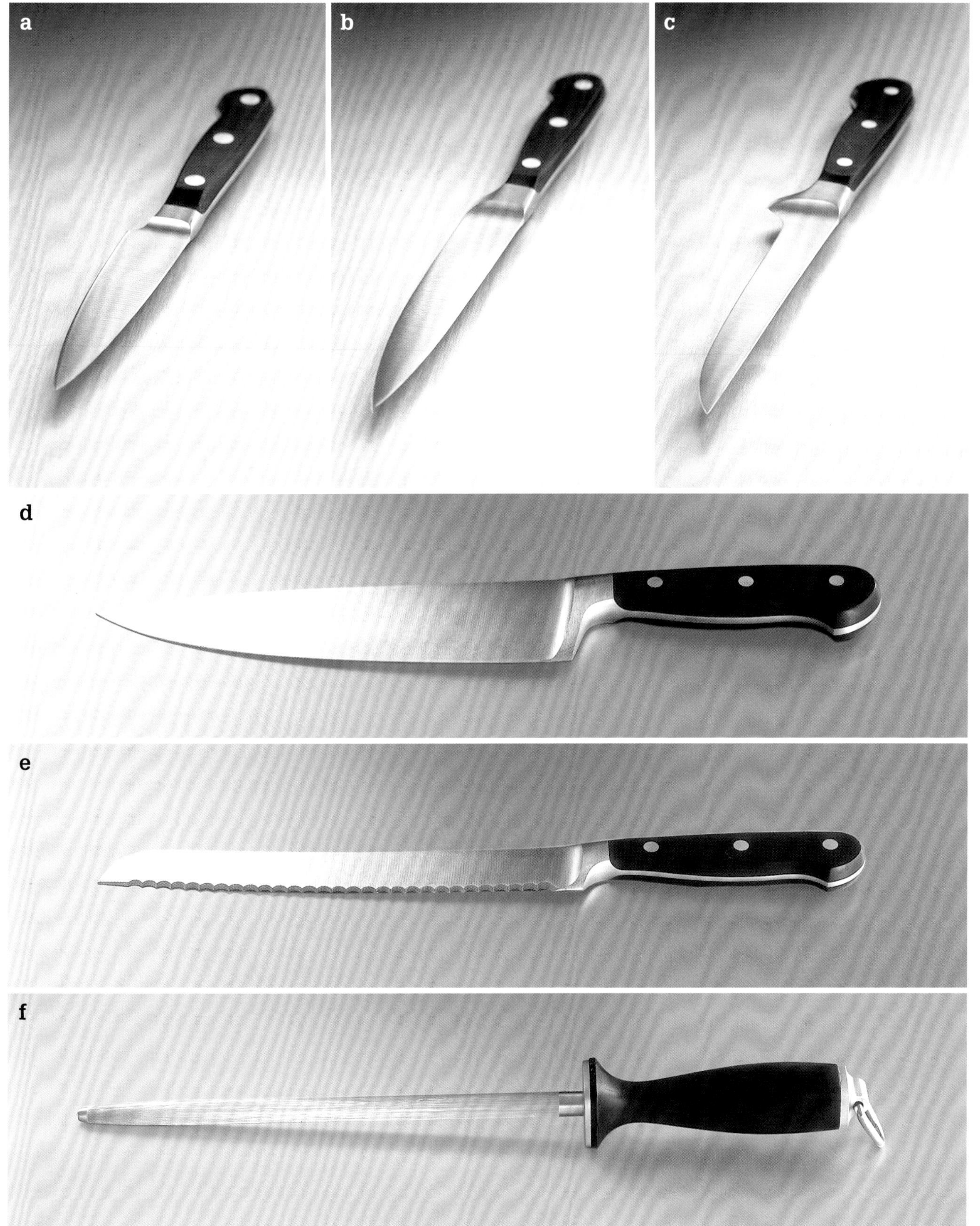
a
b
c
d
e
f

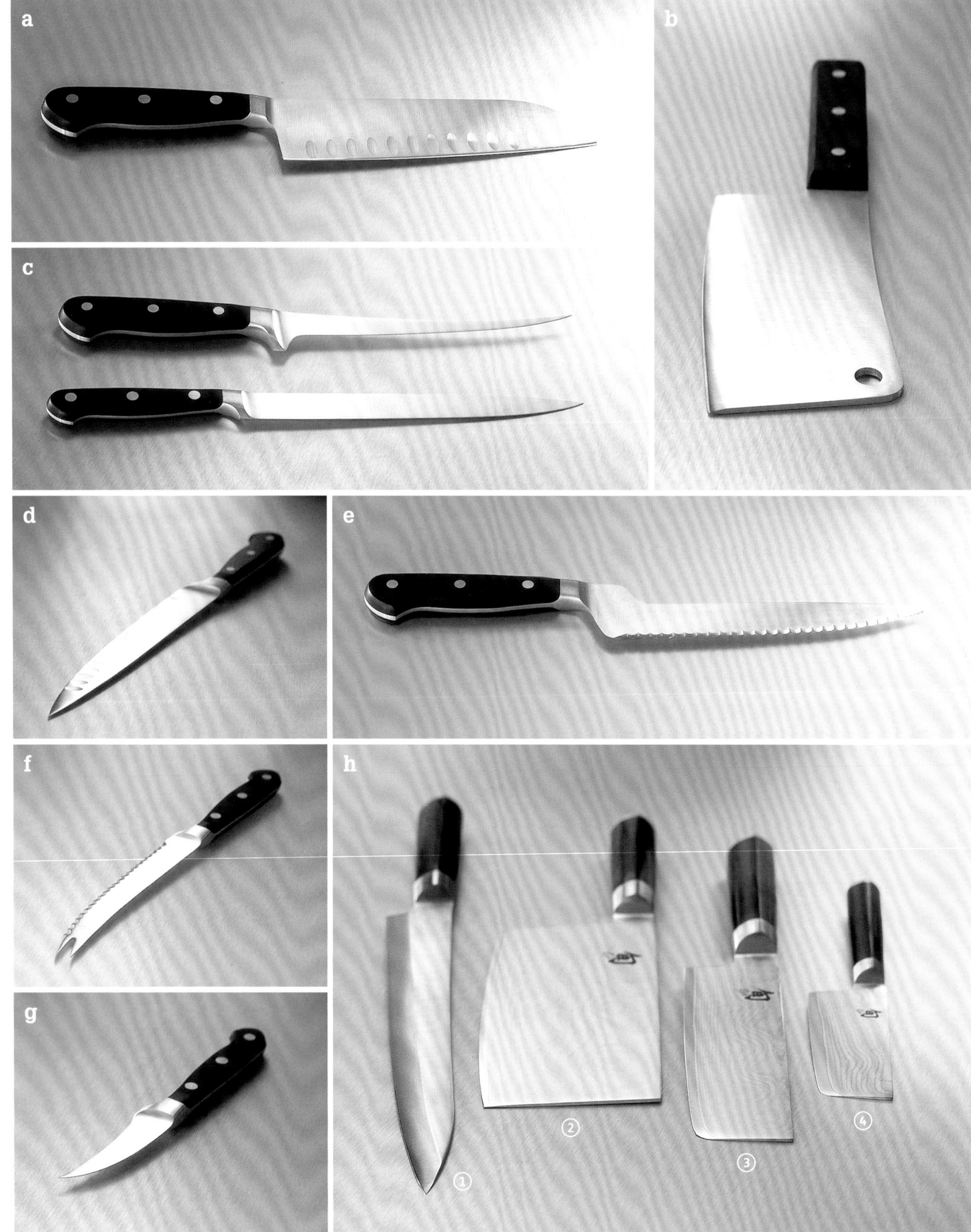
a
b
c
d
e
f
g
h
①
②
③
④

专用刀具

a　日式三德刀

这种越来越受欢迎的厨刀的日文名字意思是“三德”，指刀有多种用途。——该刀看起来像是厨刀和砍刀的结合体，同样擅长切片、切丁和切末。刀片上的椭圆凹痕减少了摩擦力。

b　砍刀（切肉刀）

切割家禽、肉类或海鲜时，适合用一把大而重的长方形砍刀来劈开骨头或剁断软骨。有些厨师在处理蔬菜的时候也喜欢使用砍刀，特别是像胡萝卜这样质地密的蔬菜。

刀片重，用起来更容易，不需要运用更大的力量。刀片宽大的表面使它可以方便地铲起大量食物放入到容器中。

c　鱼刀（片鱼刀）

鱼刀类似于锥形的剔骨刀，是用来切割生鱼肉的，将它们尖细的刀尖插入鱼骨和鱼肉之间即可轻松去骨。薄而灵活、锋利的刀片，使你可以庖丁解牛般沿着整条鱼的轮廓线进行切割。如果你喜欢在家里做鱼，可以购买一把尖头的鱼刀，鱼刀也有助于对鱼进行加工清洗。大多数鱼刀的长度为15 ~20厘米（6~8英寸），刀片的宽度通常不超过12毫米（0.5英寸）。

d　片刀

这种细长柔韧的刀片非常适合切割小而嫩的主菜，如烤家禽和整条鱼。它也可以切出规整的水果和蔬菜片，以及切面包和三明治的馅料等。最实用、最受欢迎的是尺寸为15~25厘米（6~10英寸）长的片刀。有些片刀的刀刃上有凹槽，这有助于防止刀在切割食材时粘住。

e　弯面包刀

这把刀有特别长的锯齿刀刃，可以整齐地切开硬皮的乡村面包。与普通锯齿刀相比，这款刀的特色是有一个偏置的刀柄，提供了额外的转向空隙，而它的锯齿刀刃可以干净利落地切开哪怕是最硬的面包，而不会将其撕裂开或挤压变形。

f　番茄刀

番茄刀有11.5~13厘米（4.5~5英寸）长的锋利的锯齿状刀片，可以干净利落地将即便是熟透了的番茄皮和番茄肉切开，将番茄切成均匀的片状，不管是厚片还是薄片。有一些番茄刀还带有叉状的刀尖，这样就可以很容易地将美味的番茄片挑起并装盘，而不会把它们弄碎。

g　鸟嘴形去皮刀（鹰钩鼻形去皮刀）

这种刀有5~7.5厘米（2~3英寸）长的刀片，朝向刀尖处弯曲，形似拉长的鸟嘴。在传统的法式烹饪中，这种形状便于将蔬菜切割成整齐划一的椭圆形造型，用来装饰菜肴，还可以非常方便地将水果和蔬菜进行削皮。

h　日式厨刀

在过去的几个世纪里，日本工艺大师们开发出了特别适合烹饪准备工作的刀具。随着日本料理在国外越来越受欢迎，各地的家庭厨师们都发现了这些刀具的优点，包括它们超级锋利的刀刃，以及对许多不同的西餐工作的适应性。

柳叶刀（图①）：这把刀在日本寿司厨师中深受欢迎，它的刀刃又长又细，切割起来毫不费力。刀刃在一侧呈斜面状，其切割面滑切着就穿过了柔嫩的生鱼肉，而不会粘住或撕裂开鱼肉。

切刀（图②）：一个轻量型的切刀，最适合切蔬菜和水果等，特别是那些带有硬质的、坚韧的外壳或外皮的。

菜刀（图③和图④）：这把通用刀形状像一把细长的砍刀。它可以用于各种各样的厨房工作，包括将新鲜的原材料切碎、切片和切末。刀片的长度范围为10~20厘米（4~8英寸）。

选择刀具

无论选择西方风格的厨刀还是东方风格的厨刀，这些刀拿在手里应该感觉舒适，而且相对比较重。在购买之前，先握一下刀，寻找那些感觉均衡、手感自如的刀。

砧板

人们对木质砧板和塑料砧板孰优孰劣争论不休，但不要使用大理石或玻璃砧板，因为它们会使刀变钝。为了更多的用途，要选择至少30厘米x45厘米（12英寸×18英寸）大小的砧板。为了避免细菌在不同食物中传播，可以考虑保留一块砧板用于肉类、家禽和海鲜，另一块砧板用于蔬菜、水果和其他用途。

a 木质砧板

最好的木制砧板是由枫木、橡木、樱桃木、桦木和黑胡桃木制成的，这些都是使用期限很长的硬木。竹子也是一种出色的、越来越受欢迎的砧板材料。所有的砧板每次使用后都要仔细清洁，并存放在远离热源的地方，否则木质砧板会翘曲和开裂。每隔一两个月，用4杯（1升）温水和1茶匙食品消毒剂混合的温和溶液为木质菜板消毒，然后漂洗干净并晾干。

b 塑料砧板

塑料砧板要选聚丙烯制作的。这种无孔隙的物质可以抵抗导致细菌生长的污垢或食物汤汁的渗透。此外，聚丙烯砧板可以使用洗碗机洗涤。

c 烤肉切割砧板

烤肉切割砧板也是由硬木制成的，但外围有一圈凹槽，可以在切割时收集到肉或家禽的汤汁。许多烤肉切割砧板的一面都有许多刻痕，这样可以防止烤肉在切割时滑动。

磨刀棒和磨刀器具

d 磨刀棒

磨刀棒可以保持刀具的锋利。

金属磨刀棒（图下方）： 这个器具是由极其坚硬的磁化钢制成的。它的表面呈锥体状，覆盖着非常细的凹槽，当整把刀从刀尖摩擦至刀柄时，这些凹槽完美地对准了刀刃。

陶瓷磨刀棒（图上方）： 许多人喜欢用带有很细的磨砂表面的陶瓷磨刀棒来磨日本厨刀和其他柔韧性刀刃的刀具。

爱护木质砧板

在使用一块新的木质砧板之前，用食品级矿物油擦拭它使其变干燥。用一张纸巾在木质砧板上涂抹上薄薄的一层油。用钢丝棉擦拭，然后将其浸泡5到10分钟。用软布或纸巾将砧板擦干。每个月重复这个干燥过程一次，持续10到12个月。过了这段时间后，要定期给砧板涂油，特别是砧板看起来很干燥的时候。千万不要让木质砧板浸泡在水中或者放入到洗碗机中清洗。

e 电动磨刀器

电动磨刀器由几个角度精确的凹槽组成，这些凹槽依次对刀刃进行锐化和磨光，然后将其抛光至彻底平滑。有些型号的电动磨刀器是专门为日本厨刀和锯齿刀设计的。

f 磨刀石

将陶瓷磨刀石在水中浸泡约15分钟，然后，将刀刃与磨刀石保持15~20度的角度不变，在磨刀石上反复前后拉动刀刃，两边交替进行（如果刀刃在磨刀石上来回运动时所产生的声音没有变化，就说明你保持了正确的角度）。有些型号的磨刀石上有一个夹子，匹配在刀片的背面，以确保在磨刀时角度一致。在磨刀石上彰显出的细而湿的粉末会增加它的锐化力。当刀刃细腻光滑后，用热水将刀洗净，并彻底拭干。

g 油磨石

油磨石与磨刀石的使用方法完全相同。这种天然的长方形石头是用矿物油自润滑的，不是使用水润滑的，这激活了石头的表面。使用油磨石磨刀后一定要用水将刀具彻底洗净并拭干。

h 手持式磨刀器

该手动装置通过在两组研磨面中以固定角度拉动刀片来磨刀。一组粗糙的研磨面，用来在钝的刀刃上形成锋利的刀刃；另一组精细的研磨面，用来打磨并最终完成磨刀工作。有些型号的手持式磨刀器还可以磨剪刀。要寻找一个把手舒适，并且带有防滑橡胶底座的磨刀器，以确保磨刀的时候其能放置得稳定。

21

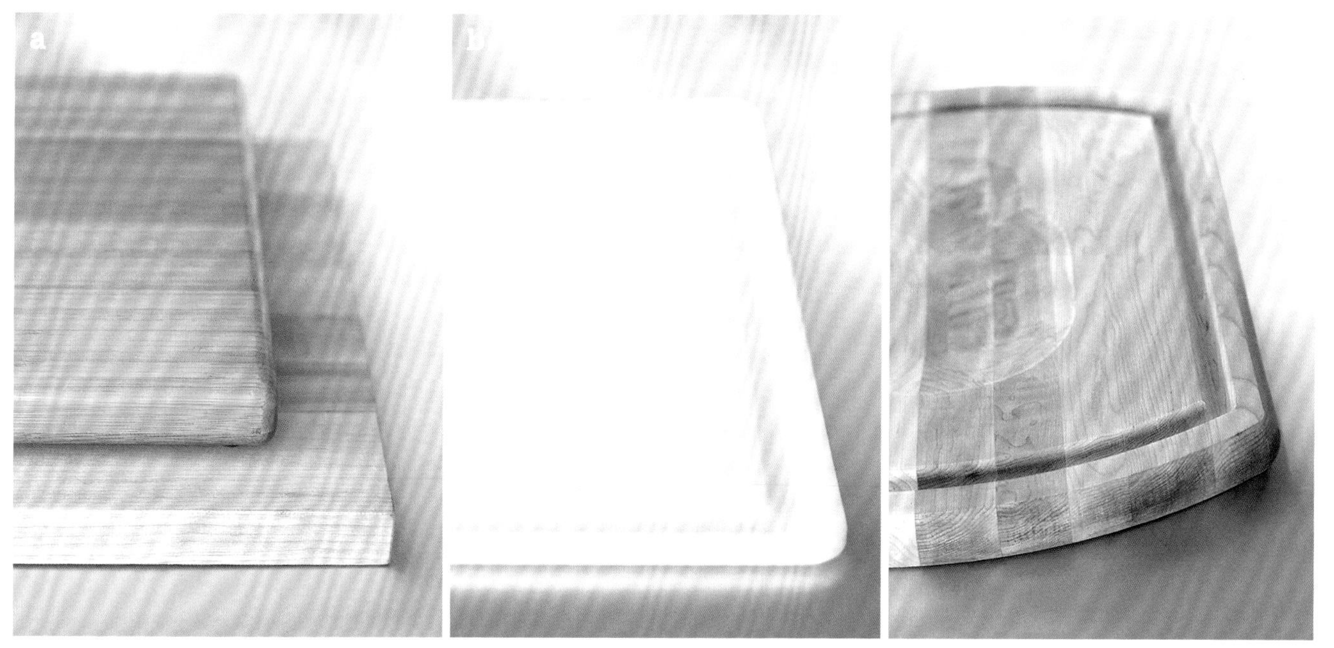

22

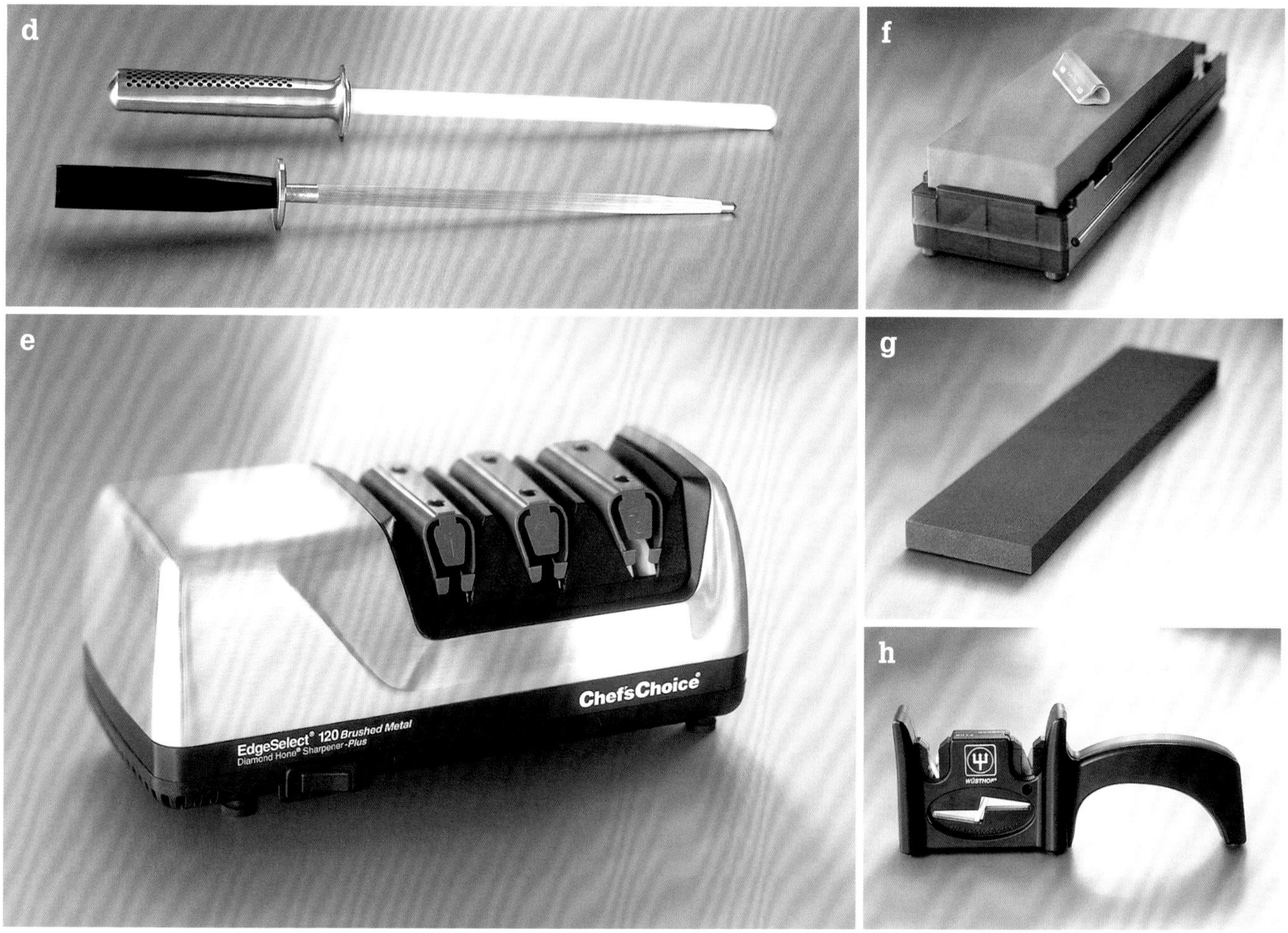

d

f

e

EdgeSelect® 120 Brushed Metal
Diamond Hone® Sharpener-Plus
Chef'sChoice®

g

h

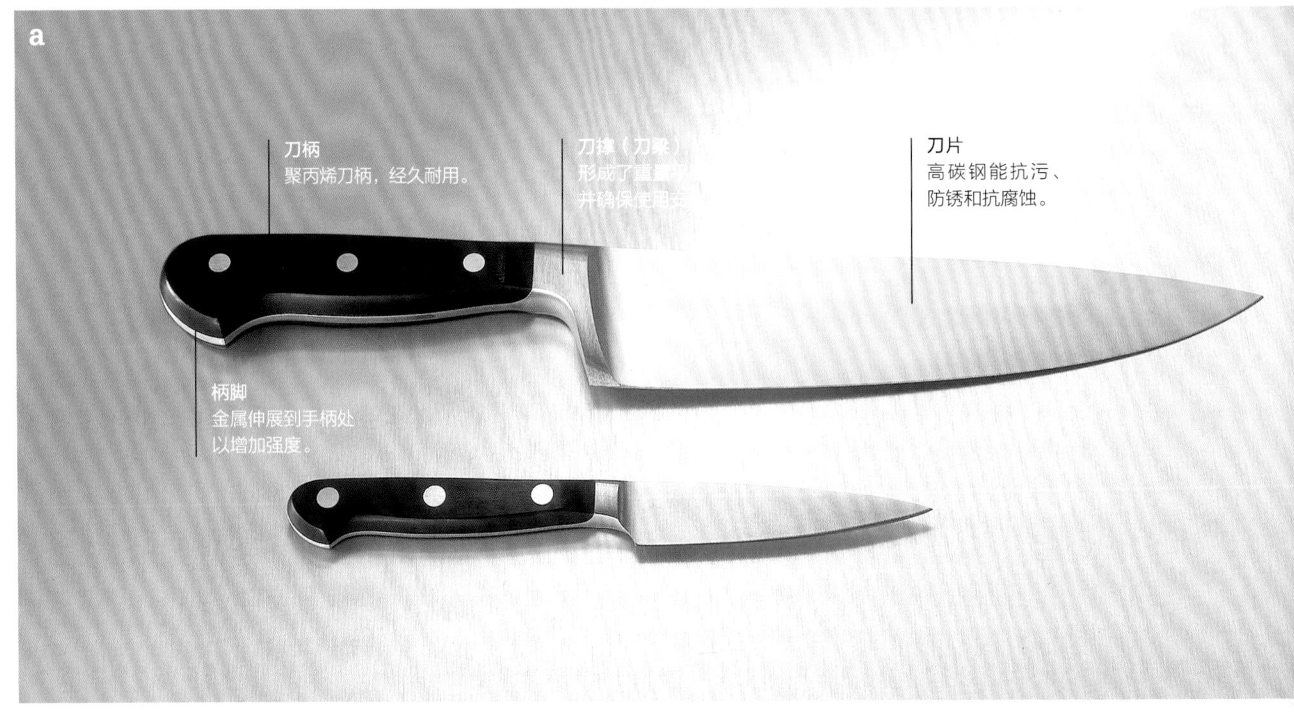

刀具的构造

德国和日本刀具工艺代表了刀具业两种传统的高质量工艺。西式的德国厨刀对普通家庭厨师来说可能更为熟悉，但日本厨刀正变得越来越受欢迎。下面是它们各自特点的基本介绍。

a　西式厨刀

西式厨刀有四个主要部分：刀片、刀撑、刀柄和柄脚。每一部分都是为了均衡和精确而特别打造的。西式厨刀的刀片有两个边：锋利的刀刃和上部的刀脊。大多数刀片从靠近刀柄的根端处到刀尖处逐渐变成锥形。刀柄和刀片之间隆起的区域称为刀撑，此处为强度和平衡提供了一个重心，也是手指的安全保护装置，使刀握起来更加舒适。刀柄握在手中应该牢稳而舒适。刀的柄脚是包裹在刀柄中的金属刀片的延伸部分。柄脚提供了强度和稳定性，并给予刀以平衡。

制作一把优质的西式厨刀是从一块金属开始的，先锻造，然后塑形成从刀脊到刀刃、从刀柄到刀尖的均匀锥形。可以说，最佳品质的刀具是由高碳耐脏污的钢材或合金钢制成的。这些刀片有锐化的刀刃，但又足够柔软，可以磨至锋利。当用来制作刀具的金属延伸到整个刀柄，并与刀柄的形状保持一致时，可以说是“完美的刀柄”。西方厨刀上最耐用的刀柄是用聚丙烯制成的，用三层铆钉穿过刀撑，或者永久性地与刀柄黏合在一起。优质的厨刀应该始终用手清洗。

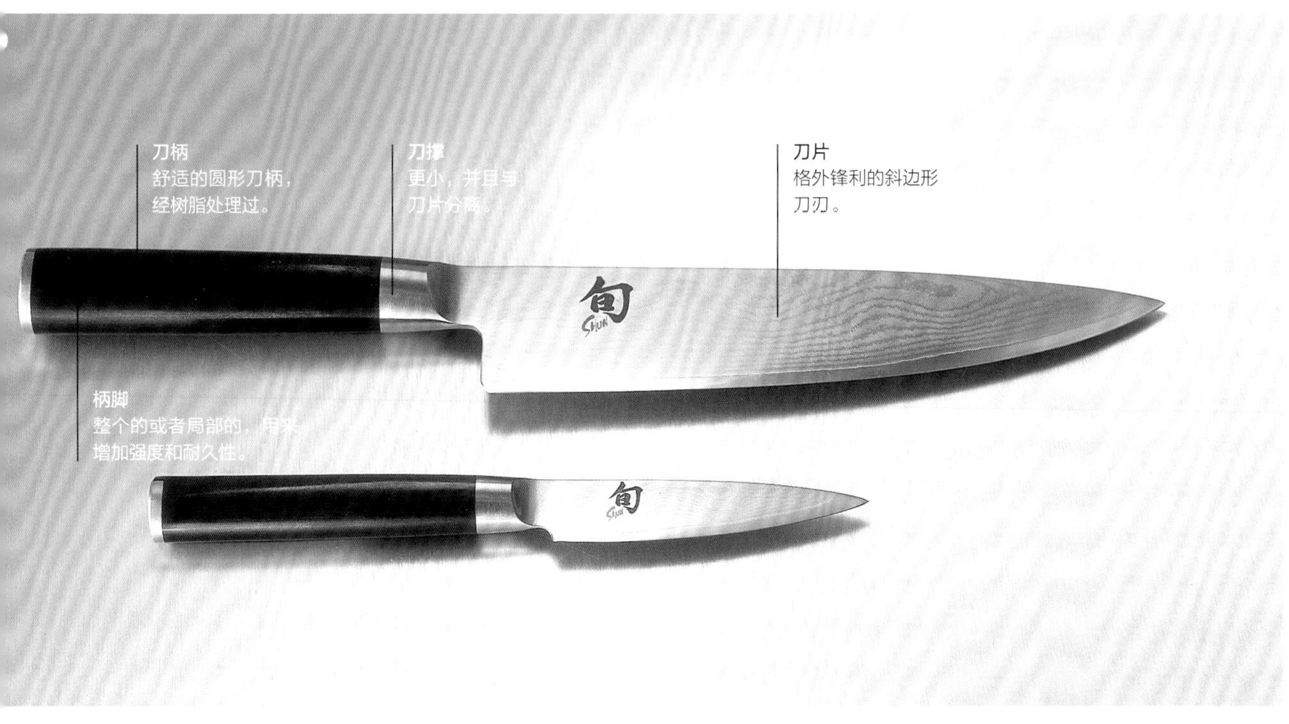

b　日式厨刀

和西式厨刀一样，日式厨刀也有刀片、刀撑、刀柄和柄脚，但构造明显不同。日式厨刀的刀刃通常带有斜边，这使其非常锋利。鱼刀的刀片很长，可以用流畅的片切技法下刀，以充分利用刀片长度的优势。

日式厨刀的刀撑更小，并且是与刀片分开的，这样能够将刀一直磨到刀片的根部位置。日式厨刀的刀柄通常是圆形的，让手能舒适地握刀。一些品牌的刀柄上会有一个后盖，可以协助刀撑保持刀具的平衡。根据刀的制造商和刀具的款式不同，柄脚可以是整个的，也可以是局部的。日本的刀具采用非常坚硬但有弹性的钢材，经过锻造，再用手工研磨制成超级锋利的刀片。刀柄由经过树脂处理过的防水木材制成。有些日式厨刀的刀片是用金属冲压而成后装在木柄上的，当刀片磨损后，可以更换新的刀片。由于结构上的差异，日式厨刀应该使用专门为它们设计的工具或由专业人士来磨。在使用磨刀棒磨日式厨刀时，建议使用15度的角度，以保持理想的刀刃锋利程度。在传统的亚洲文化中，每一把形状的刀都是为特定的目的而设计的。今天，亚洲的厨刀制造商也在生产与西式传统厨刀样式相似的厨刀。无论选择哪种样式的刀具，都要考虑到以下几点：这把刀应该由一个以质量著称的制造商所制造；应该感觉相对较重，但握在手里很均衡；应该由能够抗生锈和腐蚀的坚固材料制成；刀应该保持锋利。

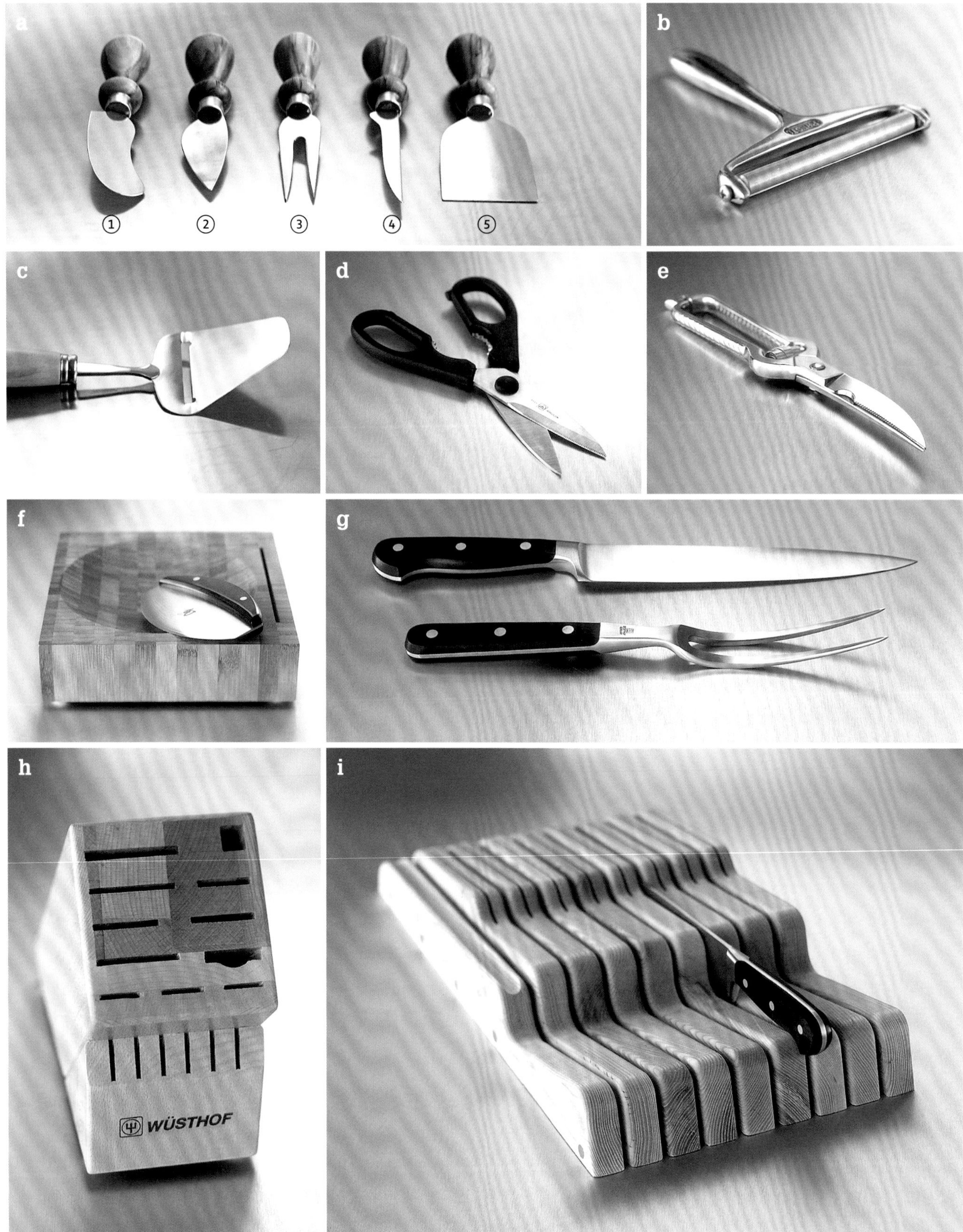
a
b
c
d
e
f
g
h
i
①
②
③
④
⑤
WÜSTHOF

其他种类的刀具和辅助工具

a　奶酪刀

如果你喜欢给客人提供奶酪，无论是作为开胃菜还是晚餐后享用，都可以买一套奶酪专用刀。每把刀的构造都是为了方便切割特定类型的奶酪。

奶酪铲或奶酪抹刀（图①）： 这把刀有呈一定弧度的宽刀刃，是切割和涂抹像布里奶酪或卡门培尔奶酪等软质奶酪的理想工具。

帕玛森奶酪刀（图②）： 这把刀呈细长的心形，短而锋利，坚固的刀刃很容易切透坚硬的奶酪，包括经典的帕玛森奶酪。

奶酪服务叉（图③）： 这个工具用来固定硬质的奶酪块，方便切割，以及将切好的奶酪片盛放到分餐盘里。

细奶酪刀（图④）： 这种不起眼的细奶酪刀是用来切割半软质奶酪或易碎奶酪的，如戈尔根朱勒奶酪、洛克福羊乳奶酪等。

宽奶酪刀（图⑤）： 宽奶酪刀使用时像凿子一样向下凿，最适合切割半硬质的奶酪，如埃曼塔尔奶酪等。

b　奶酪刨

这个器具可以切割硬质到半软质的奶酪，如帕玛森奶酪或蒙特雷杰克奶酪等。在其细的Y形手柄上装有一根绷紧的金属丝，能在奶酪表面平稳地滑落。

c　奶酪刮

奶酪刮的圆形或三角形的刀片在靠近刀柄处有一个狭槽，当奶酪刮在奶酪表面上用力刮过时，其锋利的槽边就能够刮下奶酪。该器具可以很好地处理切达奶酪或格鲁耶尔奶酪等半熟奶酪，但是它不适合用于像新鲜的马苏里拉奶酪等软质奶酪（要切割那些软质奶酪，要使用一把薄而锋利的刀）。高质量的奶酪刮刮取奶酪片时，刀片不会弯曲。

d　厨用剪刀

厨用剪刀可以用于各种不同的工作，如剪烘焙纸、一定长度的厨用棉线、一块纱布（棉布），以及剪取新鲜的香草、水果块，甚至鲜花等。最常用的厨用剪刀应该有耐用的不锈钢刀片。

e　家禽剪刀

这些专用的厨用剪刀有着加强过的、更长的刀片。稍微弯曲的刀尖能插入并切断那些令人棘手的家禽关节，以制作出适口大小的块。

用剪刀会比用刀更容易完成这个处理过程。家禽剪刀还能迅速剪开家禽的脊骨，这样就能把家禽平摊开用于铁扒，还能把整只家禽切成块状用来制作高汤。许多家禽剪刀在靠近铰链的一个刀片上有一个弯曲的凹槽。这个凹槽使剪刀能更好地抓住家禽的骨头，同时让你以最小的力点获得最佳的杠杆作用来切开骨头。要购买那些带有强力的弹簧机构和锁闭装置的家禽剪刀，以增加安全性，并且易于存储。

f　半月形刀

半月形刀的特点是有一个弯曲的、月牙形的刀片，可以快速、安全、轻松地切碎香草和小的蔬菜，尤其是当它与一个浅木碗或中间有深的圆形压痕的木板结合到一起使用的时候。有些型号的半月形刀的两端各有一个木制把手，可以双手握住它们，然后以摇摆的方式进行切割；还有的有一个连接两端的把手，可以一只手抓住它，然后摇动进行切割，或者握着它上下剁；也有一些型号带有两个刀片。

g　肉刀和肉叉

如果你经常烹饪并给客人提供整块的烤肉和整只的家禽，成套的肉刀和肉叉就是你手边最方便的工具。虽然一把通用厨刀可以用来切割所有种类的烤肉，但不同的刀具适合不同的烤肉，所以要寻找一套最适合你的刀具。一把较长的、柔韧性好且耐用的刀，最适合沿着大型火鸡的外形进行切割；一把短一些的、更结实耐用的刀可以快速切割更小的鸡；又长又直的带圆齿边的刀切割红肉更容易。选择一套坚固的、有着双齿的肉叉，它可以在你切割烤肉的时候稳稳地叉住所要切割的肉。肉叉也可以用来将切成片状的烤肉或烤家禽肉夹起并装到餐盘里。

h　刀架

刀具不应该随意地存放在厨房抽屉里或与其他器具一起放在容器中，否则，不仅可能导致手部受伤，还会导致刀刃变钝或出现划痕。带有插槽的、牢固的木制刀架，可容纳各种不同大小的刀，在厨房台面上呈一定的角度摆放，伸手可及。带有水平插槽的刀架，刀不会滑动，刀刃也就会静止不动，不会使刀刃变钝。如果你选择了垂直插槽的刀架，要将刀具的刃口朝上平稳地插入插槽里，最好有一个方槽可以放入磨刀棒。

i　存刀盘

如果厨房台面空间不够大，一个抽屉式的存刀盘是刀架很好的替代品。它的设计是为了适应大多数标准尺寸的厨房抽屉，上面的插槽是为了适应各种尺寸和形状的刀，把刀具存放在厨房台面的下面，方便又安全。

厨用电器类

从最基础的食物准备工作（如切片、切碎、制蓉和混合等），到更专业的工作（如煮咖啡、蒸米饭或小火加热慢炖），各种各样的现代电器为我们提供了无与伦比的便利性和卓越的效果。

食品加工机、搅拌器和搅拌机

a 食品加工机

大多数型号的食品加工机由一个圆形搅拌桶组成，下面是电动底座。将各种各样的圆盘形模具和刀片装配到搅拌桶里，由一个快速旋转的转轴来带动。通用的S型不锈钢刀片可以切碎、混合、搅拌，以及制作蓉泥等。其他的配件还包括用于切丝的、磨碎的或切片的圆形模具；用来揉面的塑料刀片；用来切丝的圆盘形模具等。

在盖子上有一个添料口，能够在运转时随时补充原材料。如果你打算和硬质的面团，要确保食品加工机的功率足够强大，否则电机可能因过热而损坏。

b 迷你型食品加工机

迷你型食品加工机与全尺寸的食品加工机相比，是小规模小批量处理任务的理想选择，如将新鲜的香草切碎或研磨坚果等。

c 搅拌器

搅拌器由一个重金属底座或塑料底座组成，底座上有一个电动机。

搅拌器能处理比食品加工机容量更多的液体，通常是5~8杯（1.25~2升）。大多数搅拌器都有可拆装的中央护盖，可以在电机运行时倒入液体。搅拌器用来制作蓉汤和调配冷饮，像奶昔或者水果沙冰都很方便。还可以使用搅拌器来绞碎香草，或者将面包转化成面包糠。要选择功率强劲并带有玻璃罐的搅拌器，因为玻璃罐不会吸收风味或产生异味。搅拌器有16档或更多的速度调节，也有酒吧专用搅拌器，只有两档速度调节。

d 浸入式搅拌器

浸入式搅拌器也称为手持式搅拌器或棒式搅拌器（搅拌棒），其特点是在长轴的末端有一个强有力的刀片，可以将刀片直接浸入到容器中将食材混合搅打，而不需要将它们倒入到搅拌器内或食品加工机里。浸入式搅拌器通常只有两档速度，并且刀片必须完全浸入到食物中以防止溅出。有些浸入式搅拌器还会配有打蛋器或小的容器，用于混合少量食物。

e 手持式打蛋器（手持式搅拌机）

这种小型、轻便、便携式的机器几乎可以与所有的锅碗瓢盆搭配使用。它适用于混合大多数面糊和柔软的面团，但不适合用于硬的面包面团和比萨面团。手持式打蛋器通常配有一套可拆卸的双头搅拌器，用于各种常见的混合工作，以及用来在蛋白和奶油中搅打进最大限度的空气。

f 台式搅拌机

这种固定式的电动搅拌机，适用于将大量食物和厚重的面糊进行混合。最基本的一套配件通常包括一个或多个不锈钢搅拌桶，这些搅拌桶安全地锁定在底座上；球形搅打器，用来搅打蛋白或打发奶油；桨状搅拌器，用来打发奶油和糖，以及混合面糊；和面钩，用来揉制面包面团。可以通过一系列的配件来扩展高配版台式搅拌机的用途。这些配件使用电机的强大动力来切片或切丝；制作肉馅或填充香肠；挤压或切割意大利面的面团；榨取柑橘类水果的汁，甚至可以用来制作冰激凌。

配备好你的厨房

在厨房里准备一系列的对烹饪非常有帮助的工具和设备是一个长久的过程。一旦习惯了使用这些好用的工具和设备，你可能会希望再额外添加几件。但是这些选择要基于你喜欢，而不是你认为应该拥有。粗制滥造的设备很容易磨损或损坏，如果你一开始就花钱购买高质量的工具和设备，它们能使用数年之久。

a
OFF
ON
PULSE
DOUGH
Cuisinart
Prep 11 Plus
FOOD PROCESSOR

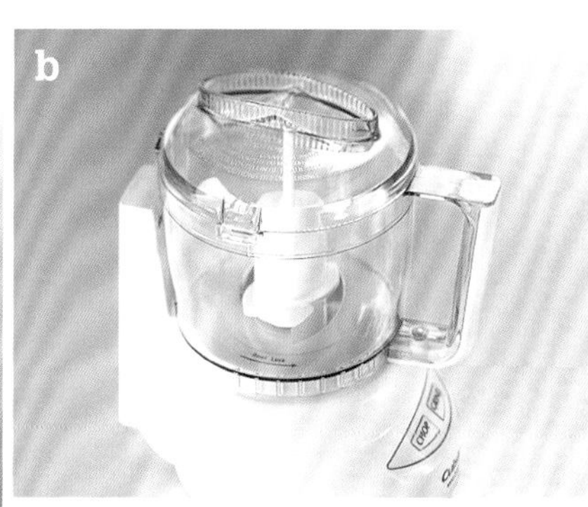
b

c

d
Breville

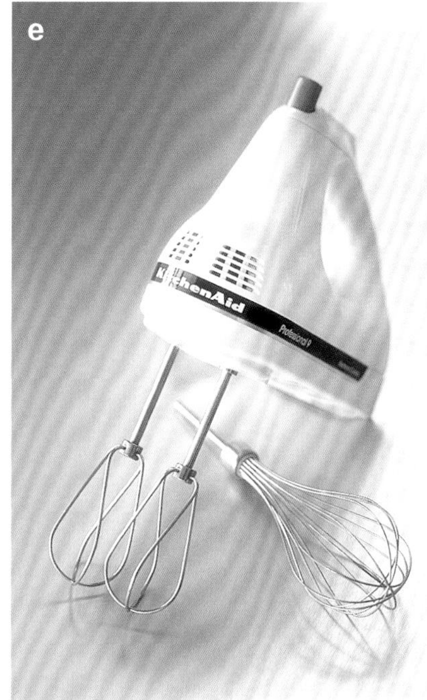
e
KitchenAid
Professional 9

f
KitchenAid
ARTISAN

a
b
c
d
e
f
g
h
k
i
j
Cuisinart
Panasonic
Menu
Cuisinart
Frozen Yogurt - Ice Cream & Sorbet Maker

厨房专用电器

a　咖啡机

咖啡研磨机（图左侧）：选购带有螺旋桨式刀片的研磨机，按下按钮的时间越长，咖啡豆绞得越碎。许多厨师都会保留一个单独的咖啡研磨机来研磨香料。

滴滤式咖啡机（图中间）：一台高质量的电动咖啡机，能够提供一系列最适合你需要的功能，有定时和暂停功能，能够暂停滴滤过程。有些型号的咖啡机用保温瓶代替了玻璃水瓶，这样可以让咖啡保温几个小时。

浓缩咖啡机（图右侧）：尽量去寻找这样一台咖啡机：能自动把水加热到合适的煮咖啡的温度，送到装满了研磨至精细的咖啡的金属过滤器里进行萃取。高品质的咖啡机都有可互换的过滤器，带有单头或双头喷嘴，还有蒸汽喷嘴和用于打奶泡的不锈钢壶。

b　对流型烤箱

对流型烤箱安装了一个强大的风扇，通过恒温器的控制，使精准加热的空气得到循环。其对于曲奇、比萨饼、其他糕点和面包来说，是一个完美的烘焙环境；对于家禽和肉类，也可以更快更均匀地进行烘烤。

c　炸炉

现代的炸炉能精确控制油温，烹饪效果和安全性都很理想。炸炉有一个牢稳的底座，可以安全地摆放在厨房的工作台面上，此外还包括一个防止溅出和控制气味的炸炉盖。

d　室内铁扒炉

这个放置在工作台面上的铁扒炉，可以达到室外铁扒烧烤的效果，包括表面上诱人食欲的焦黄色，还带有格栅烙印。

e　（柑橘类水果）电动压榨器

如果需要大量柑橘类果汁，那么就可以考虑购买一台（柑橘类水果）电动压榨器，它有金属或塑料铰刀，可以快速旋转，以榨取切成两半的柑橘类水果的果汁。选择既能容纳小到青柠檬，又能适应大到西柚，以及介于两者之间所有柑橘类水果的压榨器最好。

f　意式帕尼尼炉

其功能如同华夫饼炉，很容易制作出香脆的热压成型的意式三明治，也就是我们所熟知的帕尼尼三明治，以及其他需要烙印上花纹的三明治。两个脊状线带有不粘涂层的加热板，从两边同时加热三明治，而上面的加热板在三明治上施加了重量，使三明治变得平坦。最好的意式帕尼尼炉带有可调节的铰链，以适应不同形状和厚度的三明治。要选购带有温控开关和可调节角度的意式帕尼尼炉，让油脂滴落到集油盘里。

g　电饭锅

一些型号的电饭锅还带有额外的内胆，用来蒸其他蔬菜。根据它们的大小不同，电饭锅一般可以煮315~3750克（2~24杯）大米。

h　煲锅（慢炖锅）

煲锅大小为1~7升（1~7夸脱）不等，能用小火加热多汁的菜肴，如炖菜、汤、焖菜等。煲锅使用很安全，不需要人看守。早晨在煲锅内加入汤菜或炖菜需要的食材，设定加热的时间和温度，回家后，就可以享用一顿制作好的热餐。新一代产品的特点是有一个可取出来的内胆，可以把肉、家禽或蔬菜放内胆里在炉灶上加热成褐色，然后再放回到煲锅的底座上，进行长达数小时的加热过程，这样就可以制作出小火慢炖的风味。

i　烤面包机（吐司炉）

烤面包机的功能非常简单，把切片面包放进两边都有加热线圈的槽里，加热线圈就能把面包片表面迅速而均匀地烤成焦黄色。要买底座牢稳的烤面包机，因为便宜型号的线圈随着时间的推移会松脱，导致面包片烤得不均匀。大部分烤面包机都有旋钮可以调节温度或烤面包片的时间。对于百吉饼，要选择一个有着特别宽的槽的烤面包机来适应百吉饼的厚度。

j　华夫饼烤模（华夫饼炉）

华夫饼烤模有各种各样的形状，包括方形、圆形和心形等，还有一些型号的华夫饼烤模有着特别深的网格，用来制作比利时风味的华夫饼。今天大多数的华夫饼烤模都有不粘涂层，使用起来更方便。不要将电动华夫饼烤模浸入到水中，不要在使用后用水清洗华夫饼烤模，只需简单地去掉仍然粘在网格上的碎屑，或者用纸巾将冷却后的华夫饼烤模擦拭干净即可。

k　冰激凌机

喜欢冷冻甜点的人会发现，电动冰激凌机不可或缺。从既能冷冻又能搅拌冰激凌、沙冰和其他冷冻甜点的复杂（且昂贵）冰激凌机，到更简单的可以在冷冻冰箱里预冷的或使用装有制冷剂的操作盆的，各种型号的都有。把甜点混合物装进操作盆里，放进冰激凌机里后，电动机会把它搅拌成你想要的光滑的、冷冻的稠度。

铁扒用具类

许多美食爱好者都喜欢在户外的明火上烹饪美食时所产生的美妙烟熏风味效果。铁扒经常被认为是一种十分简单的烹饪方法，但事实并非如此。这项技术需要专门的知识、技能，好的食谱，以及非常顺手的工具。

基本的铁扒工具

最受欢迎的两种户外铁扒炉是丙烷铁扒炉或天然气燃料的燃气铁扒炉，以及锅形的炭烧铁扒炉。这些铁扒炉既适用于直接加热的铁扒（在无盖的铁扒炉上用高温直接加热烧烤食物），也适用于间接加热的烹调（在有盖的铁扒炉上通过反射热量加热食物）。一台燃气铁扒炉的优点是，只需要简单地调整旋钮就可以控制加热的温度，而且清理起来相对容易一些。

有些人更喜欢炭烧铁扒炉，因为它能达到很高的温度，并且使用的木炭或硬木燃料能产生诱人食欲的烟熏风味。有些人认为，烟熏风味只能在炭烧铁扒炉上产生，但是在燃气铁扒炉上同样能获得烟熏风味。

善待好你的铁扒炉

铁扒炉是低维护的工具，但它们确实需要一些关注。经过常规护理、高质量的铁扒炉可以高效、清洁地使用好多年。使用完铁扒炉之后，趁铁扒炉余温还在，使用长柄钢丝刷擦掉所有粘在烤架上的食物残渣。盖上铁扒炉，让剩余的炭火或者燃气火苗燃尽。不要让灰烬堆积在碳烧铁扒炉内，等到炉内灰烬完全冷却后，把它们盛出来，然后丢弃在一个非易燃的容器里。第一次在铁扒炉上烹饪之前，一定要先查阅附带的铁扒炉使用手册。一定要关注正确的清理说明，并定期清洁铁扒炉。

a 燃气铁扒炉

燃气铁扒炉可以由自家的天然气管道提供燃料，或者由可充气的丙烷罐提供燃料。燃气铁扒炉上的火焰在一层可吸收热量的碎火山石或陶瓷块下面燃烧，它们会变得炽热，把摆放在它们上面的架子或网格上的食物加热成熟。操作更加复杂的铁扒炉包括了多重控制开关，可以只对铁扒炉中的一部分加热，或间接加热烹调，单独的炉头用来加热少司或扒炉，内置的金属盒子用来盛放和加热用于烟熏的木片。如果想铁扒大块的肉或家禽，可以选择带有高罩的铁扒炉，这样可以把铁扒炉变成户外烤箱，还可以安装电转动烤肉架配件，这样就可以用肉叉串起食物在烤肉架或网格上旋转着进行烧烤了。有些型号的铁扒炉还在后面安装了一个窄的凸起的烤架来给食物保温，下面还有一个隐藏丙烷气罐的柜子。

b 炭烧铁扒炉

炭烧铁扒炉由一个金属锅组成，在金属架子或网格下面的锅底上有一层燃烧着的木炭，它有许多形状和大小。有小型的、便宜的、铸铁日式木炭火盆和平底火盆，它们在20世纪50年代的许多后院烧烤中担任着主角。比平底火盆功能更多的是广受欢迎的锅形铁扒炉，它有一个深的、半球形的火盆和穹顶形的盖，使它的燃烧效率高并适用于直接或间接加热烹饪。火盆上的通风口和盖子可以控制炭火的温度。块形木炭是选择最多的燃料。这些紧凑密实、规格统一、呈枕头状的燃料块是由木炭粉与黏合剂和促进燃烧的添加剂压缩制成的，使用方便，提供了稳定的、无火花的热量，但如果使用不当，它们所含的黏合剂会给铁扒好的食物带来一种不愉快的味道。硬木木炭也有袋装出售的，它比块形木炭燃烧起来更热、更清洁。但使用硬木木炭时需要格外小心，因为它在第一次点燃时可能会产生一些火花。硬木木炭是由山核桃木、桤木、橡木、苹果木、樱桃木或牧豆树木等芳香型硬木燃烧至几乎纯碳的程度时制成的。挑选那些相对较小、规整的木炭块，以确保木炭火力均匀。

c 烟囱引火器

如果经常使用炭烧铁扒炉，应该准备一个烟囱引火器。它类似于一个大的咖啡罐，有把手，底部有圆形孔洞，不用打火液就能很快点燃木炭。在底部塞入报纸来形成引火物，然后将木炭块或硬木木炭块堆积在报纸上。当报纸被点燃时，火焰在烟囱里向上燃烧，就会将木炭点燃。

a

b

c

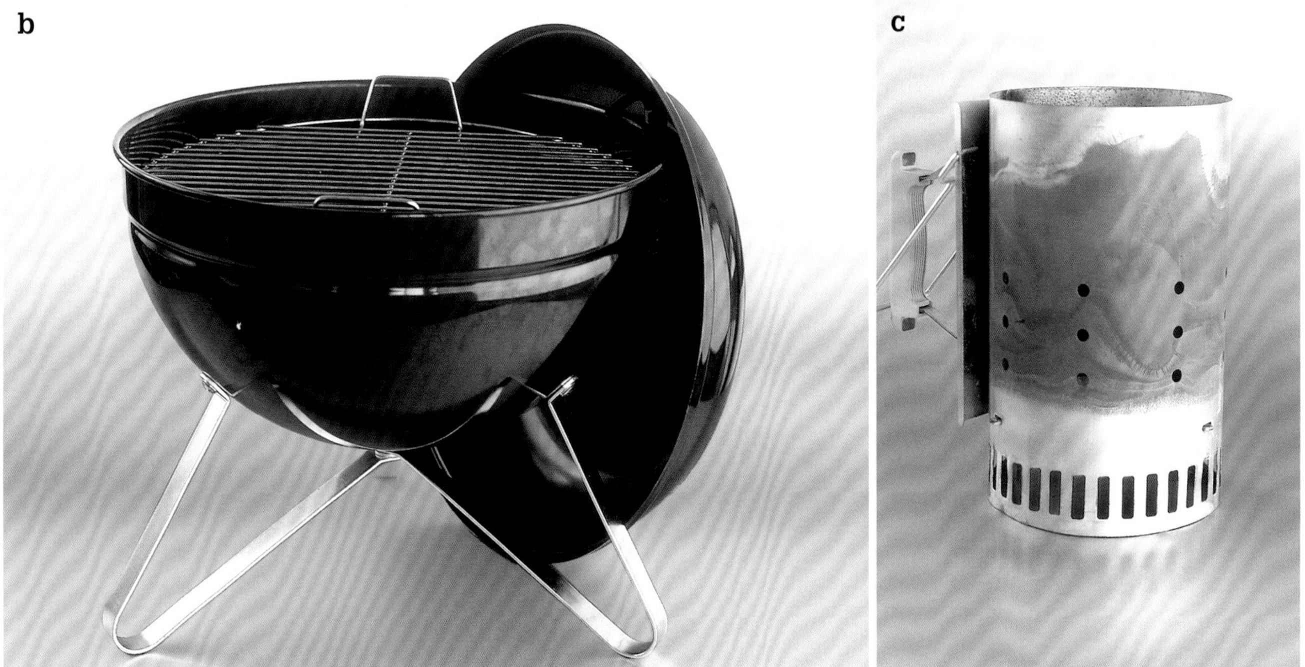

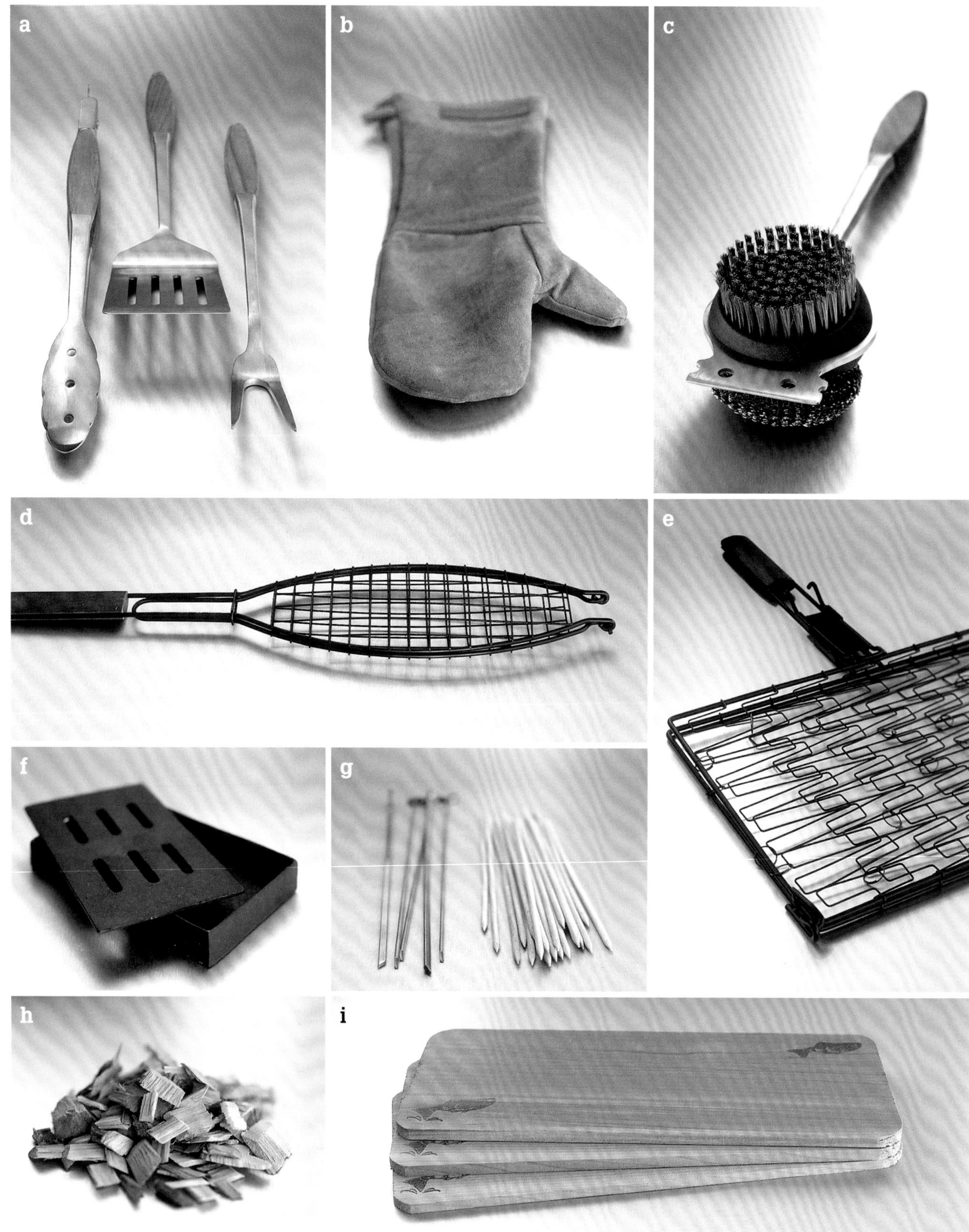
a
b
c
d
e
f
g
h
i

铁扒配件

a　长柄套装工具

尽管烧烤厨师可以使用厨房的工具来涂油、拿取、翻动，以及给客人提供食物，但铁扒炉酷热的温度，以及铁扒炉上经常会有大块的或难以处理的食物，使得拥有一套专门为户外铁扒设计的工具就显得非常有必要。这些工具的特点是有超长耐热的手柄，结实耐用的结构。许多铁扒套装工具在手柄末端都有皮革护圈，可以方便地把它们挂在靠近铁扒炉的地方。

夹子（图左侧）：铁扒用的夹子应该够长，并且特别结实耐用，可以牢稳地夹紧大块的、不规则的肉类、家禽，或者蔬菜等。对于炭烧铁扒炉，一定要确保有第二套夹子，专门用来拨动火堆周围的炭块。

铲子（图中间）：选择一把比普通锅铲的铲面更宽、更长的铲子。一把坚固耐用的铲子不仅可以方便地翻转汉堡、牛排、鱼排或猪排，而且还可以把粘连在铁扒架上的食物铲下来。

叉子（图右侧）：两齿铁扒叉对于移动和翻动铁扒架上的大块或形状不规则的食物非常有用。注意不要将叉子刺入食物太深，以免汁液流失。有些铁扒套装工具里还配有长柄的涂抹刷，用于在铁扒过程中给食物涂刷上腌泡汁和上色油脂。选择一个宽边的、带有耐热硅胶的涂抹刷，避免使用塑料涂抹刷，因为塑料涂抹刷很可能会在铁扒炉的高温下熔化。

b　烧烤用耐高温手套

为了不让手、手腕和前臂受到铁扒炉高温的影响，可以购买由厚厚的阻燃材料制成的手套，手套的袖口要特别长。由耐热硅胶制成的长手套可以抵挡高达260℃（500℉）的高温。

c　铁扒炉清理刷

最好用的清洁铁扒炉的工具是坚硬防锈的钢丝刷，它可以在铁扒炉使用前之后用于清理铁扒炉，在铁扒炉是热的时候，清除掉所有的残留物。该工具长长的手柄能够使你的手和手臂远离热源。有些型号还有一个结实的、呈一定角度的金属板，可以用它来刮掉铁扒炉网格中个别金属条上的黏着物。一些铁扒清理刷的另一面有一个金属网或纤维垫，用来擦洗铁扒架上所有难以处理的、残留的食物。最好是在铁扒炉冷却后，温度不那么高的时候使用清理刷的这一面进行清理。

d　烤鱼架

它的形状与一整条大鱼的外形相匹配，这个铰链式的、上下两件套的金属网状格栅连接着长的手柄，锁住了鱼片或整条鱼，以便将其牢稳地放置在铁扒炉上，使它们易于加热并翻动而不会让鱼肉散裂开。

e　蔬菜架

这种带有铰链的金属网格栅有着不同的大小和造型，用来铁扒小个头的蔬菜，如芦笋、蘑菇或小番茄。

f　烟熏盒

这个小金属盒子上有孔洞，有一个密封的盖子。将预先浸泡在液体中的木片或其他芳香剂（如干的香草等），放入到烟熏盒里，然后放在火山石、陶瓷块或点燃的木炭上，来给食物增加烟熏风味。

g　肉扦

根据食材的不同，可以选择金属或竹子做的大扦子或小扦子。

金属扦子（图左侧）：如果经常铁扒肉串，就要购买结实的不锈钢肉扦。在铁扒炉上翻动肉扦时，宽而平的肉扦和双叉齿型号的肉扦提供了额外的支撑，可以防止块状的食物在肉扦上转动。

竹扦子（图右侧）：竹扦子既简单又便宜，有各种长度，非常适合制作小的羊肉串和亚洲食物如沙爹，它们只需要加热很短的时间。竹扦子在铁扒过程中容易被烧着，使用之前用水浸泡大约30分钟就可预防被烧着。

h　木片

木片撒在户外燃烧着的木炭火堆上，或者放在烟熏盒里，或者用锡纸包好放在燃气铁扒炉中，可以为铁扒好的食物增添一抹独特的烟熏风味。果木如苹果木，樱桃木，杏木，葡萄木，或者橄榄木，有着细腻的芳香风味；而较强风味的树木如牧豆树木或山胡桃木，则会散发出更强烈的烟熏风味。为了取得最佳效果，可以在小火间接加热的烹调过程中使用木片，会给快速成熟的铁扒食物增加一些风味。

你可以使用干燥的木片来增加更浓郁的风味，或者用水、啤酒、葡萄酒浸泡它们，来产生更加细腻的芳香风味。

i　木板

用芳香型树木如杉木或桤木等制成的薄木板已经成为深受欢迎的烤鱼辅助用料，尤其是烤三文鱼片，因为它们会增添特别的烟熏香味。在使用之前，木板应在水中浸泡至少一个小时。

烹调成熟后，木板和鱼可以一起放入大的餐盘里。有些木板可以作为一套餐具中的一部分，餐具上面有一个服务支架，可以把木板整齐地摆放进去。如果木板没有被烧焦，可以多次使用。

计量工具和定时器

许多美食的制作需要精确的计量和计时。鉴于此，在厨房里备有准确的计量工具、温度计和定时器是个好主意。

计量工具

a 液体量杯

其刻度印在量杯壁上，最好的液体量杯是由耐热的钢化玻璃制成的。在舒适的把手对面的杯壁边缘处有一个倾倒口。500毫升容量的量杯最为常见。

b 干粉量杯

干粉量杯是套装的带有刻度的量杯，通常60～250毫升不等。它们通常由不锈钢、耐用型塑料或聚碳酸酯制成，有一个直边，称量时要将食材抹至平整，以取得准确的数量。

c 量勺

一套量勺通常包括1/4茶勺、1/2茶勺，1茶勺和1汤勺，用于计量干粉和液体食材。和干粉量杯一样，为了准确，要把量勺里的干粉食材沿勺边抹平。

d 厨房秤

厨房秤很方便，尤其对于烘焙来说，因为它比测量体积更精准地计量食材。要选择精度高、质量好的厨房秤。

温度计

e 即时读取式温度计

每个厨房里都应该配备一个即时读取式温度计，可以确定肉、家禽或鱼等在加热烹调的过程中准确的成熟程度。

刻度盘式温度计（图左侧）：这种传统风格的温度计有一个刻度盘和一个由热敏金属线圈带动的指针。

数字式温度计（图右侧）：由电池供电的数字式温度计能提供最快速、最准确的读数，以数字的形式在温度计的表面显示出来。温度计要选择屏幕最大、最容易读取的型号。

f 高温温度计（糖/油温度计）

这种类型的温度计是专门用来测量糖浆或热油温度的。一个能够在温度计探针上滑动的夹子可以把它固定在锅或煲的边上，给出准确的读数。这种温度计有刻度盘和数字显示两种形式。

g 电子探针式温度计

这种温度计的特点是把一个探针插入到食物里，然后通过一根长而耐热的线连接到一个遥控装置上。控制装置放置在烤箱的外面，用来设定所需要的成熟温度，当达到这个温度时，它会发出声音，提醒食物制作好了。

h 烤箱用温度计

可选购能挂在烤箱中烤架上的型号，或者可以平稳地放在烤架上的型号，这样它就能读取烤箱中的温度。

定时器

定时器是厨房中必不可少的工具。它们会提醒你什么时候该检查正在烹调的食物，以确保食物不会烹调过度或烧焦。

有些厨师甚至喜欢在脖子上戴着定时器，以免被其他工作分散了注意力而听不到。

i 手动定时器

传统的手动定时器通常采用弹簧激活模式，带有刻度盘，可以将其转动到所需要的时间。当时间到了，定时器就会嗡嗡响或像闹钟一样响。

j 电子定时器

这些定时器有一个数字显示屏，时间一到就会发出嘟嘟声。有些定时器包括了多个显示器，以帮助掌控多个菜肴的烹调加热时间。有些可以放置在工作台面上，而另外一些可以使用磁条粘在电器上。

29

a
pyrex
32 oz
24 oz
pyrex
3/4
2/3
1/2
1/3
1/4

b

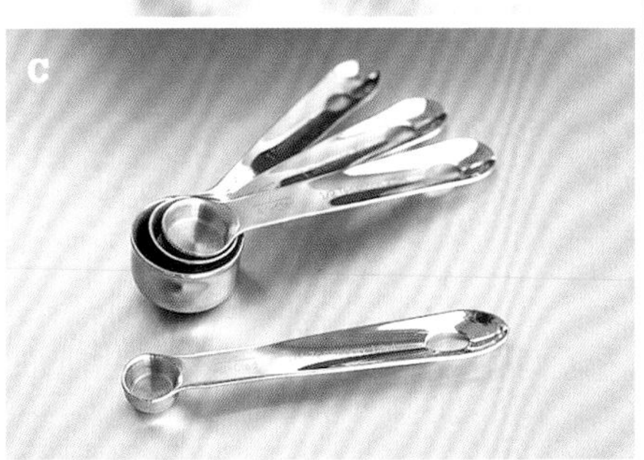
c

d
SALTER

30

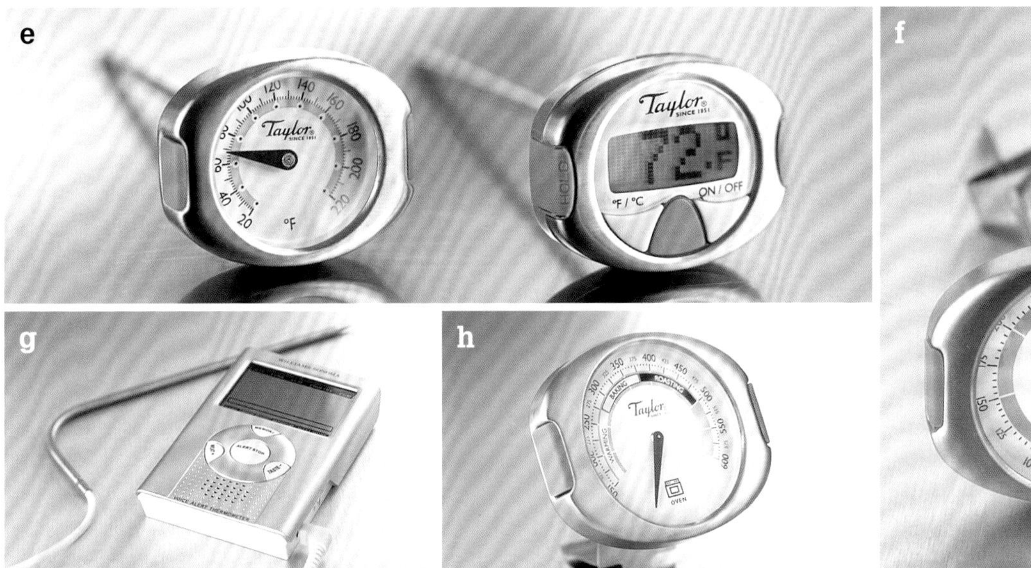
e
Taylor
SINCE 1851
°F
Taylor
SINCE 1851
72.0
°F / °C
ON / OFF
HOLD

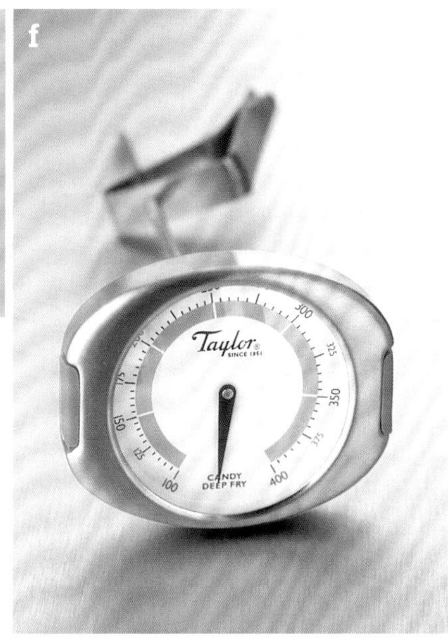
f
Taylor
SINCE 1851
CANDY
DEEP FRY

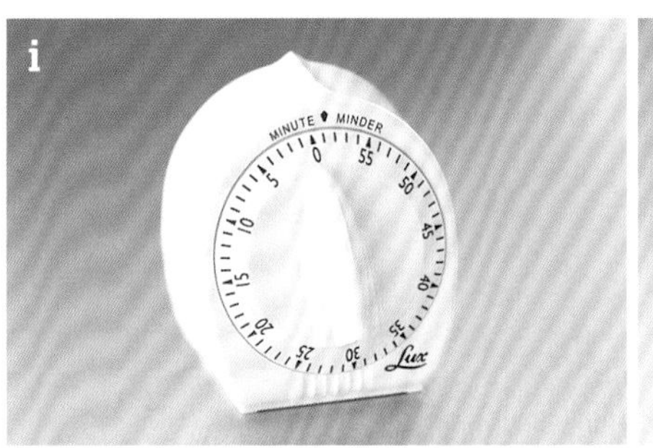
g

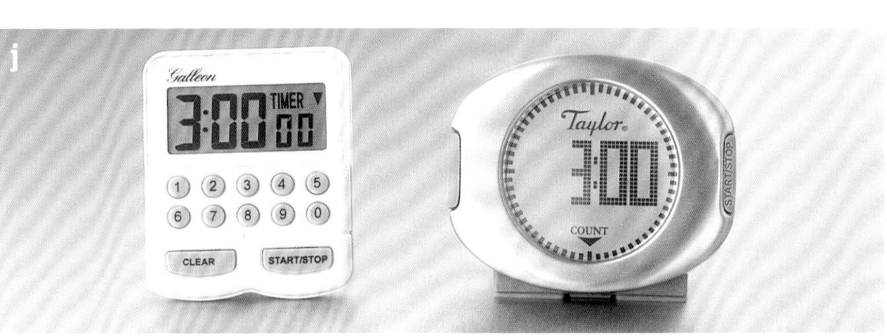
h
Taylor
BAKING
ROASTING
OVEN

31

i
MINUTE MINDER
Lux

j
Galleon
3:00
TIMER
CLEAR
START/STOP
Taylor
3:00
COUNT
START/STOP

32

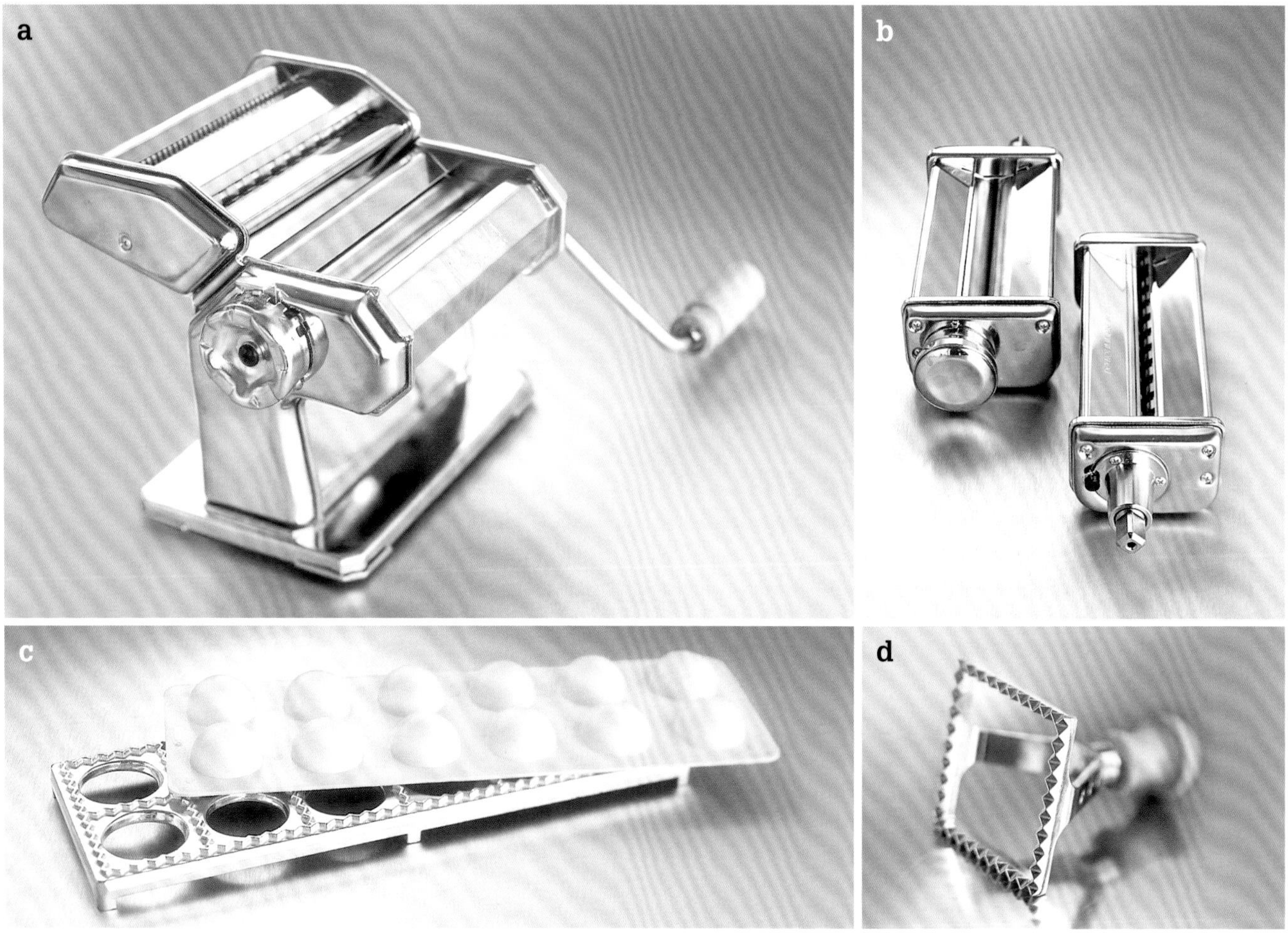

a

b

c

d

33

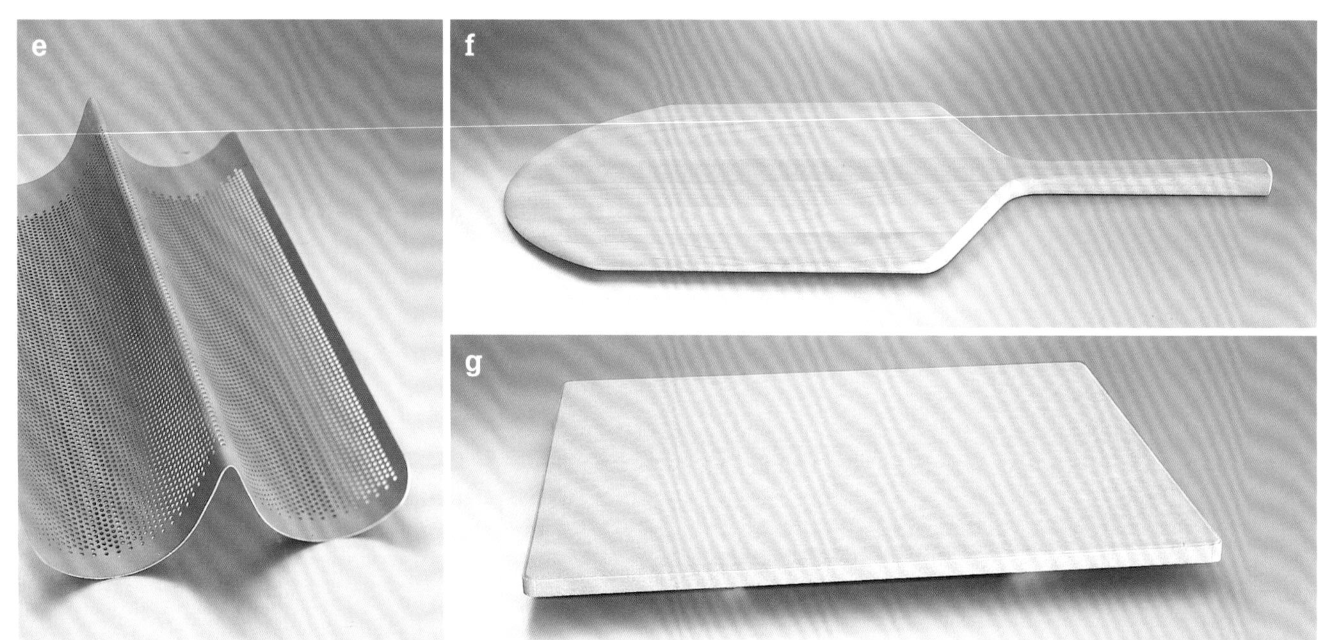

意大利面和面包器具

越来越多的家庭厨师发现了从零开始做意大利面和面包的乐趣。在一台面条机，以及简单的成型工具和基本的烘焙设备的帮助下，你就可以做出和在意大利熟食店或精品面包店一样好的美食。

意大利面设备

a 面条机

面条机简化了意大利面的揉制、擀压和切割过程。经典的意式面条机由两组滚轴组成，通过一个手动曲柄转动，根据需要将面团从一组滚轴移动到另一组滚轴。该机器有牢固的底座，在操作时，会保持面条机的稳定。第一组滚轴，由光滑、重质的不锈钢制成，用于揉制和擀压意大利面团。经过几次揉制之后，面团通过依次变窄的设置将面团擀压变成一张薄片。接下来，更换一个可互换的切割配件到机器上，用来切割出细条形或宽条形意大利面。可以购买单独的配件，用来切割新鲜的天使面（最细的意大利面）和意大利细面，或者用来制作意式馄饨。现在还有电动面条机与手动面条机的工作方式相同，只是更快、更省力。一些意大利面条机制造商还生产一种电动机，可以安装在手动意大利面条机的曲柄上，以加快擀压和切割的过程。

b 切割配件

如果你喜欢经常制作意大利面，可以购买台式搅拌机的配件，这使得该机器在家庭厨房中有着更多的通用性。配件的存在是为了制备新鲜意大利面的面片，并将其切割成各种形状，如意大利细面条、意大利宽面条或天使面等。还有一些配件，可以帮助填馅并制作成意大利馄饨。

c 意大利馄饨模具

意大利馄饨模具也叫意大利馄饨模板，这种简单的手动工具设备可以制作出规格统一的意大利馄饨。在金属模具上覆盖一张擀好的新鲜的意大利面用面片，把塑料模具的凸面放在金属模具上面的面片上，并按压下去，使面片凹陷，将馅料舀入每个凹陷处，馅料周围的面片用水湿润好。然后在上面铺上另外一张意大利面的面片，用擀面杖在上面擀动，这样馅料就会密封起来，凸起的脊线就会被切断，形成了意大利馄饨。

d 意大利面面戳

有各种大小和形状的意大利面面戳，外边有平整的和带花纹的。

这种器具可以切割出单个的意大利馄饨或其他带有馅料的意大利面。

面包和比萨器具

e 法式面包烤盘

如果你喜欢在家里烘烤面包，那么可以考虑购买一个法式面包烤盘。有了这个烤盘，就可以制作出和法式面包店里一样的高质量的面包。长的半圆形的烤盘可以容纳两条长棍面包、短棍面包，或者并排摆放其他传统的长条形乡村面包。

在不粘的、商用级的铝制烤盘表面上的孔洞，使烤箱内的空气在面团周围循环，从而烘烤出松脆的、金黄色的面包外皮。你可以在许多经典的法式面包的底部看到那些网格造成的细小的压痕。

f 烘焙木板

这种工具是一块宽而平的桨状木板，板边呈坡形，可以将整条面包在烤箱内滑进或滑出。在家里，你会发现烘焙木板可以帮助把一条面包或一个装满食材的比萨放入烤箱里热的烤石上，并且在烤好之后再取出来。

g 烤石

烤石也称为比萨石、烘烤砖等，这种长方形的、方形的或圆形的扁平的无釉面工具主要用于烘烤面包和比萨饼，以产生出脆皮。烤石因其高效的吸热和散热功能而受到人们的赞赏。烤石通常放置在烤箱的最底层，或者直接放置在烤箱里，使用之前至少要预热45分钟或1小时。每次使用完之后，要用湿布或纸巾将冷却后的烤石擦拭干净。不要将其浸泡在水中或使用洗涤剂擦拭，否则它们会残留在烤石的气孔里。

厨房用具使用技巧

学习基本的烹饪技巧如运用刀法、使用裱花袋，以及辨别新鲜的香草等，是成为一名优秀厨师所要迈出的第一步。接下来，你会获得超过250种使用技巧，从切割烤肉，到撬开海蛤和生蚝的外壳，再到将蛋白打发到湿性发泡的程度等。还有一部分主食食谱。当你在一本烹饪书籍中遇到一个令人困惑不解的疑问，需要一个深入浅出的使用指南来帮助你圆满完成这项工作时，本章节中的内容会让你获益匪浅。

烘焙和糕点基础知识

打发的技巧

1 将奶油倒入盆内

将冷藏后的奶油倒入玻璃盆或不锈钢盆内。为了取得最佳效果，可以先将盆冷藏。加入所需调味料，糖和香草香精是最常见的调味料。

2 将奶油打发至湿性发泡的程度

将搅拌器配件安装到搅拌机上。用中高速搅打奶油混合物至湿性发泡的程度，需要搅打3~4分钟。

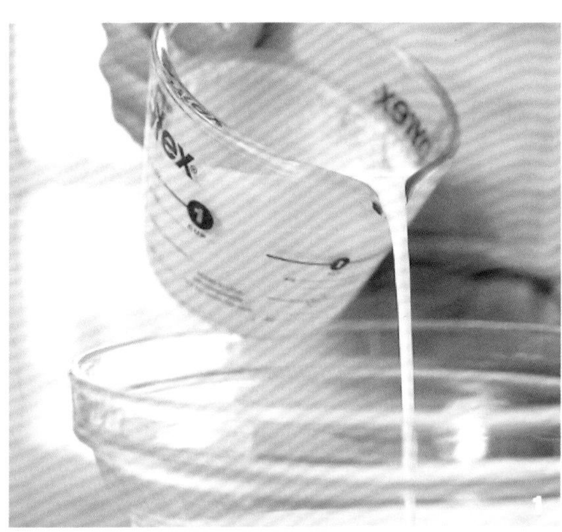

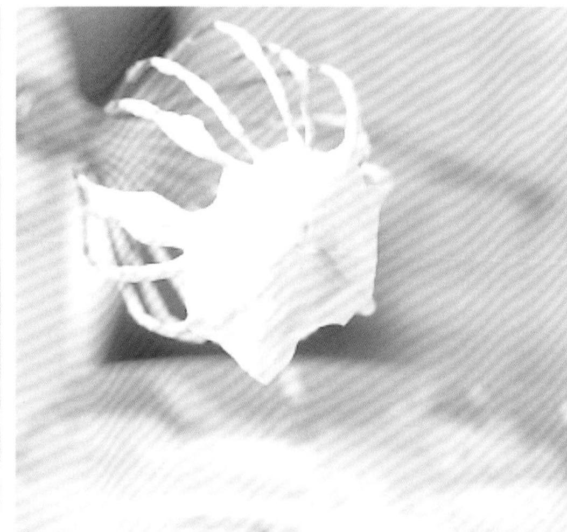

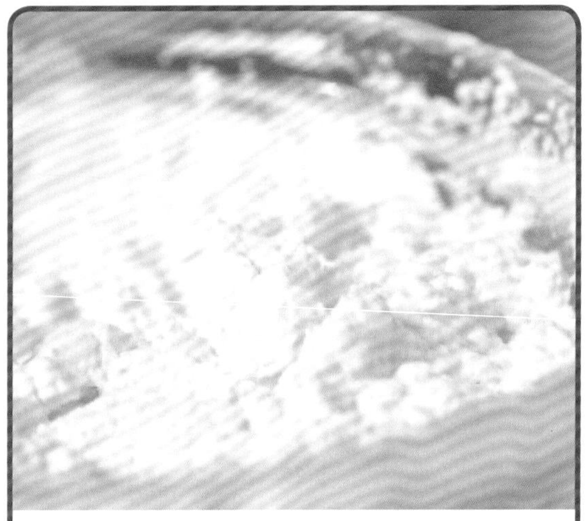

疑难解答

奶油搅打的时间过长，就会变硬成颗粒状，并且外观会凝结成块状，但是这种状况可以修复。

3 修复打发过头的奶油

要修复打发过头的奶油，可以加入少量的没有经过打发的奶油，并轻轻搅打，就可以恢复到湿性发泡的程度。

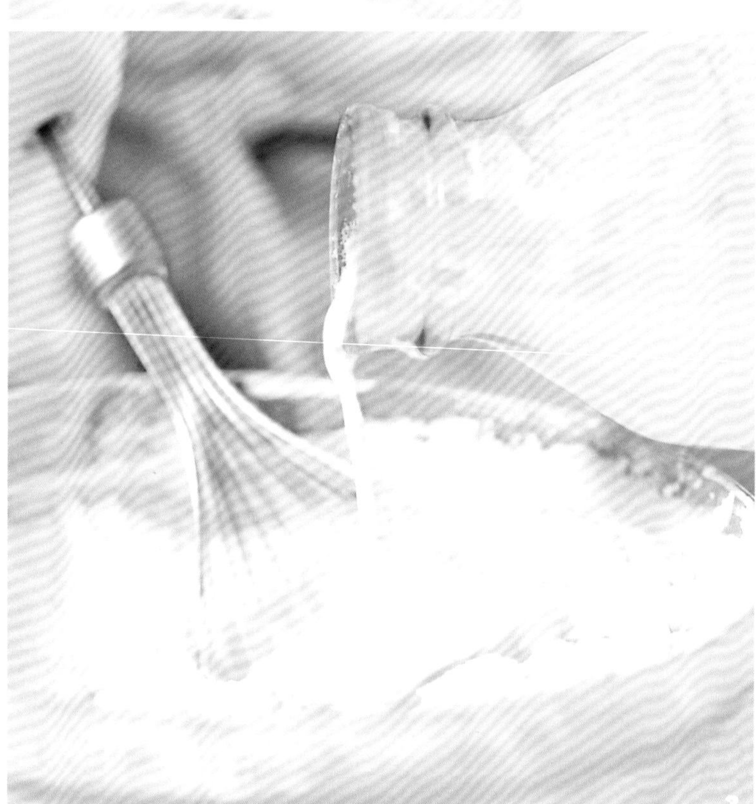

35

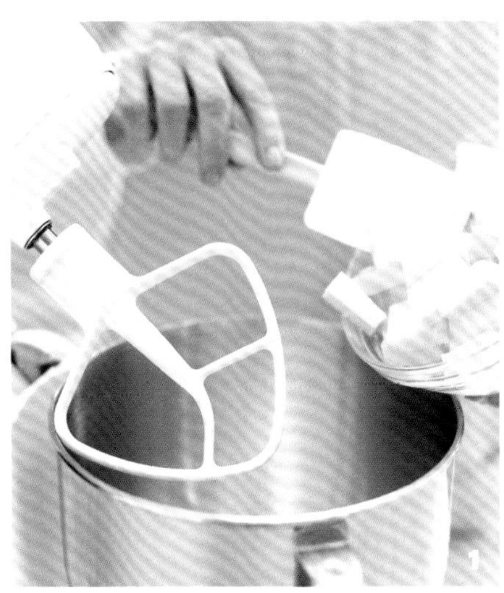

打发黄油

1 将黄油和糖混合好

将搅拌机安装好，把常温下的黄油和糖放入搅拌桶里。

2 打发混合物

将黄油混合物中速搅打至质轻而蓬松的程度，大约需要搅打2分钟。混合物的颜色会从浅黄色变成乳白色，并且黄油的浓稠程度就像打发好的奶油一样。

36

将干粉性原材料过筛

1 将面粉加入网筛/面筛中

将细眼网筛或面筛放入大盆里。将称量好的干粉性原材料加入网筛或面筛中（有些食谱要求面粉在过筛之后再称重）。

2 将干粉性原材料过筛到盆里

如果使用的是网筛，可以轻轻拍打网筛的边缘，让干粉性原材料筛落到盆里。如果使用的是面筛，用力晃动手柄，直到将原材料全部过筛。

37

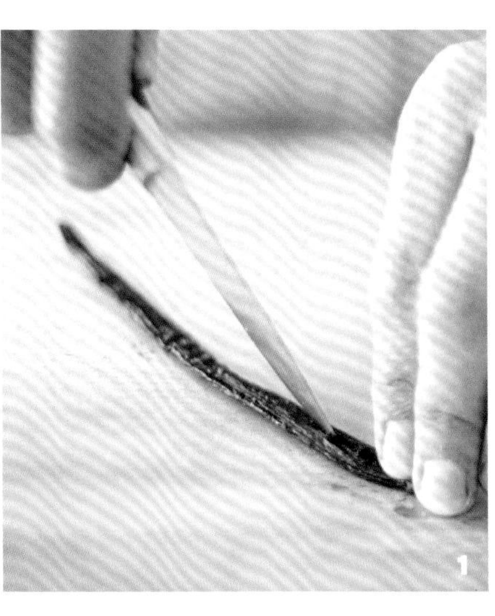

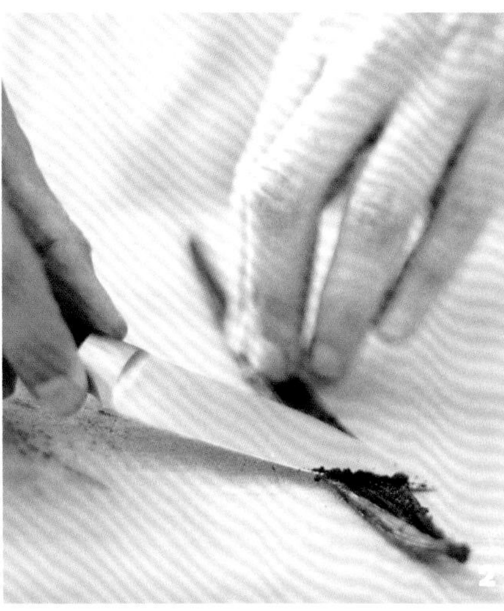

香草豆荚的加工处理

1 纵长切开香草豆荚

一只手扶稳香草豆荚，用去皮刀慢慢沿着香草豆荚的中间位置纵长切下去。

2 刮出香草籽

用刀尖分别从每个切成两半的香草豆荚里刮出香草籽。香草籽会粘在豆荚上，所以可能需要刮两次才能刮完所有的香草籽。

38 分离鸡蛋

1 将鸡蛋敲开

鸡蛋在凉的时候最容易分离开。准备好3个干净无油的碗。为了减少蛋壳碎片，将鸡蛋的一侧直接在平整的工作台面上敲开，不要在碗边敲鸡蛋。

2 将蛋壳扯裂开成两半

把敲开的鸡蛋拿到空碗上方，小心地把蛋壳扯裂开成两半，让蛋白（一定不是蛋黄）开始滴落到下面的碗里。

3 把蛋黄反复倒回到蛋壳里

将蛋黄从一半蛋壳里反复倒回到另一半蛋壳里，让剩余的蛋白滴落到下面的碗里。要小心，不要让锋利的蛋壳边缘将蛋黄弄碎。

1

2

3

4

5

4 将蛋黄放入另一个碗里

轻轻地把蛋黄放入第二个碗里。如果你打算打发蛋白，保持蛋白中不含任何蛋黄是非常关键的，只要有少量蛋黄（或其他脂肪）就会阻止蛋白起泡和形成泡沫。

疑难解答

如果在分离鸡蛋的时候蛋黄进入了蛋白里，那么这个蛋白就不能用来打发了。把蛋白留作其他用途（如做煎蛋卷或炒鸡蛋等），一定要把碗清洗干净，然后再将剩下的鸡蛋分离开。

5 将蛋白倒入干净的碗里

如果鸡蛋分离得非常干净，将蛋白倒入第三个碗里。为了避免发生意外，每一个新敲开的鸡蛋都要在第一个空碗的上方进行分离，每次分离完毕后，都要将蛋白倒入第三个碗里。

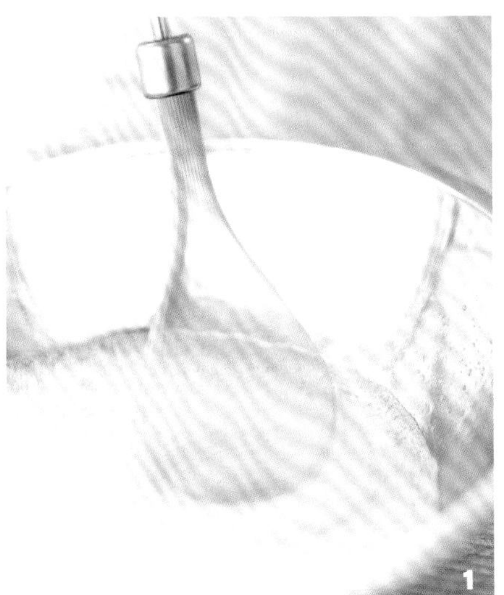

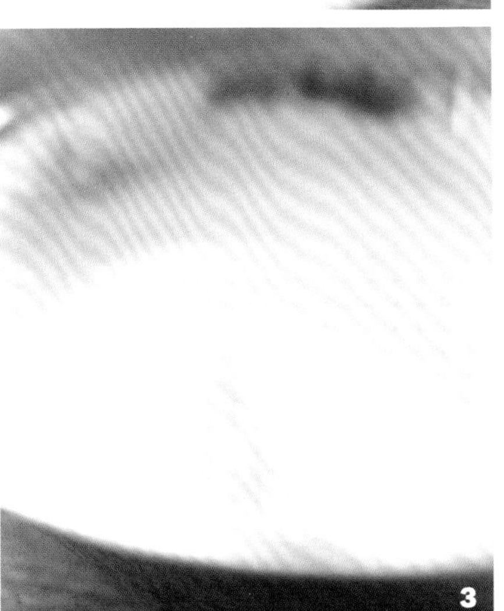

打发蛋白

39

1 搅打蛋白

将搅拌机安装好，把常温下的蛋白与一小撮塔塔粉（为了蛋白的稳定性）一起中速搅打至起泡、塔塔粉完全溶解开，大约需要搅打1分钟。如使用一个铜盆打发蛋白，可以不用塔塔粉，因铜和蛋白会发生无害的化学反应，提高稳定性。

2 观察湿性发泡（中性发泡）的程度

如果要把蛋白打发至湿性发泡的程度，用中高速搅打，直到蛋白看起来不透明但仍然湿润，需要搅打2~3分钟。停止搅打并抬起搅拌器，蛋白应形成略微弯曲的尖峰。

3 搅打至硬性发泡

如果要将蛋白打发至硬性发泡的程度，继续搅打直到蛋白看起来富有光泽，时间为1~2分钟。当抬起搅拌器打蛋头上的蛋白应保持坚挺的、直立的尖峰状。注意不要搅打过度。

疑难解答

打发过度的蛋白会呈颗粒状，能分离开。如果把蛋白打发到这个程度了，可尝试补救（见68页），如不成功只能弃用。

将鸡蛋调温

40

1 将混合物混合到一起

在制作蛋奶酱（卡仕达酱）或冰激凌时，将鸡蛋调温处理是常见的做法。在一个耐热碗里，根据要求，把鸡蛋或蛋黄与奶油或牛奶混合到一起。在不断搅拌的同时加入少量热的混合物。

2 将混合物一起加热

将一部分热的混合物搅拌到鸡蛋中调温之后，倒回到少司锅里，不停搅拌。

41

食谱类

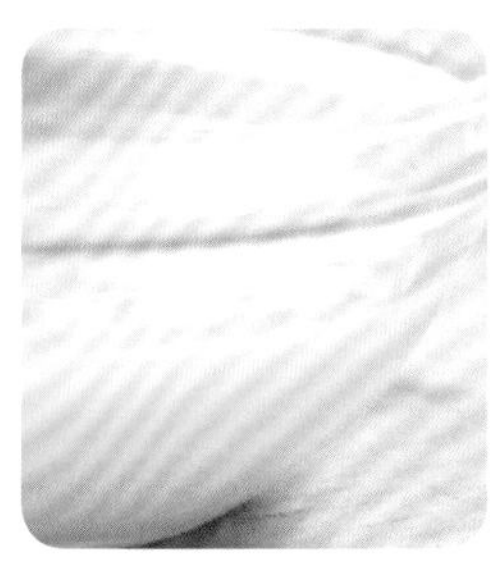

柑橘风味凝乳酱

这些浓稠的呈柑橘风味的混合物可以用来做多层蛋糕或蛋糕卷的馅料，或者与打发好的奶油混合到一起，用来制作成蓬松的西点抹面材料。蛋黄与加入的整个鸡蛋，使得凝乳酱带有一种特别浓郁的味道。

原材料

3～4个柠檬，4～5个青柠檬或2～3个橙子，最好是有机的

2个鸡蛋，多加上两个蛋黄

250克（1杯/8盎司）白糖

90克（6汤勺/3盎司）无盐黄油，常温下

大约可以制作出375毫升（1.5杯/12盎司）柑橘风味凝乳酱

若要冷冻保存柑橘风味凝乳酱，将冷却之后的凝乳酱放入密封容器内。将保鲜膜直接按压到凝乳酱的表面上，紧密覆盖好，可以冷冻保存一个月。由于凝乳酱质地稠密，水分含量低，在使用之前无须解冻。

1　擦取水果的外层皮

水果洗净。将研磨器置于碗的上方，小心地在研磨器上擦取水果皮上带颜色那部分的外层皮。注意不要擦取到里面白色果皮部分，因为它带有苦味。擦取2茶勺的外层皮，备用。

2　挤出水果汁

将水果横着切成两半。使用果汁压榨器或果汁榨汁器，在碗的上方拿好，将水果挤出果汁，过滤掉果肉和籽。量出125毫升（1/2杯/4盎司）果汁备用。

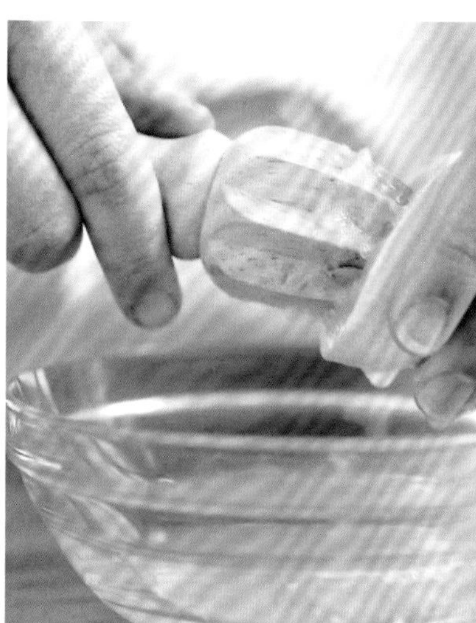

6　查看凝乳酱的浓稠程度

要测试柑橘风味凝乳酱的浓稠程度，可以把勺子或抹刀从混合物中拿出来，用手指在其背面划一下，留下的划痕应该能保持住而没有被凝乳酱立即填补上（也可以用即读式温度计来测试凝乳酱，当温度计插入混合物中时，应达到74℃/165℉）。

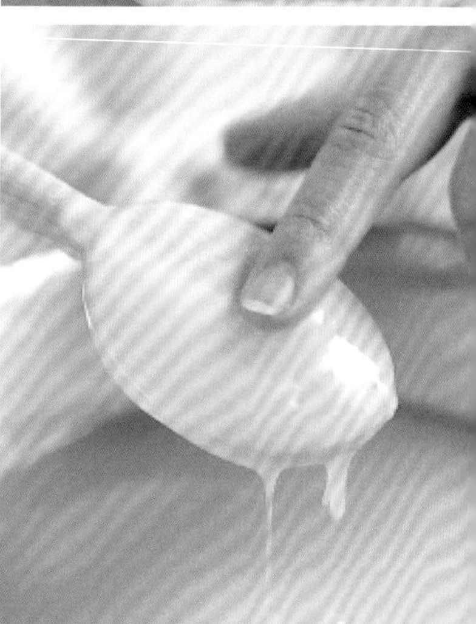

3 将原材料混合好

在一个少司锅内倒入2.5厘米（1英寸）深的水。在一个大到足以放置到少司锅上面，可以隔水加热的金属盆里，把除了黄油和水果外层皮之外的所有原材料在盆内混合均匀。

4 加入黄油

将黄油切成12等份的小块，加入到混合物中，不需要搅拌。将少司锅用中小火加热，直到锅内的水快达到微沸。

5 加热制作柑橘风味凝乳酱

金属盆放到少司锅上并隔水加热，用木勺或硅胶抹刀不断搅拌，直到凝乳酱变稠，大约需要8分钟。为了保证凝乳酱的细腻光滑，在搅拌的时候一定要搅拌到金属盆的底部和盆边的所有边角处。

3

4

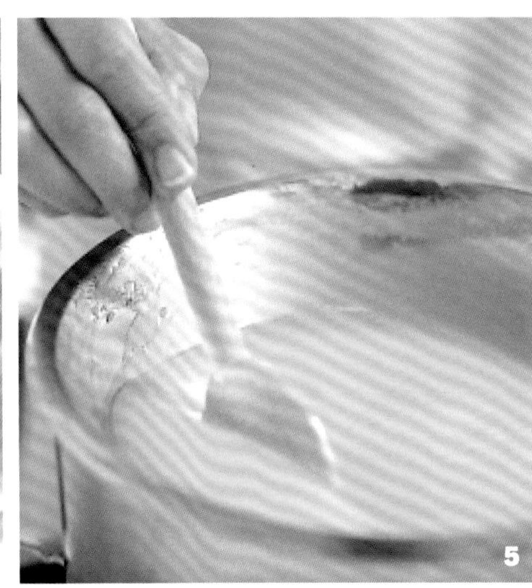

5

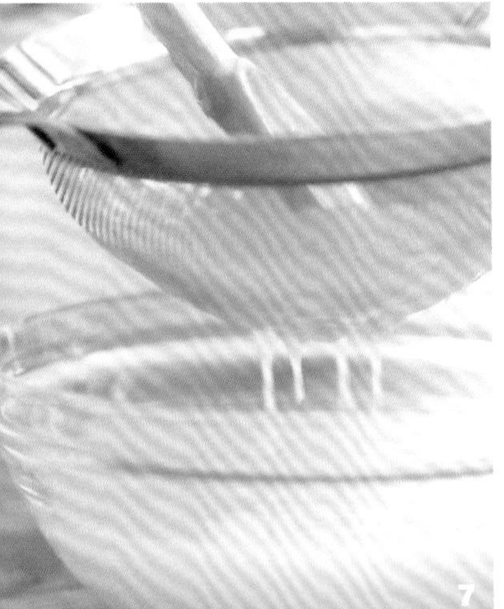

7

7 过滤并冷却凝乳酱

凝乳酱倒入网筛中过滤，可以用木勺或硅胶抹刀来协助过滤。凝乳酱中所有的块状物都会筛出。把柑橘外皮拌入凝乳酱中。将一块保鲜膜直接按压覆盖到凝乳酱的表面上（这有助于防止凝乳酱形成结皮），然后用一根细竹扦或牙签在保鲜膜上戳几个孔，以便让热量散发出去。冷藏至凝乳酱完全冷却并凝固，大约需要3小时。

制作蛋白霜

1　将蛋白搅打至起泡沫

搅拌机安装好，如果需要，将蛋白与塔塔粉一起搅打，搅打至塔塔粉完全溶解、蛋白形成泡沫，大约需要搅打1分钟。

2　查看湿性发泡的程度

用中速继续搅打到蛋白开始变得浓稠，需要2~3分钟。将搅拌机的速度提高到中高速，并继续搅打至抬起打蛋头时，蛋白形成略微弯曲的尖峰状。

3　在搅打的过程中撒入糖

将搅拌机的速度提高到高速，并慢慢撒入糖，每次加入糖之后搅打大约15秒。

4　搅打至硬性发泡的程度

当所有的糖都加入之后，继续搅打至硬性发泡富有光泽的程度，当抬起打蛋头时，蛋白尖峰几乎没有弯曲，大约需要搅打1分钟。

将两种混合物叠拌（翻拌）到一起

1　加入一些轻质的混合物

叠拌（翻拌）是将两种原材料，或者将两种不同密度的混合物进行混合的技法。将1/3轻质的混合物（这里是打发好的蛋白）放到要翻拌的混合物上面。

2　将抹刀从中间切入

用一把柔韧的硅胶抹刀，垂直握稳，直接从混合物的中间位置切入到盆的底部。

3　从盆的一侧抬起抹刀

将抹刀转动至水平位置，这样抹刀就会横在盆的底部。将抹刀沿着盆的底部移动到盆的一侧，保持着抹刀平靠在盆边处。

1

2

3

4

5

4　叠拌混合物

将抹刀抬起超过上面的轻质混合物，抹刀会从盆底带出一些重质混合物。将盆转动1/4圈。

5　完成叠拌的过程

重复这种叠拌动作，每次都要转动盆，直至没有白色的条纹痕迹。

疑难解答

在叠拌的过程中，混合物会有轻微的收缩，但是过度的收缩会影响到烘焙食物的质地。要快速叠拌，并在混合物刚混合好时就停止叠拌。

糕点奶油酱

糕点奶油酱是用于填充各种蛋糕和糕点的最基本的蛋奶酱，用途广泛。可以用来填充奶油泡芙或闪电泡芙，或作为新鲜水果馅饼的馅料。它也是波士顿奶油派的经典馅料。

原材料

- 375毫升（1.5杯/12盎司）全脂牛奶
- 1个香草豆荚，从中间切开，将香草籽刮出
- 4个蛋黄
- 125克（1/2杯/4盎司）白砂糖
- 2汤勺玉米淀粉
- 2汤勺无盐黄油，常温下
- 大约可以制造出375毫升（1.5杯/12盎司）

1 用牛奶浸渍香草豆荚

在用中火加热的厚底少司锅中，将牛奶、香草豆荚，以及香草籽一起加热，直到沿着锅边处的牛奶冒出了小气泡。将锅从火上端离开，并让牛奶混合物浸渍1～2分钟。

1

2 搅拌蛋黄和白糖

在大号耐热碗里，将蛋黄和白糖一起搅拌均匀。加入玉米淀粉，搅拌至完全混合好并呈细滑状。

5 过滤掉固体物

将热的糕点奶油酱混合物过滤掉香草豆荚。然后加入黄油，轻轻搅拌至黄油融化开。

各种风味的糕点奶油酱

巧克力风味糕点奶油酱

按照制作糕点奶油酱的食谱进行制作。在步骤5时，将185克（6盎司）切碎的半甜（原味）巧克力和黄油一起拌入，直到巧克力完全熔化。继续按照食谱制作即可。

摩卡咖啡风味糕点奶油酱

按照制作糕点奶油酱的食谱进行制作。在步骤1时，在牛奶中加入1茶勺速溶浓缩咖啡粉。在步骤5中，将185克（6盎司）切碎的半甜（纯）巧克力和黄油一起拌入，直到巧克力完全熔化。继续按照食谱制作即可。

柠檬风味糕点奶油酱

按照制作糕点奶油酱的食谱进行制作。在步骤2时，与蛋黄一起搅入2茶勺擦碎的柠檬外层皮和糖。然后继续按照食谱制作即可。

3 将鸡蛋回温

在搅拌鸡蛋混合物的过程中，慢慢倒入大约1/4温牛奶，使鸡蛋略微变暖，或者称为"回温"。

3

4 加热糕点奶油酱

将回温的鸡蛋混合物倒入少司锅内，用中火加热，并用搅拌器不停搅拌，直到混合物变得浓稠至烧开，需要2~3分钟。

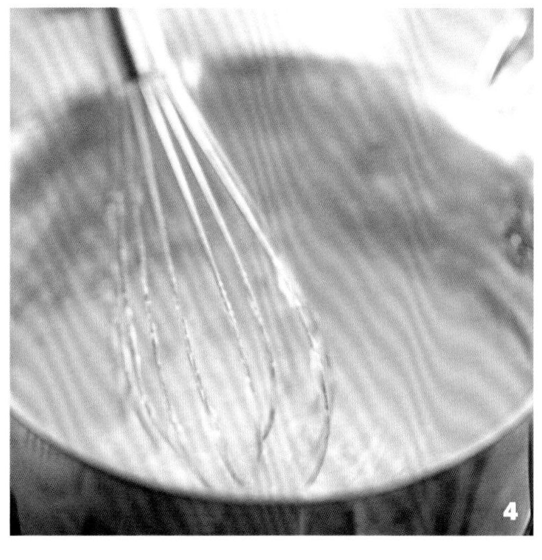

4

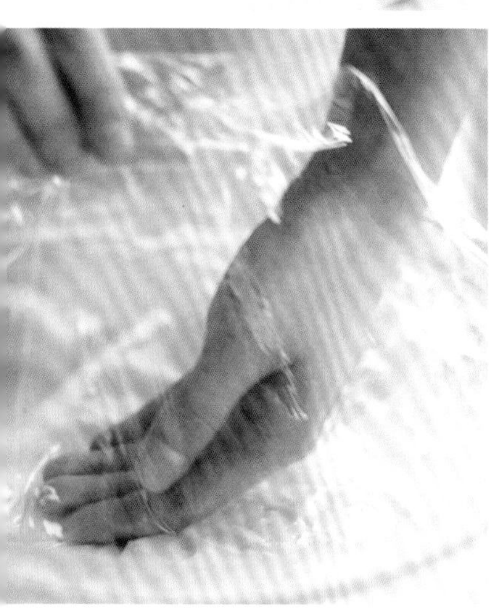

6 冷藏糕点奶油酱

将保鲜膜直接按压覆盖到糕点奶油酱的表面（这有助于防止其形成结皮），并用一根细竹扦或者牙签在保鲜膜上戳几个孔，以便让热量散发出去。冷藏至糕点奶油酱完全冷却，大约需要2小时。

45

食谱类

泡芙面团

泡芙面团是一种浓稠的面糊，在炉灶上加热制作，然后用裱花袋挤出各种各样的形状。经过烘烤，泡芙面团会摇身一变，成为精美的壳体状，可以用来做奶油泡芙或闪电泡芙。

原材料

125克（1/2杯/4盎司）全脂牛奶

250毫升（1杯/8盎司）水

90克（6汤勺/3盎司）无盐黄油，切成12毫米（1/2英寸）见方的粒

1/4茶勺盐

155克（1杯/5盎司）通用面粉

4个鸡蛋

大约可以制作出15个大的泡芙或10个长条形泡芙

1 将液体烧开

烤箱预热至220℃（435°F）。将两个烤盘铺上烘焙纸。将牛奶、水、黄油和盐倒入少司锅中混合好，用中大火加热至完全沸腾。

2 面粉全部加入锅内

当黄油完全熔化开，将锅从火上端离，将所有面粉立刻加入。用木勺使劲搅拌直到混合均匀。

1

6 挤出长条形泡芙

在裱花袋内装入直径约2厘米（3/4英寸）的平口裱花嘴，挤出约10厘米（4英寸）长和约2.5厘米（1英寸）宽的长条形泡芙。长条形泡芙之间至少要预留出约5厘米（2英寸）的空间，以便泡芙膨胀。

3 将混合物加热

将锅用中火加热并继续搅拌至混合物离开锅的边缘，并形成一个面团。将面团从锅内取出，冷却3~4分钟，或用即时读取式温度计测试温度大约为60℃（140℉）。

4 加入鸡蛋

将鸡蛋打到小碗里，并检查有无蛋壳。在面团中加入1个鸡蛋，用木勺搅拌至吸收，分次加入剩余的3个鸡蛋，每次加入后都要用力搅拌，这样面团就会变成细腻光滑的糊状。让面糊冷却大约10分钟。

5 挤出圆形泡芙

在裱花袋内装入直径1.5厘米（5/8英寸）的平口裱花嘴，将面糊装入裱花袋内。每个泡芙需要大约1汤勺面糊的用量，挤成直径大约在5厘米（2英寸）的圆锥形。圆锥形之间至少要预留出5厘米的空间，以便泡芙膨胀。

3

4

5

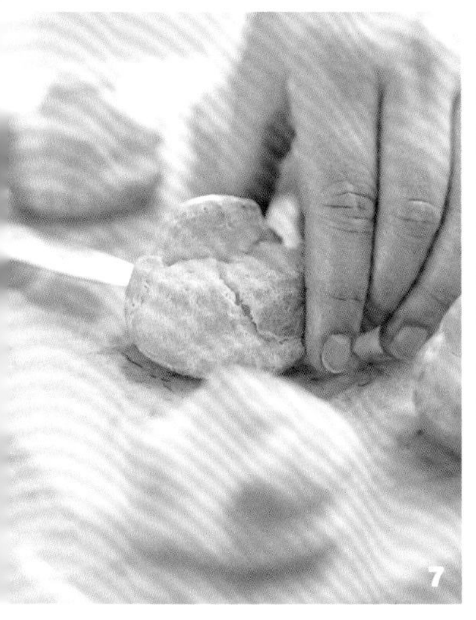

7

7 烘烤泡芙并戳出排气孔

将泡芙或长条形泡芙烘烤15分钟，然后将烤箱温度降至190℃（375℉），继续烘烤至呈金黄色，需要5~10分钟。将烤盘从烤箱内取出，并立刻用去皮刀的刀尖在每一个泡芙和长条形泡芙的一侧戳一个小孔。将这些泡芙放回关闭了电源的烤箱内，让烤箱门开着，让它们在烤箱里用余温烘10~15分钟。将放有泡芙的烤盘，放到烤架上完全冷却，然后再填入馅料。

46

填充裱花袋

1　将裱花嘴装入裱花袋里

把裱花嘴牢牢地装入裱花袋的小孔里，如果使用转换器的话要拧紧。

2　将裱花袋外翻形成一个口袋状

用双手将裱花袋的顶部朝下外翻过来形成一个口袋状。位置在裱花袋长度的1/3处，使其便于填装馅料，也可以把翻转部分套在一个高的玻璃杯上，裱花嘴的位置是在玻璃杯里。

3　填装裱花袋

一只手放在裱花袋外翻部分的里面，用一把硅胶抹刀把馅料或糖霜混合物舀入裱花袋张开的口里，装入的量不要超过裱花袋容量的一半。

1

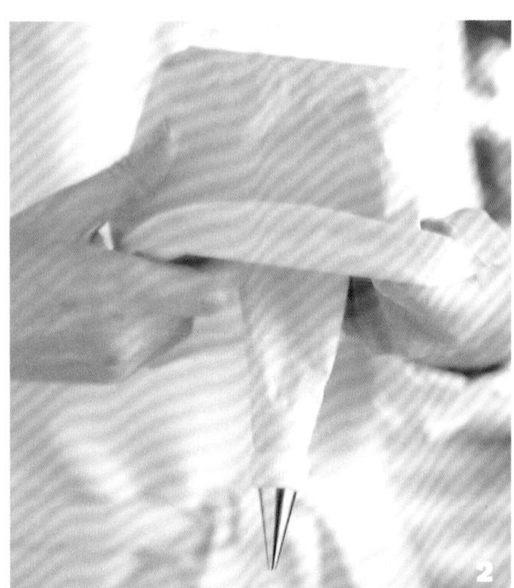
2

3

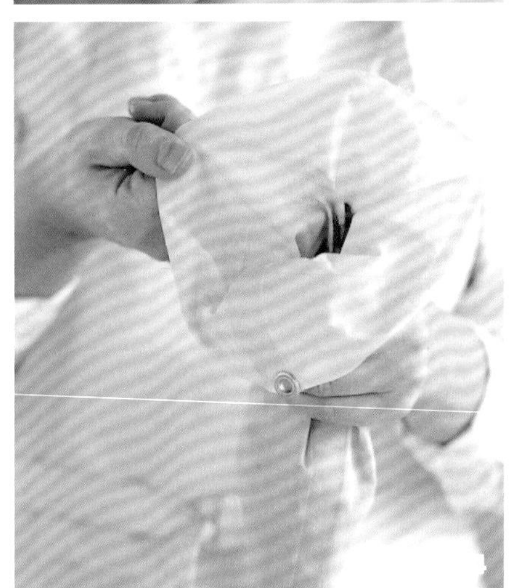
4

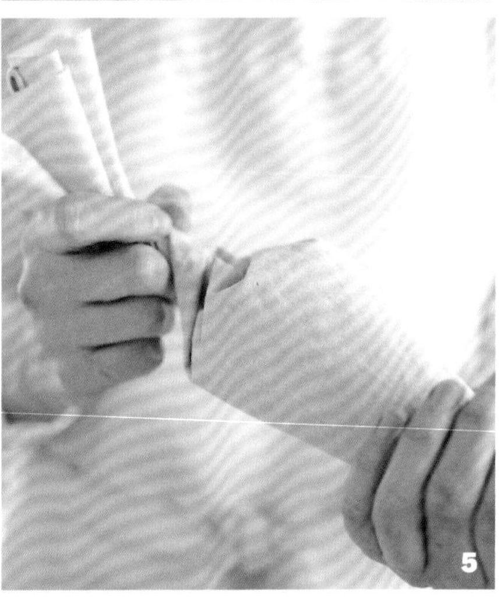
5

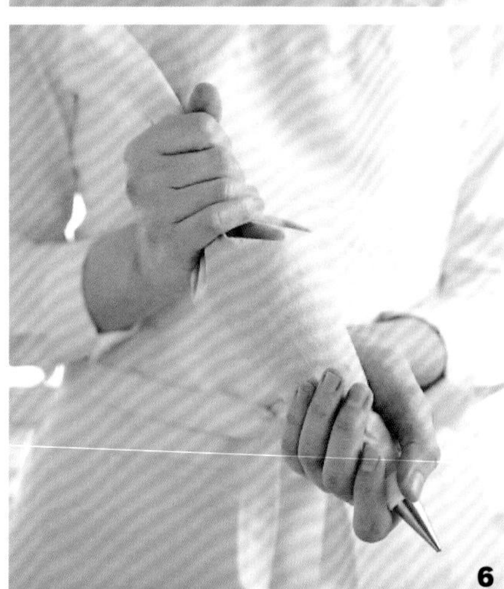
6

4　把混合物推挤到裱花嘴处

裱花袋的翻转部分再翻回来，将馅料或糖霜向下推挤到裱花嘴处，同时挤出所有的空气。

5　转动裱花袋

为了进一步排出空气，使混合物从裱花嘴里稳定地挤出，在装馅料位置处转动几下裱花袋。

6　拿稳装有馅料的裱花袋

用手握牢刚刚转动裱花袋的位置。用另一只手，扶稳裱花袋靠近裱花嘴的位置，然后开始挤出馅料。

用裱花袋挤出糖霜

1 呈一定角度握稳裱花袋

将糖霜装入裱花袋里。用上边那只手施加压力，用下边那只手引导裱花嘴。在蛋糕上方约2.5厘米（1英寸）处，与蛋糕呈60度角，握稳带有裱花嘴的裱花袋。

2 挤出花形

用缓慢的压力从星状裱花嘴中挤出直径约12毫米（1/2英寸）大小的糖霜。抬起裱花袋，使挤压的力度变小并降低角度。重复上述步骤，挤出一圈花形造型。

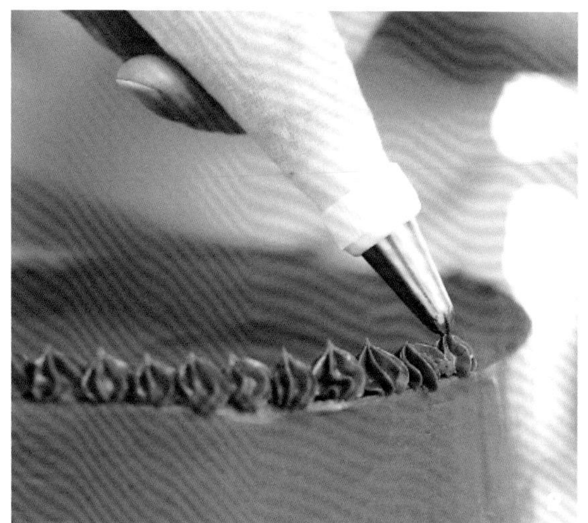

3 挤出贝壳形

使用带槽的裱花嘴，挤出大约12毫米（1/2英寸）长的糖霜。抬起裱花袋，使压力变小并略微降低角度。重复上述步骤，挤出一圈贝壳形糖霜。

4 挤出小圆点造型

使用小的平口裱花嘴，挤出一小堆糖霜，抬起裱花袋以在小圆点的顶端处形成一个尖状造型。

48

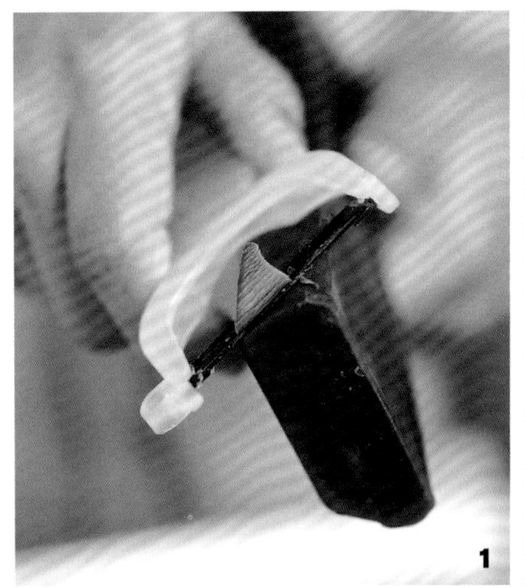
1

2

刨取卷曲状巧克力（巧克力刨花）

1 用削皮刀刨取巧克力

把巧克力握在手里一两分钟，让它变软。扶稳巧克力，用削皮刀刨取4~5厘米（1.5~2英寸）长的卷曲状的巧克力。

2 让刨取的卷曲状巧克力落到烤盘上

转动巧克力块，这样就可以从巧克力的每一个面上分别刨取巧克力，让卷曲状巧克力一片片落在铺有烘焙纸的烤盘内。

49

1

2

切碎巧克力

1 将巧克力切成块

用锯齿刀或厨刀把巧克力切成中等大小的块。

2 将巧克力切成碎片

把巧克力切成小而规整的碎片，这样融化得会更加均匀。

50

1

2

擦碎巧克力

1 擦碎巧克力

用四面刨擦丝的那一面把巧克力擦碎，要确保巧克力摸起来是凉的（它很容易融化）。

2 把擦碎的巧克力盛入盘里

让擦碎的巧克力落在工作台面上。当你准备将巧克力盛起来的时候，使用一个刮板盛取或用凉手快速捧起，因为它们非常容易融化。

熔化巧克力

1 将切碎的巧克力放入一个碗里

将巧克力切碎，放入金属碗里或隔水加热锅里。加入其他原材料如黄油等。

2 准备隔水加热

在一个少司锅或隔水加热锅里加入大约4厘米（1.5英寸）深的水并加热到几乎要烧开的程度。将碗或锅放在上面，要确保其底部不会触碰到下面的水。

1

2

3

疑难解答

巧克力一接触到水分其性质就会发生变化。注意保持巧克力远离水分（包括蒸汽）。

3 熔化巧克力

加热巧克力，用硅胶刮刀不断搅拌，直到巧克力完全熔化并变成细滑状，需要3~4分钟。

巧克力甘纳许

刚制作好时，这种由巧克力、奶油和黄油制成的细滑混合物是一种浓稠的、可浇淋的酱汁，与蛋糕片搭配十分美味。当其冷却并凝固后，甘纳许可以用作蛋糕和曲奇的涂抹用料。

原材料

250克（8盎司）半甜（原味）巧克力或甜度适中的巧克力

2汤勺无盐黄油

160毫升（2/3杯/5盎司）高脂奶油（鲜奶油），根据需要，多备出一些用来调整浓稠程度

1茶勺香草香精

大约可以制作出375毫升（1.5杯/12盎司）

如果制作好的成品甘纳许凝结了，或者碎裂开了，可以隔水重新加热让其熔化，注意不要将其烧开。然后在冰箱里冷藏30分钟，期间经常搅拌使其恢复到所需的浓稠程度。

1 切碎巧克力

把巧克力切成均匀的小块。巧克力块越小，就越容易熔化开。

2 将黄油和奶油混合到一起

将黄油切成两等份。一个厚底少司锅用中小火加热，将奶油和黄油在锅内混合好。加热直到黄油熔化，并且沿着锅的边缘处形成了小气泡。

6 使用甘纳许，或者让甘纳许冷却

制好的甘纳许马上使用时，可以用作冰激凌的酱汁，或蛋糕的亮光淋面，或馅饼的馅料。也可以让它在室温下冷却1~2小时，以获得更加黏稠的软膏状馅心填料。要制作出更加浓稠的甘纳许馅料，可将其刮入一个碗里，用保鲜膜覆盖好，在冰箱里冷藏1小时，期间不时搅拌。

3 测试温度

测量锅内混合物的温度，应该达到大约71℃（160℉）。不要让混合物烧开，否则会烧焦，让成品有焦煳味。

4 加入切碎的巧克力

将锅从火上端离开，加入切碎的巧克力。让巧克力在奶油中静置大约30秒钟以软化开，然后加入香草香精（或其他风味的香精）。

5 混合甘纳许

使用一个直边搅拌器，以画圆圈的方式轻缓地搅拌混合物，直到所有的巧克力完全熔化，并且混合物变得细腻光滑。尽量不要搅入太多空气。

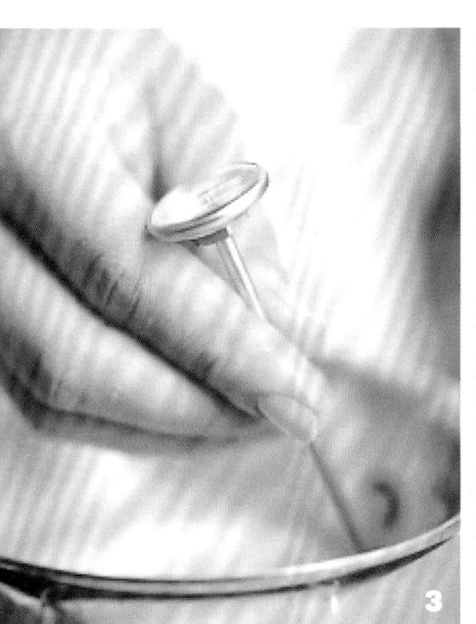
3

4

5

7

7 如果需要，可以打发混合物

打发好的甘纳许成为一种蓬松的易于涂抹的巧克力糖霜。使用搅拌器搅打已冷却的甘纳许，直到它从深色变成中等巧克力色，体积增大，大约需要30秒。打发好的混合物很快就会凝固，所以要尽快使用。

传统酥皮面团

富含黄油的面团制作的关键在于：原材料要在冷的状态下开始制作，在制作的过程中要经常把面团放回冰箱冷藏。用这种面团可以制作出各种风味浓郁的酥皮糕点和甜点。

原材料

470克（3杯/15盎司）原色通用面粉，额外多备出2汤勺的用量

125克（1杯/4盎司）低筋（软质小麦）面粉

1茶勺盐

2汤勺冷的无盐黄油，切成小粒，备出一块约454克（1磅）的无盐黄油

大约250毫升（1杯/8盎司）的冰水

大约可以制作出约907克（2磅）的面团

1 将黄油掺进面粉里

在一个大盆里，将通用面粉、低筋面粉和盐搅拌到一起。把黄油粒撒到面粉上，使用糕点混合器或用手将黄油掺进面粉里形成颗粒状。

2 加入冰水

在面粉中间挖出一个窝形，然后倒入冰水。用木勺慢慢拌匀，直到面粉全部呈颗粒状。把面团取出来放到撒有少许面粉的台面上，揉15~20秒，直到表面光滑但不粘手。

6 把多余的面粉刷掉

在面团上有太多面粉会使面团变得干燥，所以要用毛刷把多余的面粉刷掉。将面团用保鲜膜包起来，放入冰箱冷藏20~30分钟。

将长方形的面团纵长转动，将有折边的那一面朝向你的左侧，将面团再次擀开，成为60厘米×20厘米（24英寸×8英寸）的长方形。再次按照1/3法折叠好。重复4次折叠过程，每次折叠后都需要冷藏20~30分钟。

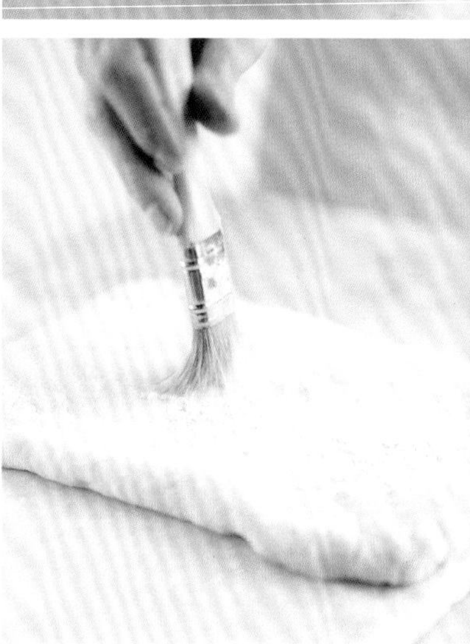

3 将黄油塑形

使用擀面杖或手掌根揉或敲打黄油，使其变得平整并回温至光滑而带延展性。在黄油上撒上2汤勺面粉，用擀面杖轻轻敲打，将面粉按压到黄油中。把带有面粉的黄油塑成15厘米（6英寸）见方的形状，厚度大约2厘米（3/4英寸）。

4 将面团折叠覆盖过黄油

在撒有少许面粉的台面上，将面团擀成30厘米（12英寸）的方块形。把黄油放在面团中间位置。将面团的四个角都折叠覆盖住黄油。用双手拍打形成一个压实了的方块形。将面团擀成60厘米（24英寸）长、20厘米（8英寸）宽的长方形。

5 将面团按照1/3法折叠

将擀开面团的短边朝向自己，将靠近身体的底部面团的1/3向上折叠，然后将顶部面团的1/3向下折叠，盖过底部折叠好的面团。

3

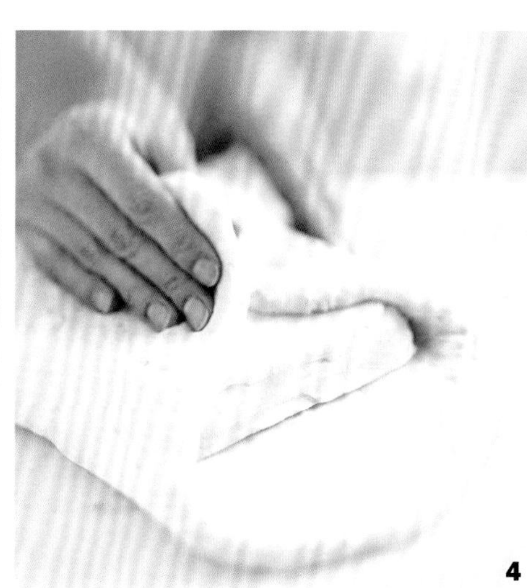

4

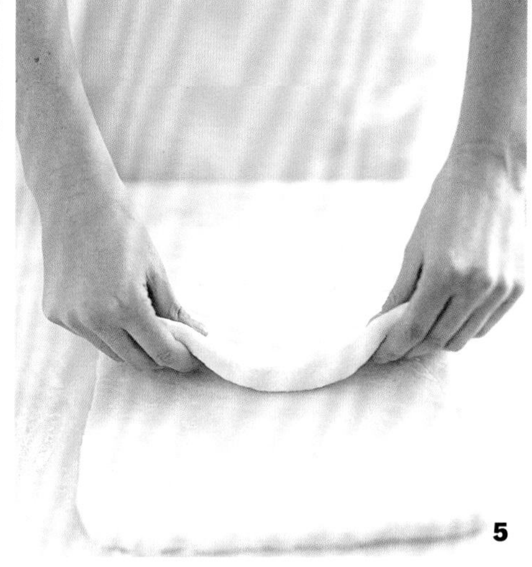

5

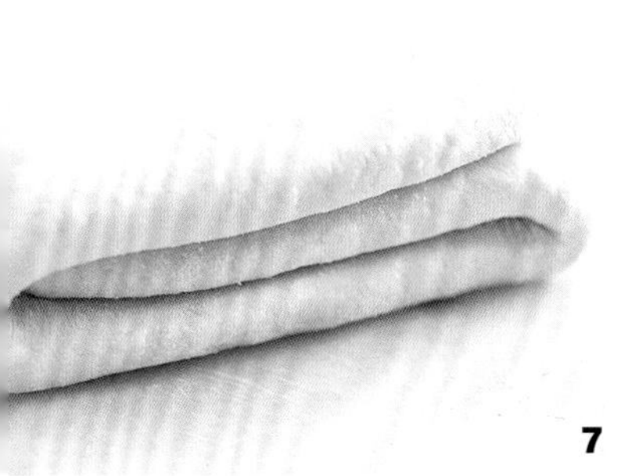

7

7 冷藏面团

最后一次折叠好面团，用保鲜膜覆盖好，放入塑料袋内，冷藏至少4小时或者一晚上再使用。

快速制作酥皮面团

如果没有时间去制作传统的酥皮面团（见条目53），这种快速制作的版本效果也不错。酥皮的层次不会那么多或那么明显，但风味同样浓郁。一定要使用质量好的黄油。

原材料

235克（1.5杯/7.5盎司）原色通用（普通）面粉

60克（1/2杯/2盎司）低筋面粉（软质小麦）

1/2茶勺盐

约227克（1/2磅）冷的无盐黄油

125毫升（1/2杯/4盎司）冰水

大约可以制作出454克（1磅）的面团

1　混合好干粉原材料

用搅拌机开低速将通用面粉、低筋面粉、盐打匀。

2　把黄油分散着撒在面粉上

把黄油切成12毫米（1/2英寸）见方的小块，分散着撒到混合好的面粉上。用搅拌机慢速搅拌，搅拌到黄油刚被面粉覆盖，大约需要1分钟。

6　转动面团并再次折叠

将长方形的面团纵长转动，将有折边的那一面朝向你的左侧，再次重复擀开面团的过程，将面团擀成30厘米×18厘米（12英寸×7英寸）的长方形，然后按照1/3法折叠好，再次纵长转动面团，并第三次重复擀开并折叠面团。如果面团升温过快，黄油开始软化，将其放入冰箱里冷藏20~30分钟。

3 倒入水

慢慢倒入水，搅拌几秒钟，到水刚被全部吸收、黄油仍然呈块状。用手轻轻把混合物拍打成一个松散状态的面团。

4 擀开面团

将面团移到撒有薄薄一层面粉的台面上，在面团上撒少许面粉，拍打成一个2厘米（3/4英寸）厚的长方形。将面团擀成30厘米×18厘米（12英寸×7英寸）的长方形，大约12毫米（1/2英寸）厚。

5 将面团按照1/3法折叠

将擀开面团的短边朝向自己，将靠近身体的底部面团的1/3向上折叠，然后将顶部面团的1/3向下折叠，盖过底部折叠好的面团。

4

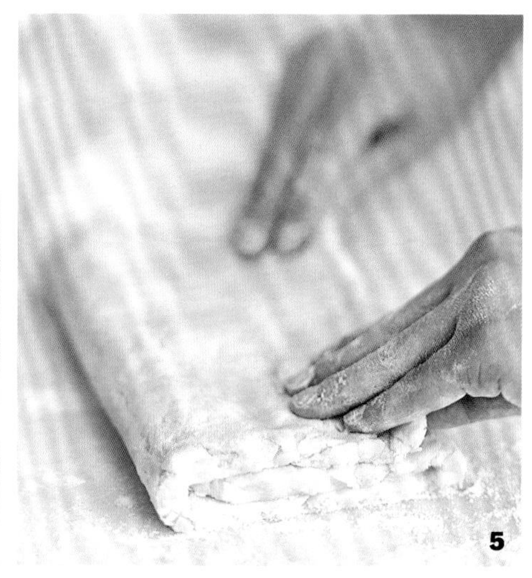

5

7

7 冷藏面团

在面团转动第三次之后，用保鲜膜覆盖好，放入塑料袋里，冷藏至少4小时或一晚上再使用。

55 使用菲洛酥皮

1 准备好工具

菲洛酥皮可以制作种类繁多的酥皮类开胃菜和甜点等，菲洛酥皮暴露在空气中很快就会变干燥，因此在使用之前，一定要将所有的原材料和工具准备好。

2 准备菲洛酥皮

撕下2片保鲜膜，每片保鲜膜大约60厘米（2英尺）长，摆放在台面上，两块保鲜膜紧挨着重叠好。将解冻后的菲洛酥皮取出来，展开后平铺在保鲜膜上中间。

3 盖好菲洛酥皮

用保鲜膜将菲洛酥皮包严实。将2块毛巾洗净并拧干，覆盖到保鲜膜上。

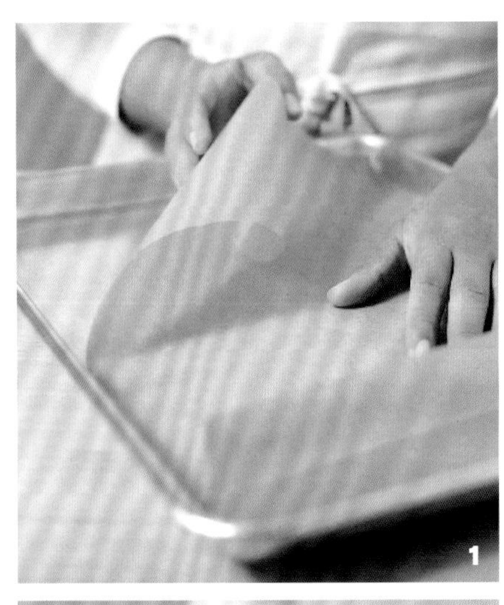

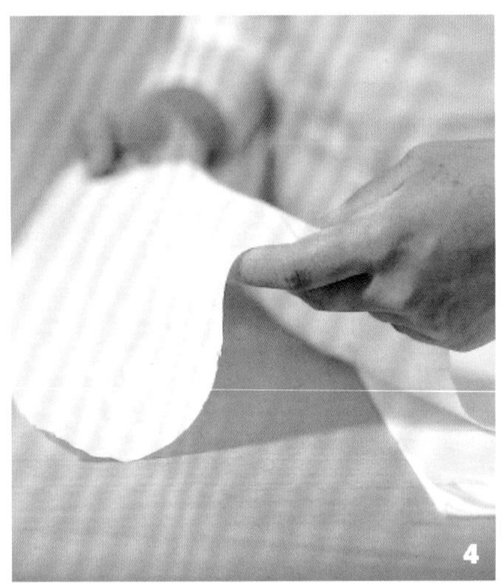

4 一次取用一张酥皮

使用时小心地从一叠菲洛酥皮中取出一张酥皮放在台面上。立即覆盖好其余的一叠菲洛酥皮。如果酥皮有一点开裂，不用担心。

5 刷上黄油

用毛刷在整张酥皮上涂刷薄薄一层融化的黄油或澄清黄油（见条目106），轻轻涂刷至酥皮的边缘处。根据需要可以摞上多层菲洛酥皮。

6 将菲洛酥皮切成条状

切割菲洛酥皮最简单的方法是使用直边工具如尺子和比萨刀，将酥皮切割成均等的条状或方块形。

制作焦糖

1 加入原材料

将白砂糖及其他原材料，倒入深边厚底少司锅里（这里使用250克糖与2汤勺水、1茶勺柠檬汁混合到一起）。

2 加入可选配的玉米糖浆

在少司锅内加入玉米糖浆，（这里加入的是1汤勺玉米糖浆）。玉米糖浆有助于糖的溶解，也可防止糖结晶。

3 搅拌混合物

用木勺将原材料搅拌到一起。在这一步骤里，混合物看起来浑浊呈颗粒状。

1

2

3

4

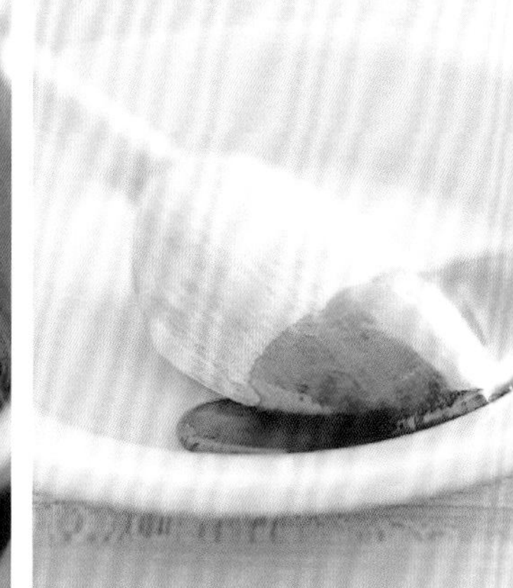

5

4 将糖加热

用中火加热少司锅，并不时搅拌至看不到糖的颗粒，需要1~2分钟。将火调到中高火并继续加热，此时不要搅拌。

5 检查糖浆的颜色

当颜色变成浓郁的琥珀色，或者温度计显示温度为160~182℃（320~360℉），需要2~4分钟，此时立即将锅从火上端离。

疑难解答

在加热的过程中，必须留心观察焦糖的颜色，因为它在几秒钟之内颜色就会变黑。如果焦糖看起来是深褐色的，这说明糖烧焦了，并会有一种令人不愉快的味道。糖浆的颜色越浅，其风味就越温和。

57 柠檬皮蜜饯（糖煮柠檬皮）

1 从柠檬上刮下外层皮

用削皮刀把柠檬皮上带有颜色的外皮部分，以长的、宽条的形状削下来，尽可能将柠檬皮中白色的部分留在柠檬上。

2 将柠檬外皮切成火柴梗粗细的条

将柠檬外皮切成火柴梗粗细的条。将所有细小的部分或边角料都丢弃不用。用没过外层皮的开水焯一下，然后控净，用冷水冲洗，这样可以阻止外层皮继续受热。

3 用小火加热熬煮条形柠檬皮

条形外层皮加入80毫升（1/2杯/3盎司）的水、1汤勺苹果醋，以及60克（1/4杯/2盎司）的白砂糖，用小火熬煮至变软，大约需要10分钟。

4 使用或储存柠檬皮蜜饯

待其稍微冷却后，盛出。使用时控净糖浆。

在花瓣上沾上糖

1 在花瓣上涂蛋白

在一个小碗里，搅拌少量用巴氏消毒法消过毒的蛋白直至起泡。用一支干净的画笔蘸上蛋白，薄而均匀地涂在一片没有洒过农药的可食用的花瓣上。

2 撒上糖

将一些细砂糖倒入另外一个小碗里，在涂好了蛋白的花瓣上撒上薄而均匀的一层细砂糖。

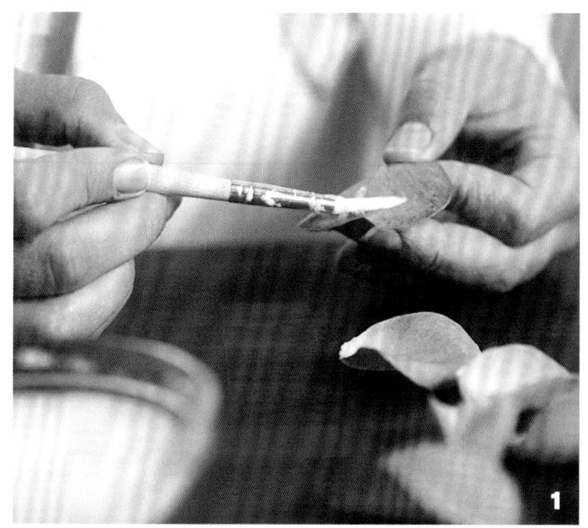

3 抖落掉多余的糖

轻轻地将多余的糖抖落回小碗里。将花瓣摆放到铺有烘焙纸的烤架上。

4 让花瓣干燥

重复上述步骤，将所有花瓣都沾上糖，然后放置在凉爽的地方使其完全干燥，需要4小时或一晚上的时间。

59

面包类和面糊类

使酵母发酵

1 将酵母加入温水里

将活性干酵母在少量温的液体中溶解开（40~46℃/105~115℉）。鲜酵母块应碎裂开后放入微温的液体中（33~38℃/90~100℉）。如果水太热，会杀死酵母菌。如果温度太低，酵母菌就不能有效激活。有些食谱中会要求加入糖或蜂蜜来帮助酵母菌生长。

2 检查酵母菌的活性

让混合物静置5~10分钟，直到起泡并形成泡沫。如果酵母没有起泡，使用新的酵母重新操作。

60

制作中种发酵面糊

1 将面粉加入发酵好的酵母中

中种发酵法——通常由面粉、液体和酵母混合而成——它能使成品面包风味更醇厚、质地更佳。要制作中种发酵面糊，首先要将酵母放入大的搅拌盆里发酵，然后加入面粉和其他原材料，用木勺搅拌至细滑。

2 盖好并静置中种发酵面糊

用保鲜膜盖好搅拌盆，在凉爽的室温下至少静置3小时，或者在冰箱里放置一晚上。

3 将中种发酵面糊恢复室温

当中种发酵面糊制作好之后，它会涨发、起泡，并带有轻微的酸味或发酵的气味。如果中种发酵面糊经过冷藏，在最后制作成面团之前要在室温下回温1小时。

疑难解答

在发酵的过程中要经常检查发酵情况。如果没有起泡，闻起来没有酸味，那就倒掉它重新制作。

手工和面并揉制面包面团

1 将面粉加入中种发酵面糊中

制作中种发酵面糊并让其静置至少3小时后。将面粉、盐依次加入中种发酵面糊中。如果盐与酵母直接接触，就会使酵母失去活性。

2 将原材料搅拌匀形成面团

使用木勺或手，搅拌原材料直到形成质地粗糙的面团。用塑料刮板将面团刮取到撒有面粉的台面上。把搅拌盆倒过来扣在面团上，静置松弛10~15分钟。

3 揉制面团

拿开搅拌盆，用掌根将面团朝远处挤压，然后用指尖把它拽回来揉制。转动面团并重复这一揉制过程，一直揉制到面团光滑富有弹性，需要5~7分钟。

4 把面团放到涂有油的盆里

将面团塑成球状，放入涂有少许油的盆里，用保鲜膜盖好。

62 用机器和面并揉制面包面团

1 将原材料倒入搅拌机

将中种发酵面糊倒入搅拌机的和面桶里，然后加入面粉和其他原材料。

2 揉制面团

开低速揉制面团，根据需要加入面粉，直到面团不再粘桶。继续揉至光滑并富有弹性，需要5~7分钟。

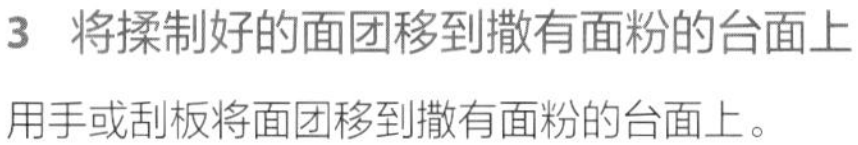

3 将揉制好的面团移到撒有面粉的台面上

用手或刮板将面团移到撒有面粉的台面上。

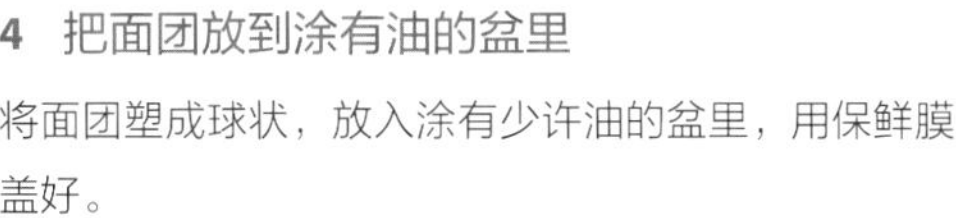

4 把面团放到涂有油的盆里

将面团塑成球状，放入涂有少许油的盆里，用保鲜膜盖好。

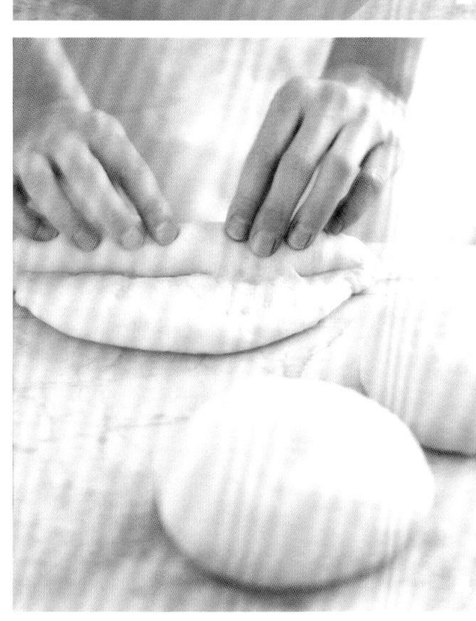

63 面包面团的发酵和成型

1 让面团发酵

让面团在一个温暖的、无风的地方发酵，直到体积增大一倍。根据室内的温度，这可能需要1~2小时或更长时间。

2 朝下挤压面团

朝下挤压面团会释放出面团在发酵的过程中积累起来的气体。用拳头在面团上按压几次，直到排出大部分空气。然后，把面团放到撒有少许面粉的台面上。

3 分割面团

使用刮刀或锋利的刀来分割面团。可以用一块湿毛巾盖住分割好的面团，这样它们就不会变得干燥了。

4 将面团成型

一次只制作一个，按照要求把面团揉捏成各种形状。

在这里，我们展示了将面团成型为法式长棍面包的开始阶段。将成型好的面团摆放到撒有玉米粉的烤盘上。

64 在面包面团上切口

1 刀刃呈一定的角度

将刀刃保持一个较小的角度（大约45度），这样可以在面团表面下切，而不会切得太深。

2 将面团切口

将面团切口或在面团上切出缝隙，可以将烘烤过程中所产生的二氧化碳和蒸汽释放出来。保持刀呈一定的角度，根据面团的形状，切开2~5条缝隙。

65

食谱类

比萨面团

比萨面团同面包面团一样，需要许多步骤来揉出面筋并帮助面团发酵。面包粉是由硬质小麦制成的，含有适量的面筋，适合制作这种脆皮比萨面团。

原材料

2包（5茶勺）活性干酵母

560毫升（$2^1/_4$杯/1/8盎司）温水（40~46℃/105~115℉）

2茶勺麦芽糖浆或白砂糖

60毫升（1/4杯/2盎司）橄榄油

780克（5杯/25盎司）面包粉（高筋粉），根据需要多备出一些

1汤勺海盐

通用面粉，用作面扑

可以制作出2个直径30~35厘米（12~14英寸）的脆皮比萨面团

1 酵母发酵

将酵母倒入温水里，轻轻搅拌直到酵母溶解开。让酵母和水静置至起泡沫，大约需要5分钟（如果酵母没有形成泡沫，要么是没有活性，要么是使用了太冷或太热的水，弃之不用使用新的酵母重新制作）。

2 加入其他原材料

当确定酵母是活性的，依次加入麦芽糖浆、油、面包粉和盐。如果盐与酵母直接接触，会杀死酵母菌，所以要确保最后加入盐。

6 分割面团并将面团成型

将面团从盆里取出，放入涂了薄薄一层油的台面上。使用锋利的刀或刮刀，将面团切割成两半然后塑成松弛的球状。

3 混合面团

用木勺或手，将原材料混合形成粗糙的面团。使用塑料刮板，将面团刮取到撒有薄薄一层面粉的台面上。

4 揉制面团

将面团揉到柔软、光滑，并富有弹性，需要8~10分钟，根据需要，撒上面粉，以防止面团粘到台面上。

5 让面团发酵

将面团塑成球形，放到一个干净的涂有少许油的盆里。用保鲜膜或干净的毛巾盖好盆。让面团在温暖的无风的地方发酵至体积增大至两倍，需要1.5~2小时（或者把覆盖好的面盆放在冰箱里一晚上，在成型之前，让面团恢复到室温）。

7 擀开面团

用湿毛巾盖住一块面团。在另外一块面团上轻轻撒上通用面粉。用擀面杖或手将面团擀开或拉伸成30~35厘米（12~14英寸）的圆形，摆放到烘焙木板上或倒扣过来的烤盘的顶部。在比萨面团上按需要摆放好原材料，并按照右侧的方法烘烤，将剩下的面团按照以上步骤重复制作。

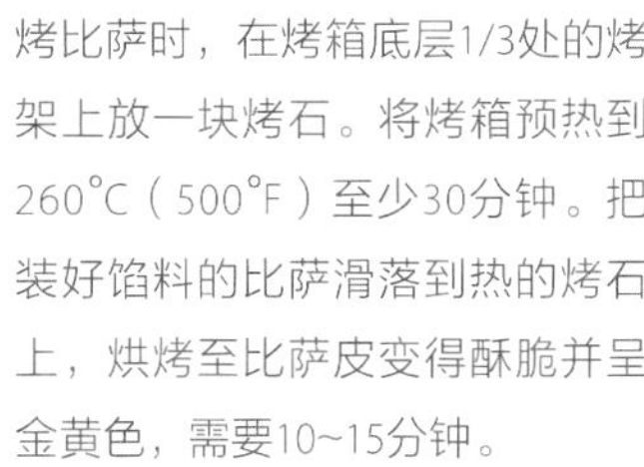

烤比萨时，在烤箱底层1/3处的烤架上放一块烤石。将烤箱预热到260℃（500℉）至少30分钟。把装好馅料的比萨滑落到热的烤石上，烘烤至比萨皮变得酥脆并呈金黄色，需要10~15分钟。

泡打粉饼干

饼干可以切成任何形状。圆形是最经典的形状，如果把饼干切成方块状，面团就不会有边角料。

原材料

- 315克（2杯/10盎司）通用面粉（普通面粉）
- 2.5茶勺泡打粉
- 1/2茶勺盐
- 90克（6汤勺/3盎司）冷的无盐黄油，切成12毫米（1/2英寸）的小块
- 180毫升（3/4杯/6盎司）全脂牛奶

大约可以制作出10块饼干

也可以把面团一勺一勺地舀到铺有烘焙纸的烤盘，将这些面团制作成水滴形的饼干。饼干的形状不太规则，看起来更质朴，但是面糊的顶端会变成金黄色，外表酥脆，内部湿润。

1 将干粉原材料搅拌到一起

将烤箱预热至220℃（425℉）。在烤盘里铺上烘焙纸，或者涂刷薄薄一层黄油。在一个盆里，将面粉、泡打粉，以及盐搅拌匀。

1

2 混入黄油

把黄油块加入面粉混合物中。用糕点混合器或两把刀，把黄油切割成和小豌豆差不多的粗粒状。

6 将饼干摆放到烤盘里

将切割好的圆形面团摆放到铺有烘焙纸或不粘烤垫的烤盘上，相互间隔大约2.5厘米（1英寸）。将切割完面团之后剩余的边角料聚拢到一起，制作出更多的饼干，摆放到烤盘里。

3 倒入牛奶

倒入牛奶并用叉子或硅胶抹刀将干粉材料搅拌至刚好湿润。注意不要过度搅拌面糊，否则会造成饼干过硬。

4 把面团塑成一个圆形

将面团翻转出来放到撒有薄薄一层面粉的台面上，并轻轻揉制几下，直到面团粘到一起。用轻轻按压、擀开，或者拍打的方式，将面团塑成一个大约2厘米（3/4英寸）厚的圆形。

5 切割饼干

使用7.5厘米（3英寸）的直边或花边的圆形饼干切割模具，将面团切割成圆形。

7 烘烤饼干

将饼干烘烤至浅棕色，需要15~18分钟。饼干可以趁热吃，或者在烤架上略微冷却一会儿。

葡萄干奶油司康饼

奶油司康饼有着酥脆的、稍微有点像蛋糕一样的质地。制作柔软司康饼的秘诀是轻触、快速，并且在切割完之后立即放入烤箱烘烤。司康饼可以用各种水果和香料来增添风味。

原材料

- 315克（2杯/10盎司）通用面粉（普通面粉）
- 60克（1/4杯/2盎司）白砂糖，多备出1汤勺
- 1汤勺泡打粉
- 1/2茶勺盐
- 2茶勺擦碎的柠檬外层皮
- 90克（6汤勺/3盎司）冷的无盐黄油，切成12毫米（1/2英寸）的小块
- 90克（1/2杯/3盎司）葡萄干
- 180毫升（3/4杯/6盎司）多脂奶油，多备出2茶勺
- 1茶勺肉桂粉

可以制作出6块司康饼

1 将黄油切入面粉里

把烤架放在烤箱中间，将烤箱预热至220℃（425℉）。在一个盆里把面粉、糖、泡打粉、盐和柠檬皮搅拌匀。使用两把刀或糕点混合器，将黄油切入面粉里，直到形成像小豌豆大小的粗粒状。

2 加入奶油

拌入葡萄干。将奶油倒入干粉原材料中，用叉子或硅胶抹刀搅拌至干粉原材料刚好湿润的程度。

5 在V形司康饼面团块上刷上奶油

将肉桂粉和剩余的1汤勺糖混合好。用毛刷在司康饼面团块上刷上剩余的2茶勺奶油，然后均匀撒上肉桂粉。

3　将面团擀成圆形

把面团翻转出来放到撒有薄薄一层面粉的台面上，然后轻轻按压，直到面团粘在一起形成一个圆球形。用轻轻按压、擀开，或者拍打的方式，将面团塑成一个大约12毫米（1/2英寸）厚，直径为16.5厘米（6.5英寸）的圆形。

4　将圆形面团切成V形块状

用一把锋利的刀将圆形面团切割成6个V形块，或者用7.5厘米（3英寸）直径的饼干切割模具，切割出圆形的司康饼面团。将6块司康饼面团相互间距2.5厘米（1英寸）摆放到铺有烘焙纸的烤盘里。

6　烘烤司康饼

将司康饼面团块烘烤至金黄色，需要13~17分钟。移到烤架上略微冷却后，趁热食用。

各种风味的司康饼

柠檬和姜风味司康饼

按照葡萄干奶油司康饼的食谱进行制作，但在步骤2中用60克（1/3杯/2盎司）的糖姜丁代替葡萄干。

蔓越莓干风味司康饼

按照葡萄干奶油司康饼的食谱进行制作，但在步骤1中用橙子外层皮代替柠檬外层皮，并且在步骤2中用60克（1/3杯/2盎司）切碎的蔓越莓干代替葡萄干。

樱桃杏仁风味司康饼

按照葡萄干奶油司康饼的食谱进行制作，但在步骤2中用60克（1/3杯/2盎司）的酸樱桃干和75克（1/2杯/2.5盎司）切碎的杏仁代替葡萄干。

司康饼配柠檬凝乳酱

在英国，司康饼传统上与凝脂奶油和柠檬凝乳酱一起食用。要制作柠檬凝乳酱，请按照制作柑橘风味凝乳酱的食谱（见条目41），使用有机柠檬制作。

脱脂乳薄煎饼

薄煎饼是周末早餐中最受人们喜爱的一种饼。脱脂乳为这道食谱增添了非常浓郁的风味。在你制作剩下的饼时，为了保持制作好的薄煎饼的温度，可以把它们放在烤盘里，然后放入95℃（200℉）的烤箱里保温。

原材料

- 315克（2杯/10盎司）通用面粉（普通面粉）
- 2汤勺白砂糖
- 2茶勺泡打粉
- 1茶勺小苏打
- 1茶勺盐
- 2个鸡蛋
- 500毫升（2杯/16盎司）脱脂乳
- 60克（1/4杯/2盎司）无盐黄油，融化开，多备出一些用于堆叠薄煎饼
- 1~2汤勺菜籽油

可供4人食用

1 混合原材料

在大的搅拌碗里，将面粉、糖、泡打粉、小苏打和盐搅拌匀。将鸡蛋打散，加入脱脂乳和融化的黄油，搅拌匀。将脱脂乳鸡蛋混合物倒入干粉原材料碗里。

1

2 搅拌面糊

从中间向外搅拌，直到原材料充分混合，但面糊中仍然有点结块；不要过度搅拌面糊，否则薄煎饼会很厚重。

5 快速翻转薄煎饼

加热到薄煎饼的表面上全部都是小气泡、底部变成棕色、边缘处变干，大约需要2分钟。快速将每一个薄煎饼翻转过来，并继续加热至另一面呈金黄色，大约需要2分钟。

3 在锅里刷油

用大火加热不粘锅、铸铁煎锅或大号厚底不粘锅，直到几滴水珠能在锅内急促滚动。用毛刷在整个锅里涂刷上薄薄一层油。

4 将面糊舀到锅里

将一个80毫升（1/4杯/2盎司）的长柄勺装入1平勺面糊。

把面糊倒入煎锅里。如有必要，用长柄勺的勺底将面糊摊开成圆形。重复上述步骤，尽可能在煎锅里制作更多的煎薄饼。如果煎薄饼之间有粘连，用金属刮刀把它们分离开。

6 将薄煎饼摞起来

使用剩下的面糊，重复3~5的操作步骤，根据需要在锅里继续涂上油。使用铲刀将薄煎饼移到一个餐盘内摞起来，如果需要，可以在每个薄煎饼之间涂抹上一点黄油。

各种风味的薄煎饼

蓝莓风味薄煎饼

按照脱脂乳薄煎饼的食谱进行制作，在步骤4中，面糊还没凝固时，在薄煎饼的表面撒上1~2汤勺冷冻后解冻的或新鲜的蓝莓，继续按照食谱制作即可。

巧克力豆风味薄煎饼

按照脱脂乳薄煎饼的食谱进行制作，在步骤4中，面糊还没凝固时，在薄煎饼的表面撒上1~2汤勺半甜（原味）的巧克力豆，继续按照食谱制作即可。

玉米面薄煎饼

按照脱脂乳薄煎饼的食谱进行制作，但将通用面粉（普通面粉）的用量减少至235克（1.5杯/7.5盎司），并加入90克（1/2杯/3盎司）的玉米面。

经典华夫饼

华夫饼的面糊很容易制作，原材料也很常见。唯一需要的特殊设备是华夫饼炉。

原材料

- 2个鸡蛋
- 430毫升（1$^3/_4$杯/14盎司）脱脂乳
- 60毫升（1/4杯/2盎司）菜籽油
- 235克（1.5杯/7.5盎司）通用面粉（普通面粉）
- 1汤勺白砂糖
- 2茶勺泡打粉
- 1/2茶勺肉桂粉，可选
- 1/2茶勺小苏打
- 1/8茶勺细海盐

可供4人食用

1 将鸡蛋搅拌均匀

预热华夫饼炉。将鸡蛋搅拌至均匀并产生泡沫。

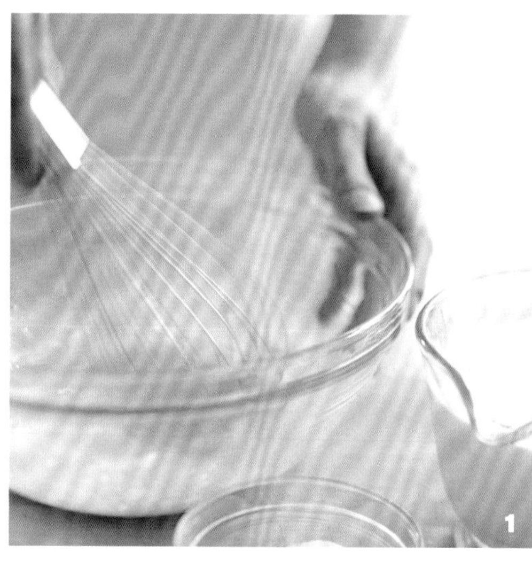

2 加入湿性原材料

将脱脂乳和油混合，倒入鸡蛋碗里，搅拌至完全混合均匀。

5 将面糊倒入华夫饼炉里

当华夫饼炉热了的时候，倒入面糊，用木勺或硅胶抹刀朝四周摊开，但不要往四角和边上倒面糊。盖上华夫饼炉加热直到华夫饼变成金黄色，大约需要4分钟。

3 加入干性原材料

加入面粉、糖、泡打粉、肉桂粉、小苏打和盐，搅拌到没有大的颗粒即可（最好带有小颗粒）。

4 转移面糊

使用硅胶抹刀将面糊转移到玻璃量杯或带嘴的容器中，这样更容易将面糊倒入华夫饼炉里。

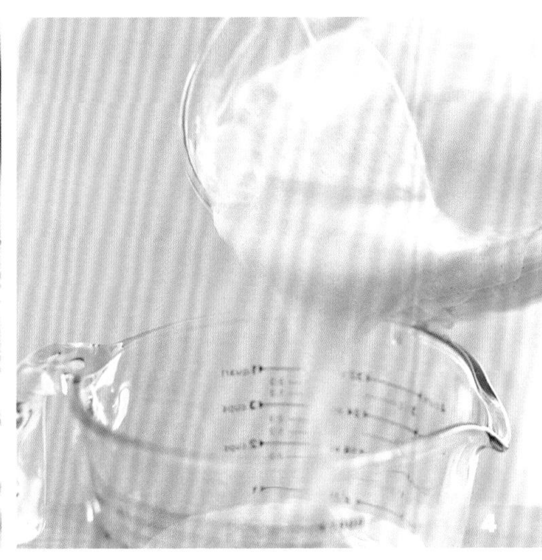

6 取出华夫饼

当华夫饼制作好，用叉子小心地把它们取出来。重复以上步骤，把剩下的面糊制作完。为了在制作剩下的饼时保持已经制作好的华夫饼的温度，将它们放在烤盘里，放入设定在90°C（200°F）的烤箱里。

撒在华夫饼或薄煎饼上面的顶料

糖渍夏季水果

在用中高火加热的非铝制的少司锅内，将125克（1/2杯/4盎司）的糖和2汤勺的水烧开，并加热到变成金黄色，大约需要6分钟。让其冷却5分钟。与此同时，将芒果去核后切成12毫米（1/2英寸）见方的丁，将两个熟透的李子去核后切成12毫米见方的丁，把从一个香草豆荚中刮取的香草籽放入玻璃碗里，芒果丁、李子丁也放入。加入冷却后的糖浆轻轻混合好，让其浸渍20分钟后撒到华夫饼或薄煎饼上食用。大约可以制作出750克（3杯/24盎司）糖渍水果。

橙味黄油

将60克（4汤勺/2盎司）常温下的无盐黄油，1汤勺的鲜榨橙汁，1茶勺的香草香精，少许白糖，以及少许盐一起搅打至完全混合好并蓬松。大约可以制作出80毫升（1/3杯/3盎司）橙味黄油。

樱桃糖浆

在用大火加热的非铝制的少司锅内，加入105克（1/2杯/3.5盎司）的红糖，125克（1/2杯/4盎司）的白糖，以及250毫升（1杯/8盎司）的温水，搅拌至糖全部熔化。烧开并继续加热5分钟，不盖锅盖。加入280克（1.5杯/9盎司）去梗去核的熟透的大樱桃，改用小火加热，并继续熬煮至樱桃熟软，需要8~10分钟。将锅从火上端离并拌入1茶勺的杏仁香精，让其冷却。大约可以制作出375毫升（1.5杯/12盎司）樱桃糖浆。

甜味法式薄饼（可丽饼）

法式薄饼非常薄，可以搭配甜味或咸香风味的馅料或酱汁。与其他薄煎饼不同的是，法式薄饼不含有任何发酵剂，所以加热制作时不会涨发起来。

原材料

- 125毫升（1/2杯/4盎司）水
- 125毫升（1/2杯/4盎司）全脂牛奶
- 155克（1杯/5盎司）通用面粉（普通面粉）
- 2茶勺糖
- 1茶勺香草香精
- 2个鸡蛋
- 融化的无盐黄油，涂抹锅用

可供4人食用

甜味的法式薄饼可以搭配榛子巧克力酱、果酱，或者橘子酱，或者其他各种甜味的馅料。要制作咸香风味的法式薄饼，就去掉糖和香草香精，加入少许盐。咸香风味的法式薄饼可以加入蔬菜、奶酪，或者各种肉类作为馅料。

1　将原材料加入搅拌机中

在搅拌机里加入水、牛奶、面粉、糖和香草香精打匀。将鸡蛋打入小碗里，检查有无蛋壳残留，然后将鸡蛋倒入搅拌机中。

2　搅打至细腻光滑状

将混合物搅打至细腻光滑，并且完全没有颗粒的程度。将面糊倒入大的液体量杯中，冷藏至少1小时或1天的时间。

6　翻转法式薄饼

使用曲柄铲将薄饼的边缘处铲起来，然后小心地翻面。再继续加热10秒钟，直到第二面变成浅棕色并定型。

3 锅内涂油

用毛刷蘸取融化的黄油，在直径23厘米（9英寸）的法式薄饼锅或不粘锅的整个锅面上，涂刷薄薄的一层黄油，然后用中火加热。

4 转动锅内的面糊

将80毫升（1/4杯/2盎司）的长柄勺装入1平勺面糊。呈一定角度握住锅，将面糊靠近锅边倒入锅内。快速转动锅，这样面糊就会覆盖住整个锅面。这个动作应该非常快速，因为面糊一接触到热锅就开始受热凝固。

5 加热法式薄饼

不断晃动锅，直到法式薄饼开始冒泡，底部变成了浅棕色，面糊看上去凝固了，大约需要1分钟。

3

4

5

7 将法式薄饼摞起来

将制作好的法式薄饼取出放到一个餐盘内，重复步骤3~6的制作过程，将剩余的面糊加热制作完，将法式薄饼在方形的烘焙纸之间叠放于餐盘内。

蛋糕类

准备好圆形的蛋糕模具

1 在模具内涂上黄油

将少量软化的无盐黄油放到一张烘焙纸上，然后将烘焙纸上的黄油涂抹到圆形蛋糕模具的底部和侧面，不要有遗漏。

2 将烘焙纸折叠成三角形

剪下一张比蛋糕模具直径多出5厘米（2英寸）的烘焙纸。把它折成1/4的小正方形。然后将正方形对折成三角形。

3 形成一条折痕

将三角形的尖角置于模具的中心处，将其稍微展开，并压入模具底部，这样沿着底部周边就会形成一条折痕。

1

2

3

4

5

6

4 剪开烘焙纸

将形成了折痕的烘焙纸从模具中取出。用剪刀沿着折痕剪开。展开烘焙纸，它应该形成一个适合模具底部的圆形。

5 在烘焙纸上涂黄油

将剪好的烘焙纸放回到涂抹有黄油的模具底部。再次将少量软化的无盐黄油放到一张烘焙纸上，然后将烘焙纸上的黄油均匀地涂抹到铺在圆形蛋糕模具底部的烘焙纸上。

6 在模具内放入面粉

根据需要在模具内加入大约2汤勺的面粉，然后将模具倾斜并摇动，这样面粉就能均匀地覆盖在黄油上。把模具倒扣过来放在台面上，轻轻敲打去掉多余的面粉。

准备好中空形蛋糕模具 72

1　在模具内涂上黄油

根据需要，将软化的无盐黄油放到一张烘焙纸上，然后将烘焙纸上的黄油涂抹到中空形蛋糕模具的底部、四周，以及中间的空管外侧。

2　撒上面粉

根据需要在模具内加入大约2汤勺的面粉，然后将模具倾斜并摇动，这样面粉就能均匀地覆盖在黄油上，轻轻拍打模具以去掉多余的面粉。

准备好烤盘 73

1　在烤盘里涂抹黄油并铺上烘焙纸

将少量软化的无盐黄油放到一张烘焙纸上，然后将烘焙纸上的黄油涂抹到烤盘的底部和边上，切割出一块大小合适的烘焙纸铺到烤盘里。

2　撒上面粉

在烘焙纸上涂抹黄油。根据需要在烤盘里加入大约2汤勺的面粉，然后将烤盘倾斜并摇动，这样面粉就能均匀地覆盖在黄油上，轻轻敲打以去掉多余的面粉。

74

搅打鸡蛋和糖

1 搅打鸡蛋和糖

用搅拌机中高速搅打鸡蛋和糖。随着搅打，混合物会从光亮色变成浅黄色。

2 检查丝带状的程度

搅打大约3分钟之后，混合物会接近丝带状。将搅拌头提起来，蛋糊应如同一条丝带般自行滴落。

75

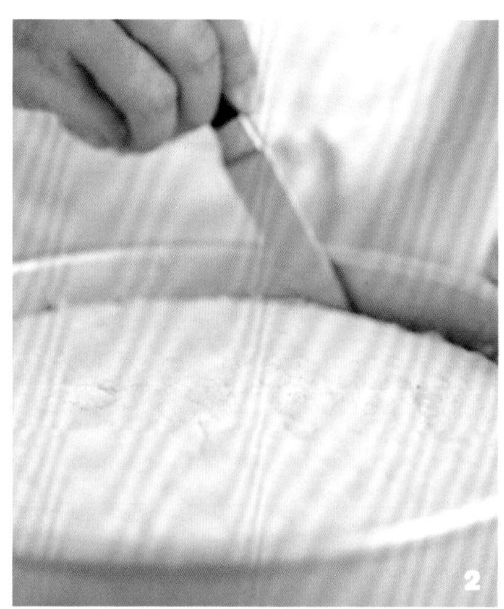

圆形蛋糕在烘烤好后的脱模

1 让蛋糕在模具中冷却

把刚烤好的蛋糕连模具放到烤架上，冷却15分钟。烤架可以让空气流通，从而加速冷却，防止蛋糕变得湿润。

2 将蛋糕与模具分离开

用薄刀沿着蛋糕模具的内侧切割以分离开蛋糕，保持刀紧贴在蛋糕模具的边上，这样就不会切割到蛋糕。

3 翻扣蛋糕模具

把烤架倒过来放在蛋糕模具上。利用锅垫隔热，抓紧烤架和模具，并一起快速倒扣过来。

4 将蛋糕模具从蛋糕上脱离开

当蛋糕冷却到可以用手拿取的程度时，将模具从蛋糕上拿开。蛋糕就会与模具脱离开。如果铺有烘焙纸，就揭掉烘焙纸并丢弃不用。让蛋糕静置至触摸起来变凉。

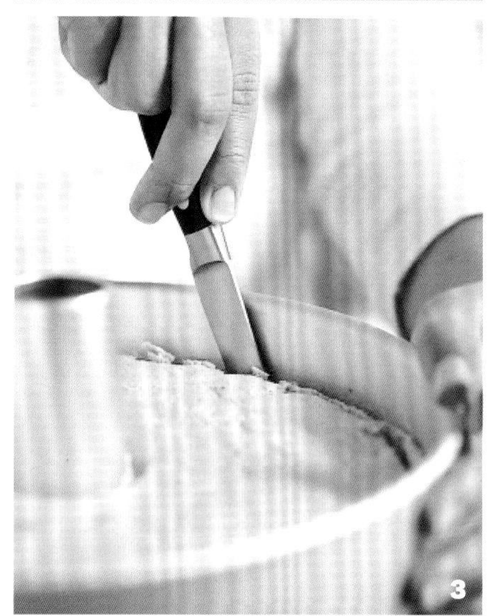

76

中空形蛋糕在烘烤好后的脱模

1 测试蛋糕烘烤的成熟程度

在靠近模具中间的位置处，插入一根细竹扦或牙签，如果拔出来之后是干净的，蛋糕就烤好了。如果拔出来之后是湿润的，或者粘连着蛋糕的碎粒，再继续烘烤5分钟并再次进行测试。重复这一步骤，直到竹扦拔出来之后是干净的。

2 在模具中冷却蛋糕

使用锅垫隔热，小心地把蛋糕从烤箱里取出来，放在烤架上冷却。如果烘烤的是天使蛋糕，它需要倒扣着冷却，如果模具带有支架，把它倒扣在烤架上；如果模具没有支架，可以把模具倒扣到酒瓶的瓶颈上。

3 将蛋糕与模具分离开

用薄刀沿着蛋糕模具的内侧和中间的空管处切割（如果空心形蛋糕模具的底部是固定的，首先将蛋糕与模具的边缘处分离开，然后用手指将蛋糕轻轻与蛋糕模具的底面剥离开），转动蛋糕模具，将蛋糕与模具分离开，直到蛋糕与模具没有粘连，并且无损地取出来。

4 将蛋糕从蛋糕模具上脱离开

将大餐盘扣在蛋糕模具上，再将餐盘与模具一起翻扣过来。拿起蛋糕模具和蛋糕模具的底面（如果蛋糕模具的底面是活动底的话）。

77

从烤盘里取出烘烤好的蛋糕

1 在烤盘里冷却蛋糕

把刚烤好的蛋糕放到烤架上，让它在烤盘里冷却25分钟，或者用薄刀沿着烤盘的内侧边缘处切割以分离开蛋糕。

2 将蛋糕翻扣到烤架上

在蛋糕上倒扣好一个烤架，使用锅垫隔热，将烤盘和烤架一起倒扣过来。抬起烤盘，撕掉烘焙纸。让蛋糕静置，直到触摸起来变凉。

冷却和储存泡沫蛋糕

1 在蛋糕模具里冷却蛋糕

用泡沫法制作而成的蛋糕如海绵蛋糕或热那亚蛋糕，通常都会提前烤好。烤好的蛋糕在烤架上冷却10分钟。

2 把蛋糕模具翻过来扣放在烤架上

用薄刀沿着蛋糕模具的内侧边缘分离开蛋糕，让刀紧贴着蛋糕模具的边缘处进行切割。把烤架倒放在蛋糕模具上，然后把蛋糕模具和烤架一起倒扣过来，拿开蛋糕模具。

3 揭掉烘焙纸

缓慢而小心地揭掉烘焙纸，以加速蛋糕底部的冷却。将蛋糕面朝上翻过来，静置到用手触碰时是凉的。

4 把蛋糕包好储存

将冷却之后的蛋糕用保鲜膜密封包好，在室温下可以储存2天。

卷起并储存整片蛋糕

1 将片状蛋糕脱模

为了防止断裂开，准备卷起来的片状蛋糕应该在微温且容易成型的情况下卷起来。把片状蛋糕放到烤架上冷却。

2 在蛋糕卷上撒可可粉或糖粉

可可粉或糖粉可以防止蛋糕在卷起之后粘连在一起。轻轻拍打装有可可粉或糖粉的细眼网筛的一边，使其轻缓地飘落到蛋糕上。

1

2

3

4

3 用烘焙纸将蛋糕卷起来

切割出两张比蛋糕稍大一些的烘焙纸，撒上可可粉或糖粉。把蛋糕正面朝上摆放到烘焙纸上。覆盖上第二张烘焙纸。从长边开始，把蛋糕卷起来。

4 用烘焙纸密封好蛋糕

将烘焙纸的两端叠到蛋糕卷的下面。在室温下可以储存最多2天。

奶油糖霜

这种经典的、乳脂状的、口味浓郁的、质地细滑的糖霜可以用于各种各样的夹心蛋糕、蛋糕卷或杯子蛋糕中，而且自始至终都深受欢迎。可以根据场合需要，添加调味料或食用色素。

原材料

155克（2/3杯/5盎司）白砂糖，多备出2汤勺

60毫升（1/4杯/2盎司）水

1汤勺玉米糖浆

3个蛋白，冷的

1/4茶勺塔塔粉

315克（1 1/4杯/10盎司）无盐黄油，常温下，切成2汤勺的块

1汤勺香草香精

大约可以制作出1.1升（4.5杯/36盎司）

1　熬煮糖浆

在小号厚底的少司锅里，将糖、水，以及玉米糖浆混合好。将高温温度计夹在少司锅沿上，要确保温度计的针杆部位插入液体中。盖上一部分锅盖，用小火加热，直到糖完全熔化，大约需要5分钟。不时用木勺搅拌一下，以确保糖完全熔化。

2　将糖熬煮至软球阶段

改用大火加热并让糖浆持续冒泡，不要搅拌，直到糖浆变得细滑而浓稠，温度为116℃（240℉），大约需要5分钟。用湿毛刷将在锅边上形成的结晶糖都刷除掉。然后将锅从火上端离开。

1

5　加入黄油块

将搅拌机的速度调至中高速，加入黄油，一次加入一块，搅拌至每一块黄油都融入之后再加下一块。如果未搅打过的黄油粘在搅拌桶的边上，停止搅打，用硅胶抹刀把它刮到桶内的混合物里。加入香草香精，搅打至完全混合均匀。

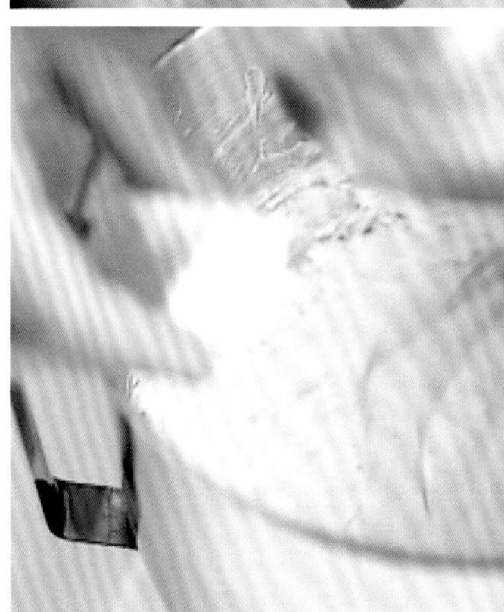

3 打发蛋白

搅拌机开中速将塔塔粉和剩余的2汤勺糖一起与蛋白打发至形成泡沫，大约需要1分钟。用中高速继续搅打至湿性发泡的程度，当抬起搅拌头时，蛋白尖峰略微弯曲，需要2~3分钟。

4 将热的糖浆搅打进去

将搅拌机调为低速，慢慢将糖浆呈细流状倒入。慢慢倒入可以防止糖浆溅到搅拌桶边上。桶的外面用手摸会感到热。当全部糖浆倒入之后，将搅拌机速度调至中低速，继续搅打5分钟。

3

4

6 调整黏稠程度

搅打好之后，奶油糖霜应柔软到足以用来涂抹，但不能软到能够倒出来的程度。如果黄油太冷了，形成了小的结块，把搅拌桶放在装有热水的少司锅上（但不要接触到热水），并用力搅拌，直到结块消失，并且黄油糖霜变得细滑，然后继续搅打直到蓬松。如果黄油糖霜过软，可以冷藏20分钟，然后在使用之前搅拌几秒钟。

更多风味的奶油糖霜

巧克力风味奶油糖霜

按照食谱制作奶油糖霜，在步骤5中，加入250克（8盎司）切碎的半甜巧克力，熔化后冷却，加入黄油，继续按照食谱制作即可。

白巧克力风味奶油糖霜

按照食谱制作奶油糖霜，在步骤5中，加入250克（8盎司）切碎的白巧克力，熔化后冷却，加入黄油，继续按照食谱制作即可。

椰子风味奶油糖霜

按照食谱制作奶油糖霜，在步骤5中，与香草香精一起，将1茶勺的椰子香精加入搅拌桶里。继续按照食谱制作即可。

香蕉风味奶油糖霜

按照食谱制作奶油糖霜，在步骤5中，将香草香精减至1茶勺，并加入2汤勺的香蕉利口酒。继续按照食谱制作即可。

81 将蛋糕分层切割

1 测量出蛋糕的高度

把蛋糕摆放在凉爽的台面上。在蛋糕旁边竖起一把尺子测量一下高度，标记出蛋糕的中间位置。如果蛋糕四面的厚度不一致，试着找出一个平均值。

2 用牙签标记出蛋糕的中间位置

用4～6根牙签在蛋糕的中间位置上，绕着蛋糕四周做好标记。

3 将蛋糕分层切割开

用长锯齿刀以锯切的动作，水平地把蛋糕切割成两层（不要担心分层蛋糕切割得不够均匀；它们可以用馅料或糖霜来掩盖住）。

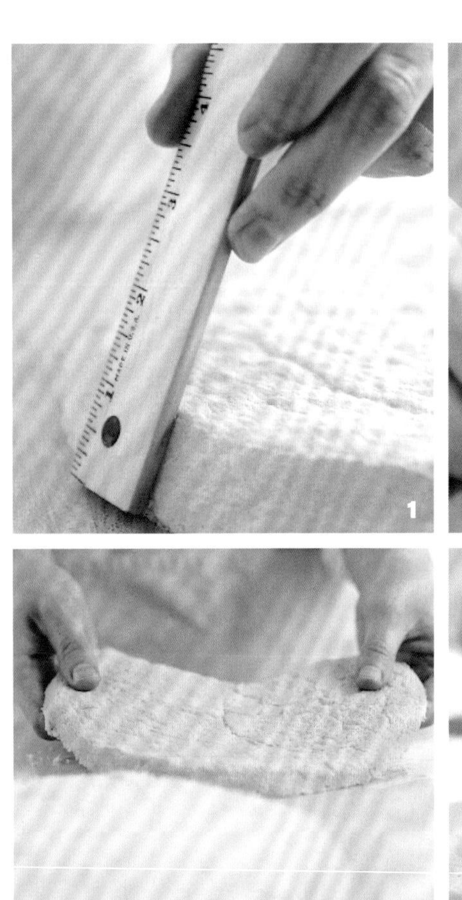

4 将切好的分层蛋糕摆放到烘焙纸上

在台面上，铺好一张大的烘焙纸。将上面的蛋糕分层抬起摆放到烘焙纸上。

5 切割第二个蛋糕分层

按照步骤1～4将第二个蛋糕切割成均匀的两层，并将其摆放到另一张烘焙纸上。

6 评估切割好的分层蛋糕

查看一下切割好的分层蛋糕，确定它们分层的顺序。你要把所有不平整的分层蛋糕放在中间位置，并保留一个切面光滑的分层蛋糕摆放在最上面。

将一个四层蛋糕填入馅料，并涂抹上糖霜

82

1　在分层蛋糕上涂刷糖浆

准备好糖霜和馅料。用毛刷在每一个蛋糕分层上都涂刷糖浆。将一个分层蛋糕摆放到蛋糕转盘或蛋糕盘上。

2　在分层蛋糕上填入馅料

将4条烘焙纸贴在蛋糕的边缘下面。将1/3馅料堆在第一层蛋糕上，用大曲柄抹刀将馅料均匀地涂抹到蛋糕的周边。使用剩余的馅料和分层蛋糕重复此步骤。

3　涂抹蛋糕的外层

用干净的曲柄抹刀在蛋糕的表面和四周涂抹上薄薄一层糖霜，以密封住蛋糕的外层，制作出光滑的表面。

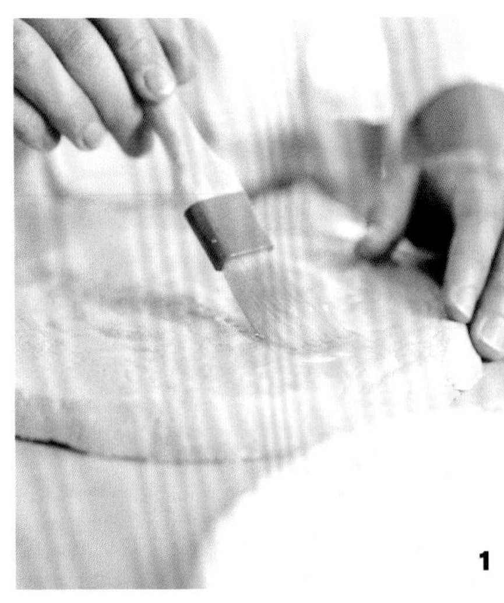

4　在蛋糕上堆砌更多的奶油糖霜

清理抹刀，以去掉所有的蛋糕颗粒，然后用抹刀将剩余的奶油糖霜堆砌到蛋糕顶部。

5　在蛋糕顶部涂抹糖霜

使用大面积涂抹的方式将糖霜均匀地涂抹到蛋糕顶部。不时将抹刀在搅拌桶边上刮一下，以去掉多余的糖霜。

6　涂抹糖霜覆盖住蛋糕的四周

将剩余的糖霜以少量多次的方式涂抹到蛋糕的四周，根据需要转动蛋糕盘或蛋糕转盘以涂抹均匀。最后在蛋糕表面上尽最大努力涂抹最后一遍，以确保涂抹得光滑平整。

83

切割质地稠密的蛋糕

1 将蛋糕脱模

质地稠密的蛋糕如奶酪蛋糕或巧克力特赫蛋糕，通常都会在卡扣式蛋糕模具中烘烤，以便容易脱模。用薄刀沿着蛋糕模具的内侧边缘处切割以分离开蛋糕。解开卡扣并抬起蛋糕模具。

2 热刀

一把热的刀有助于把质地稠密的蛋糕切割得很光洁。准备一个盛满热水的高身水罐或玻璃杯，以及一把锋利的长刀。将刀浸入水里，让其静置几秒钟，使刀刃变热。

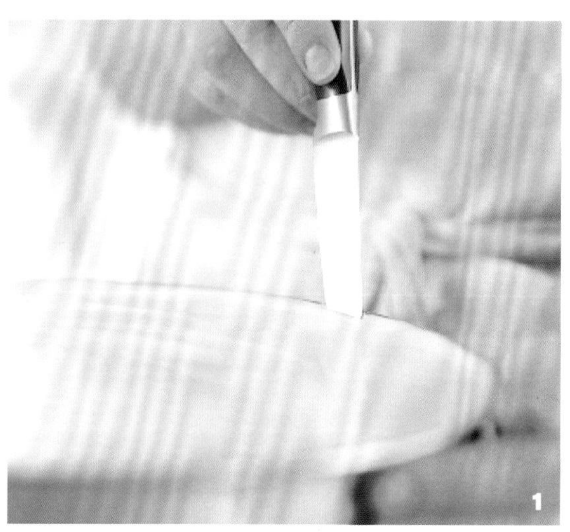
1

2

3

4

3 把刀擦干

将刀握紧，将锋利的那一面刀刃朝向身体的外侧，用纸巾或毛巾将刀擦干。

4 切割蛋糕

使用热的擦干后的刀，轻轻在蛋糕上刻画记号，标记出要切割的位置。然后，沿着划痕切割蛋糕，每次切割完后都要将刀浸入热水中加热并擦干。

切割冷冻的特赫蛋糕

1 标记出中心位置

特赫蛋糕冻硬之后很容易切割，所以要确保它至少冷冻了3小时。轻轻插入一根牙签，以标记出特赫蛋糕的中心位置。

2 刻画出蛋糕块的切割线

从中心位置开始，以牙签为参考，用厨刀轻轻刻画出蛋糕块的切割线。在每一条标线上轻轻切割一下，但不要将蛋糕直接切开。

3 热刀

准备好一个盛满非常热的水的高身水罐或玻璃杯，每次切割之前，将刀浸入水里使其变热，这样更容易切开冰冻的蛋糕层。

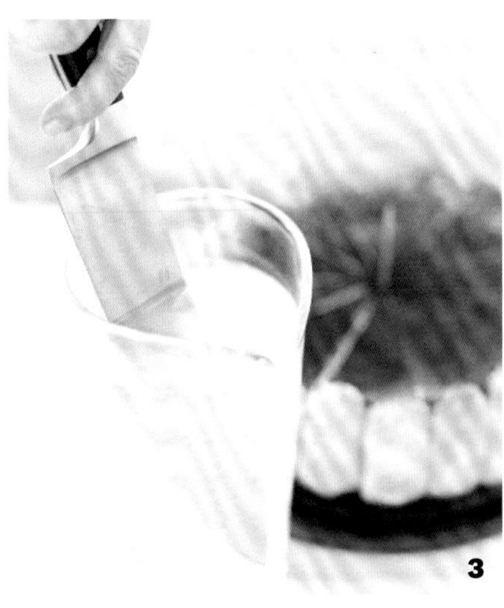

4 把刀擦干

将刀握紧，锋利的那一面刀刃朝向身体的外侧，用纸巾或毛巾将刀擦干。

5 切割特赫蛋糕

使用热的擦干后的刀，沿着刻画好的标记线，将特赫蛋糕切割成单人份，热刀很容易切透冷蛋糕。

6 给客人提供蛋糕块

用一个三角形的蛋糕铲取出蛋糕并摆放到餐盘里。剩下的蛋糕要马上放回冰箱里冷冻保存。

85

曲奇类和巧克力蛋糕

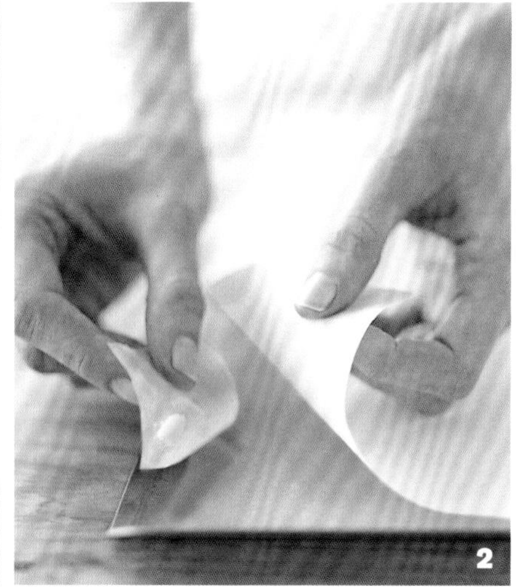

准备曲奇烤盘

1 切割烘焙纸

切割一张40厘米×35厘米（16英寸×14英寸）大小的长方形烘焙纸，铺到烤盘里。

2 粘牢烘焙纸

将少量无盐黄油放到一小块烘焙纸上，在烤盘的四个角上分别抹上一点黄油，以“粘住”烘焙纸。

86

将曲奇面团分成小份

1 舀取曲奇面团

在曲奇烤盘上铺好烘焙纸或硅胶烤垫。用冰激凌勺或大的汤匙舀取一些曲奇面团。

2 将曲奇面团排放到烤盘里

从一个边角开始，将舀取的面团排好，摆放到铺有烘焙纸的曲奇烤盘里。

如果有必要，可以用手指把面团塑成圆滑的球形。

3 每份面团之间留有间隔

重复以上操作步骤，将更多的面团排放到曲奇烤盘里，相互间隔5~7.5厘米（2~3英寸）。用的黄油越多，曲奇在烘烤时所占据的空间就越大。

4 储存烤好的曲奇

在室温下保存曲奇，用保鲜膜包好，每块曲奇之间用方形的烘焙纸间隔开。

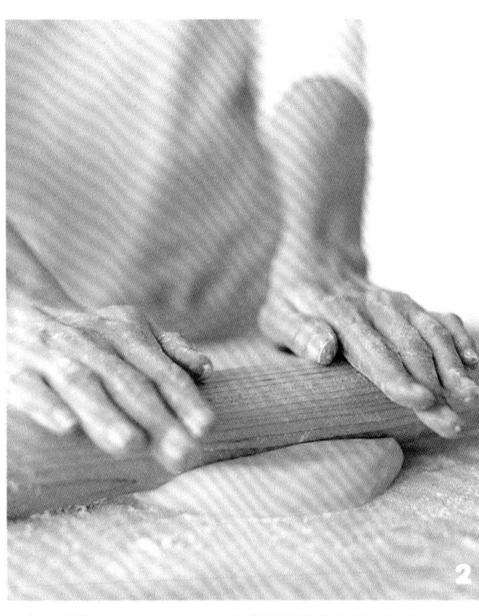
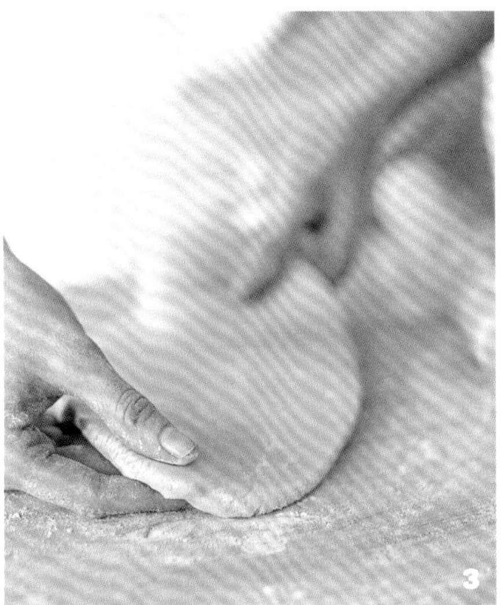

87 擀开曲奇面团

1 在工具上撒面粉

在台面上和擀面杖上撒少许面粉。在旁边放一碗面粉，方便用。

2 擀开面团

用柔和的力道从中间往四周擀，将面团擀开。如果面团粘连在擀面杖或台面上，就在擀面杖或台面上撒上少许面粉。

3 转动面团

擀开几次后，小心转动下面团，根据需要，抬起面团并在面团下面撒入更多的面粉，这有助于防止面团粘连在台面上。如果面团粘连了，用刮刀将其铲离开。

4 擀完全部面团

继续将面团擀开到3~6毫米（1/8~1/4英寸）厚。切割完曲奇之后，可以将剩余的面团压制成一个大面团，并按照步骤1~3重新将面团擀开后使用。

88 切割曲奇

1 切割出各种造型

使用曲奇切割模具，将模具蘸上一点面粉，然后在擀好的面团上用力按压下去，切割出曲奇。取下切割模具，但要将切割好的曲奇留在原处。重复这一步骤，必要时将切割模具蘸上面粉，以防粘连在曲奇上。

2 将曲奇摆放到曲奇烤盘里

用金属铲子以铲取切割好的曲奇，并将它们移到准备好了的曲奇烤盘里。

89

卷好并切割在冰箱里冷藏至变硬的曲奇

1 将面团卷成圆柱形

将擀好的分层面团摆放到烘焙纸上。面团的长边朝向自己，将面团紧紧卷成圆柱形，卷的时候可以借助于烘焙纸的帮助，将面团冷藏至少2小时再切割。

2 切割曲奇

用大刀将面团切成大约6毫米（1/4英寸）厚的片。剩余的面团包好，可以冷藏或冷冻一周。

90

切割布朗尼蛋糕或巧克力蛋糕

1 将布朗尼蛋糕/巧克力蛋糕从烤盘里取出来

从烤盘边上揭掉锡纸并将已经冷却了的巧克力蛋糕或布朗尼蛋糕取出来。

2 根据需要，切掉锡纸

如果在烘烤之后，锡纸粘连到了布朗尼蛋糕或巧克力蛋糕上，用小刀从边上将锡纸切割掉。

3 热刀

准备好一个盛满非常热的水的高身水罐或玻璃杯和一把长而锋利的刀，将刀伸入热水中热刀，然后用纸巾拭干。长而热的刀会有助于将巧克力蛋糕和布朗尼蛋糕切成均匀的块状。

4 切割巧克力蛋糕和布朗尼蛋糕

计算好需切成多少块，用刀在巧克力蛋糕或布朗尼蛋糕上刻画出切割线。然后，沿着切割线标记将巧克力蛋糕或布朗尼蛋糕切成大小相等的块状，在切割的间隙，把刀加热并擦干。

使用曲奇枪（曲奇压榨器） 91

1 在曲奇枪里装入曲奇面团

在曲奇枪的圆筒内装入花式挤片（这里使用的是花型片）。用勺子把曲奇面团紧紧塞入曲奇枪的圆筒里，根据标记辨别出最大容量的填充线。

2 挤出曲奇

将手柄牢稳地固定在曲奇枪上。将曲奇枪竖立起来，对准曲奇烤盘，让曲奇枪刚好接触到烤盘，然后将曲奇面团挤出到烤盘上。

塑形并切割意式脆饼 92

1 将面团塑成圆柱形

在曲奇烤盘上铺上烘焙纸或硅胶烤垫。用水打湿手指，用手指轻轻地把分成小份的意式脆饼面团按压成大约25厘米（10英寸）长、6厘米（2.5英寸）直径的圆柱形。剩下的面团重复上述步骤，面团之间留出10厘米（4英寸）的空隙。

2 烘烤圆柱形面团

烘烤意式脆饼，烤到边缘处变成浅棕色，轻轻触摸顶部时感觉到硬实。让意式脆饼冷却。

3 切割意式脆饼并再次烘烤

用锯齿刀把每条意式脆饼切割成2厘米（3/4英寸）厚的片状。将切好的意式脆饼片放回到曲奇烤盘里，将它们分开摆放，这样空气能够循环。烤到意式脆饼的边缘呈金黄色并酥脆。

4 让意式脆饼片冷却

让意式脆饼片在烤盘内冷却大约5分钟。然后用铲子将意式脆饼片铲取到烤架上完全冷却好，大约需要30分钟。意式脆饼片在冷却之后会变得香脆可口。

93 制作和使用纸质挤袋

1 创建出圆锥形的尖

先准备一张大的等腰三角形烘焙纸。将三角形的顶点朝向自己，将食指放在底边的中间位置，将其中一个边角向中间位置卷动。

2 卷成圆锥形

继续卷烘焙纸，保持卷起的锥尖尽可能紧密。用手指来引导和保持住步骤1中创建出的锥尖。

3 将末端折入圆锥形纸袋的内侧

通过拉扯圆锥形纸袋的末端，来调整圆锥尖部的松紧程度，然后将末端折入圆锥形纸袋的内侧，使纸袋变得牢固。

1

2

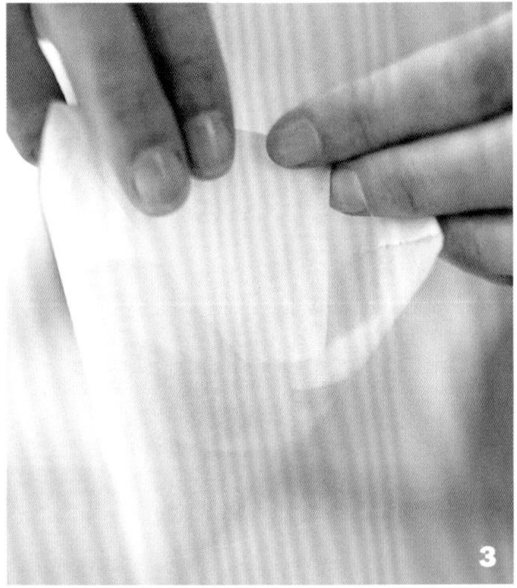
3

4

5

6

4 在圆锥形纸袋里填入馅料

用一只手握着开口的纸袋，用茶匙往纸袋里装入3/4满的糖霜、融化的巧克力或其他装饰料。

5 将上面开口处朝下折叠

纸袋一旦填满，将纸袋的开口处朝下折叠几次，以防止糖霜漏出来。将圆锥形纸袋的锥尖处剪掉一小段，以便挤花。

6 挤出设计好的图案造型

用纸质挤袋在曲奇、蛋糕，或者其他食材上挤出小圆点或线条等。当手头没有裱花袋，或者只是使用少量的糖霜时，这个方法特别方便实用。

装饰饼干

94

1 在外围勾勒出轮廓线

要制作基本的装饰料，可以混合好125克（1杯/4盎司）的糖粉和3汤勺的多脂奶油。除此之外，还可以添加一些调味料如香草香精或杏仁香精，或者食用色素等，以创作出想要的味道和外观色彩。在纸质挤袋里填入1/3满的装饰料，沿着饼干的外侧勾勒出轮廓线。

2 在轮廓线里挤满装饰料

淌满是一种手法技巧，会产生出一层清晰的富有光泽的效果。将装饰料挤入饼干上轮廓线里面的中间位置。装饰料的稠度应足够稀，可以在饼干上流淌，但是也需要用纸质挤袋的锥尖轻轻将它们摊开到边角缝隙处。

疑难解答

如果装饰料在淌开的过程中变硬了，再加入几滴多脂奶油使其变软。可以把没有使用的装饰料在冰箱里储存一晚上，在使用时再用几滴奶油或几滴水重新将其湿润好。

3 让装饰料凝固定型

在饼干上桌之前，或者挤出其他造型图案之前，先让装饰料凝固并硬化1~3小时。

创作出漩涡状造型

95

1 在饼干上点缀糖霜

先沿着饼干的外沿挤出轮廓线，然后在中间挤出装饰料并让其流淌开。在装饰料仍然湿润时，用挤袋装入对比色的装饰料在饼干上进行点缀装饰。

2 制作出漩涡状造型

轻轻拖动牙签穿过挤出的点缀装饰图案，以旋转的方式划动，以达到预期的效果。

烹饪知识应知应会

用食品加工机将液体混合物搅打成蓉泥

1　将混合物加入搅拌桶

用长柄勺将少量混合物分次舀入食品加工机的搅拌桶里，不要装得太满。少量多次加入以确保搅打的程度均匀一致。

2　搅打混合物

开动机器将混合物搅打至细腻光滑。如果混合物太热，要小心不要烫到。

疑难解答

如果液体从食品加工机的底部渗出，说明搅拌桶装得太满了。停下食品加工机，盛出一些混合物，然后继续搅打。

3　将粘连在桶边的混合物刮到搅拌桶里

在搅打的过程中，可以将食品加工机停下几次，用硅胶刮刀将粘连在桶边的混合物刮到搅拌桶里。

用搅拌机将液体混合物搅打成蓉泥

97

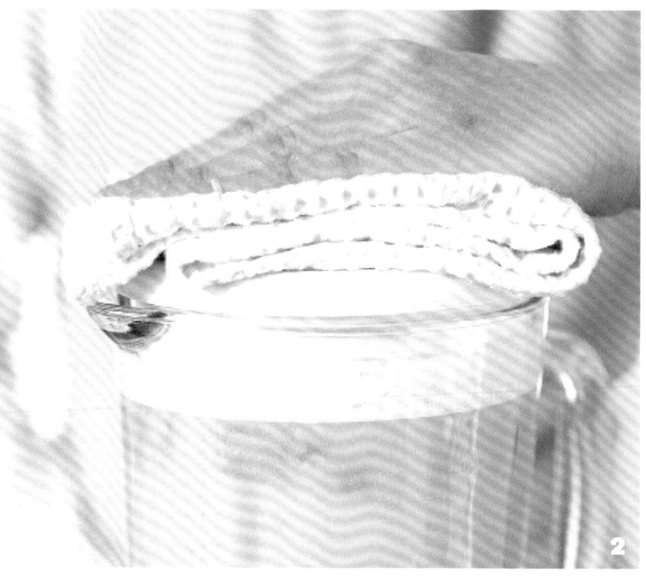

1　将混合物舀入搅拌机

用长柄勺将混合物分次舀入搅拌机，舀入到距离顶部 5厘米（ 2英寸）的地方为止。舀入时尽量使液体和固体的比例均等。

2　搅打混合物

先以低速搅打混合，然后逐渐提高速度，如果搅打热的混合物，将一块毛巾放在搅拌机的顶部以保护手；因为蒸汽能把盖子掀开。

用浸入式搅拌器将液体混合物搅打成蓉泥

98

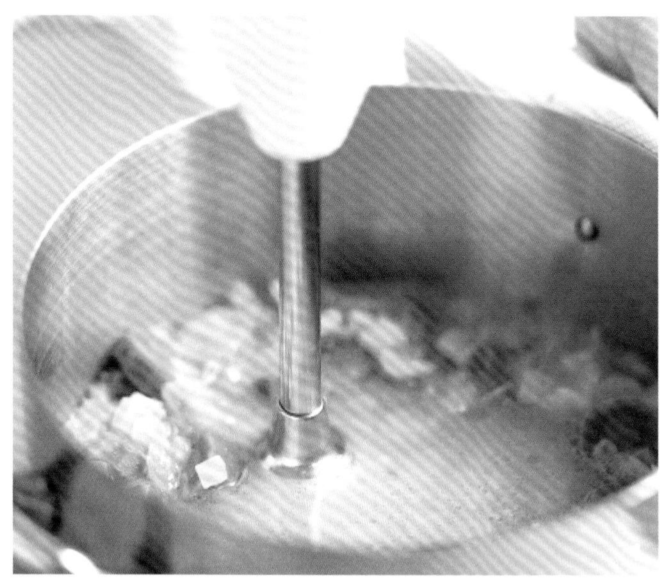

1　将搅拌棒插入混合物中

把搅拌棒插入混合物中。要确保刀片完全浸入液体中，以防止液体飞溅。打开开关，开始搅打。

2　搅打混合物

将搅拌棒在锅内的每个区域来回移动，搅打至所需的浓稠度。

99

制作新鲜的面包糠

1 如果有必要，将面包干燥处理

先从稍微有点不新鲜、质地硬实的面包片开始制作。将面包片平铺在烤盘上一整晚，使其变干燥，或者使用过了最佳食用时间大约两天的面包。

2 将面包片撕成小块

把面包撕成小块，放入搅拌桶里。

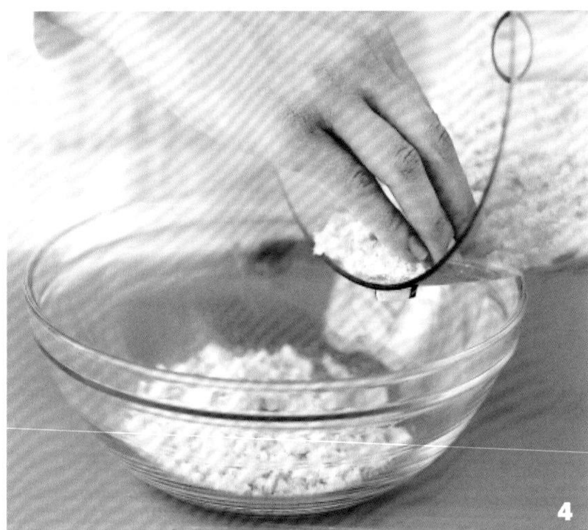

3 将面包搅碎

打开开关将面包搅碎成小颗粒状。

可能需要分批次制作，以确保面包糠加工处理得粗细均匀。

4 将面包糠倒入碗里

把面包糠倒入碗里，以量出食谱中所需要使用的量。可以直接使用面包糠，也可以根据需要将黄油或油浇淋到面包糠上，或者用黄油、油将面包糠煎炸至金黄色。

制作干的面包糠

1 将面包在烤箱里烤干

将烤箱预热至95℃（200℉）。将粗糙的面包片如法式面包或意大利面包等，摆放到一个带边烤盘中，让其在低温烤箱内干燥大约1小时。

2 将面包掰碎成小块

把面包掰成小块，放入搅拌桶里。

1

2

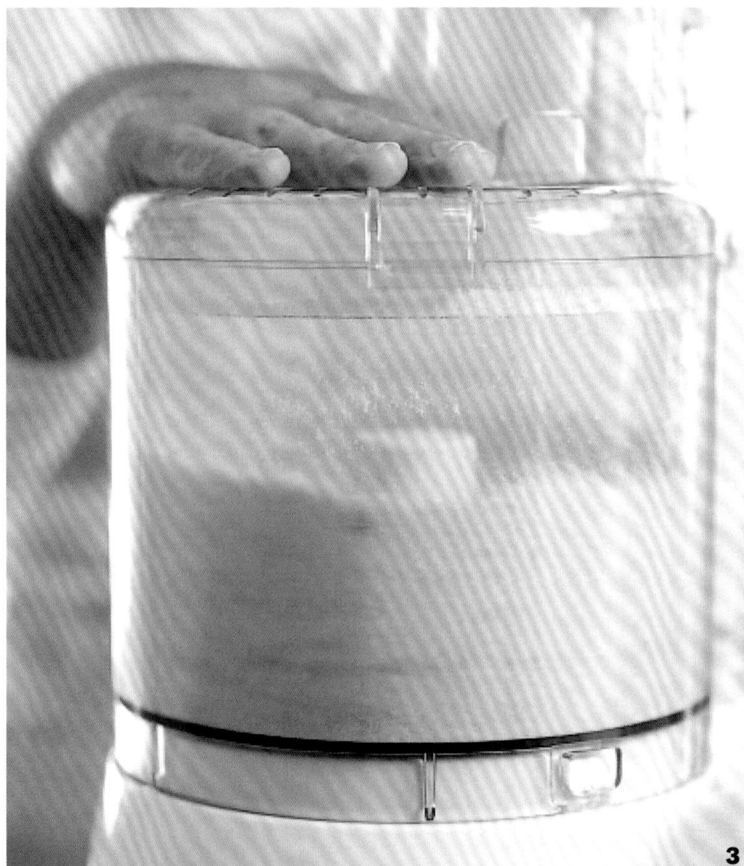

3

4

3 将面包搅碎

打开开关将面包搅打至细粒状。可能需要分批次制作，以确保面包糠加工得粗细均匀。

4 将面包糠倒入碗里

把面包糠倒入碗里，然后量出所要使用的量。如果不马上使用，将面包糠储存在密封容器内，放入冰箱可以保存1个月。

101 油炸墨西哥玉米饼片

1 将墨西哥玉米饼切成三角形的片

将8张墨西哥玉米饼摞到一起，用一把锯齿刀，把玉米饼切成8块大小均等的V形片。

2 将油倒入锅内

直径30~35厘米（12~14英寸）的圆底锅或大而深的厚底锅最适合炸玉米饼片。在锅内倒入5厘米（2英寸）深的玉米油或花生油。

3 将油加热

在锅上放高温温度计。将炉灶开到中高火，将油加热到190℃（375℉）。这个过程可能需要10分钟。

1

2

3

4

5

6

4 炸三角形玉米饼片

小心地将足够多的三角形玉米饼片放入油中，不时用漏勺翻动几下，直到三角形玉米饼片变得酥脆并呈金黄色，需要2~3分钟。

5 将玉米饼片控净油

用漏勺将玉米饼片从油锅里捞出，放入铺有纸巾的烤盘里。用备用的纸巾将玉米饼片边角的油轻轻拭净。

6 给玉米饼片调味

在炸剩下的玉米饼片之前，将油加热回升到190℃。食用之前，在玉米饼片上撒少许盐。

油炸薯片（油炸土豆片）

1 将油加热

在圆底锅或深的厚底锅内，倒入5厘米（2英寸）深的玉米油或花生油，并放上高温温度计。将炉灶开到中高火，将油加热到165℃（325℉）。这个过程可能需要10分钟。

2 准备土豆片

当油在加热时，将土豆削皮，切成薄片，用水浸泡。在蔬菜脱水器中旋转脱水，然后在铺有纸巾的烤盘上沥干水分。用备用纸巾将土豆片表面的水分轻轻拭干。

3 炸第一遍土豆片

小心地将大约125克（一杯/4盎司）的土豆片沿着锅边放入热油中炸。不时用漏勺翻动土豆片，直到土豆片看起来变硬，边缘处开始变得酥脆，大约需要3分钟。

4 将土豆片控净油

使用漏勺捞起土豆片，单层摆放到铺有纸巾的烤盘里。将油温重新加热到165℃，以同样的方式，继续炸剩余的土豆片。

5 炸第二遍土豆片（复炸）

让土豆片冷却至少15分钟。用中高火加热，将油温回升到190℃（375℉）。再次分批将土豆片炸至酥脆，并呈中等程度的棕色，需要1~2分钟。

6 将土豆片控净油并调味

将土豆片捞到铺有干净纸巾的烤盘里，用更多的纸巾将薯片表面的油轻轻吸干。食用之前，在薯片上撒少许盐。

103

制作皮塔饼片

1 将圆形皮塔饼切成块

将3张圆形皮塔饼叠成一摞，用一把锯齿刀或厨刀，将皮塔饼切成12个大小均匀的V形块。将烤箱预热到165℃（325℉）。

2 将V形块从中间切割开

从每片三角形皮塔饼的尖角处开始，小心地将其分层剥离直到摊平，然后从接缝处将两片切割开。

3 给V形皮塔饼片调味

将V形皮塔饼片单层摆放到有边的烤盘里。在每块皮塔饼片上轻轻涂刷一些特级初榨橄榄油。在皮塔饼片上撒上芝麻，或者小茴香籽、红椒粉，味道随你喜欢而定。

4 烤V形皮塔饼片

将皮塔饼片烘烤至干燥、酥脆，并呈金黄色，需要10~15分钟。

制作面包杯

104

1 塑形面包杯

将烤箱预热至200℃（400℉）。在小号松饼模具内涂刷上融化的黄油。将直径为7.5厘米（3英寸）薄的圆形白面包片按压到每一个涂刷了黄油的模具内。

2 烘烤面包杯

烘烤至金黄色，大约需要10分钟。使用夹子轻轻将烤好的面包杯从模具里取出，移到烤架上冷却后食用。

制作脆皮面包

105

1 在面包片上涂刷油

将烤箱预热至150℃（300℉）。将厚度为6毫米（1/4英寸）的法式面包片单层摆放到带边烤盘里，涂刷上薄薄一层特级初榨橄榄油。

2 烘烤面包片

烘烤面包片，翻动一次，直到面包片变得干硬、香脆，带有金黄色，大约需要30分钟。在食用前让烤好的面包片在烤盘里完全冷却。

澄清黄油

1 熔化黄油

澄清好的黄油常用来制作以菲洛酥皮为基础的糕点和在印度烹饪中使用。在少司锅中以中火加热熔化黄油。在黄油熔化后，要一直观察，直到黄油开始冒泡。

2 撇去浮沫

立刻将火调至中低火，并继续加热1分钟。将锅从火上端离开，让其静置2分钟，使得奶质固形物等沉淀，然后用大勺子从表面撇去浮沫。

3 倒出乳脂

小心地将清澈的黄色乳脂倒入耐热量杯中，要非常缓慢地倒，以避免倒入沉淀在锅底的白色奶质固形物和液体等。

4 丢弃奶质固形物

将残留的白色奶质固形物和所有液体都丢弃不用。这些是黄油中的易燃部分。

制作复合风味黄油

1 混合软化黄油和调味料

将常温下的黄油放入碗里。用硅胶抹刀将切成细末的调味原材料（这里使用的是切碎的橄榄和大蒜）与黄油混合翻拌均匀，直到变得细滑。

2 将混合好的黄油铺到烘焙纸上

在台面上铺一块边长30厘米（12英寸）的方形烘焙纸，将混合好的黄油刮取到烘焙纸上，形成一个长条形，在烘焙纸的四周留出大约2.5厘米（1英寸）的空隙不铺黄油。

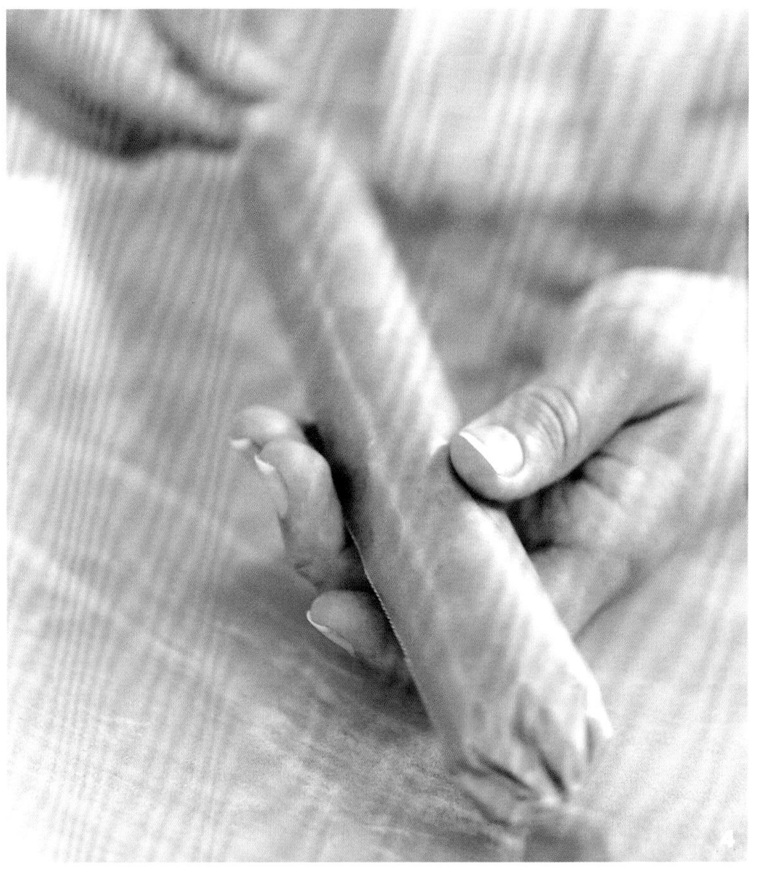

3 将黄油卷成圆柱形

顺着长条形的黄油将烘焙纸卷起，成为一条粗细均匀的圆柱形。

4 将烘焙纸的两端扭紧

将圆柱形两端的烘焙纸分别扭紧以密封住黄油。将黄油冷藏至少30分钟。可以用来放置到铁扒肉类、家禽，或者蔬菜上面。

108 将培根切成丁

1 将培根切成条

将两三片培根摞到一起，并纵长切成细条，为了切出最规整的丁，也可以使用切成厚片的培根。

2 将培根切成丁

将培根条间隔6毫米（1/4英寸）切成小丁。如果需要，可以先将培根冷冻大约20分钟，以使其更容易切割。

109 将橄榄去核

1 敲击橄榄

将橄榄放入密封袋里，挤压出多余的空气，并密封好。使用肉锤或擀面杖，轻轻敲打橄榄，让橄榄核变得松脱。

2 去掉橄榄核

将碎裂开的橄榄取出，将橄榄核从橄榄肉中分离出来。用去皮刀将所有粘连在橄榄核上的橄榄肉切割下来。

烘烤坚果仁

110

1 将坚果放入煎锅内烘烤

将坚果仁（这里使用的是松子仁）放入用中火加热的煎锅内，不时翻动以防止焦煳。这个加热的过程会将坚果仁的油和风味彰显出来。

2 将坚果仁冷却

加热2~3分钟后，一旦坚果仁变成金黄色，立刻盛到餐盘内，这样它们就不会继续加热。冷却之后，会变得更香脆一些。

去掉坚果仁的外皮

111

1 烘烤坚果

将坚果仁（这里使用的是榛子）放入带边烤盘里，在180°C（350°F）的烤箱里烘烤至颜色变深，并变得香气四溢，需要15~20分钟。

2 摩擦坚果以去掉外皮

待坚果仁冷却之后，用毛巾用力摩擦，并用手指将所有粘连的外皮去掉。如果外皮不容易去掉，再继续烘烤几分钟，然后再次试着摩擦去皮。

112 蛋类烹饪技法

煮鸡蛋

1 将鸡蛋放入水里

在少司锅内加水，轻轻将鸡蛋放入水中，用大火加热至完全烧开。然后改用小火加热。水开之后煮4分钟的鸡蛋是软的，蛋黄呈流淌状；煮6分钟，蛋黄呈中等硬度；煮8分钟，蛋黄是硬的。

2 如果需要，鸡蛋可以去壳

煮至蛋黄是软的鸡蛋，可以连蛋壳一起上桌。煮至半熟，或者全熟的鸡蛋，将鸡蛋浸入冰水中以停止继续加热。几分钟之后，将鸡蛋从水中取出去壳。

3 将鸡蛋切成片

食用时，将煮至半熟的鸡蛋（图上方）或煮至全熟的鸡蛋（图下方）纵长切成两半或四瓣，或者横着切片。

疑难解答

加热过度的鸡蛋在蛋黄周围会出现一圈灰绿色，并且蛋白呈橡胶状。最好不要使用煮过度的鸡蛋。

113

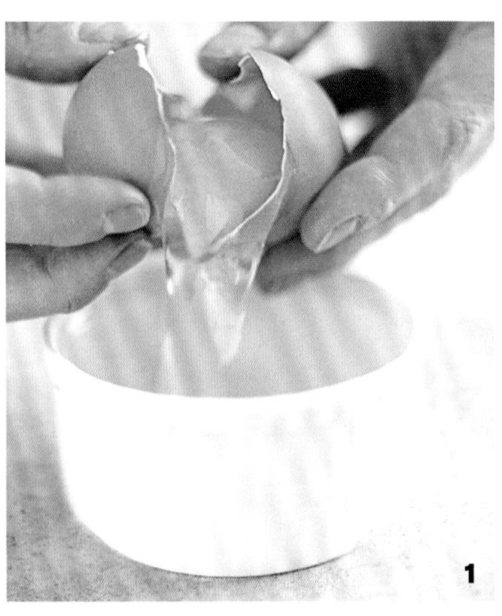

烤鸡蛋

1 将鸡蛋打入焗盅内

将烤箱预热至180℃（350℉）。将鸡蛋分别打入每个涂抹了黄油的焗盅内，注意不要让任何碎蛋壳掉落到焗盅里。

2 将鸡蛋调味并烘烤

使用盐、胡椒粉，以及其他调味料给鸡蛋调味。有一些食谱会要求加入一点奶油以增加风味的浓郁程度。将焗盅放入烤盘里，烘烤到蛋白凝固，但蛋黄仍然呈流淌状，需要10~15分钟。

煮荷包蛋（水波蛋）

1 使水酸化

将大号煎锅内的大量水烧至微开。加入一茶勺的蒸馏白醋或柠檬汁。这有助于蛋白凝固，从而形成美观的圆形荷包蛋。

2 将鸡蛋打入碗里

将鸡蛋打入焗盅里或小碗里。这样有助于把鸡蛋倒入开水中。检查小碗里有无蛋壳残留。

3 将鸡蛋倒入锅中

轻轻而舒缓地将鸡蛋倒入锅中，从锅的一边开始倒入。剩下的鸡蛋重复以上步骤，将剩余的鸡蛋倒入锅里。记住放入鸡蛋的顺序。

1

2

3

4

5

6

4 用小火加热鸡蛋

用小火加热鸡蛋，用漏勺将鸡蛋分离开，如果喜欢溏心鸡蛋，就煮3分钟；喜欢蛋黄更加凝固的话，可以煮5分钟。

5 将荷包蛋从水中捞出

用漏勺轻轻将第一个放入水里的荷包蛋捞起，摆放到纸巾上吸净水分，然后摆放到砧板上。剩余的荷包蛋重复此步骤。

6 切边修饰荷包蛋

用去皮刀将荷包蛋参差不齐的边缘削掉，使其规整美观，立刻上桌。

煎鸡蛋

1 熔化黄油

将直径18或20厘米（7~8英寸）的不粘煎锅用中火加热，加入大约1/2茶勺的无盐黄油。将鸡蛋打入小碗里并检查有无蛋壳。

2 将鸡蛋倒入锅内

当黄油熔化后，小心地将鸡蛋滑入锅内。重复此步骤，将另外一个鸡蛋也滑入锅内。改用小火加热至蛋白凝固，并且蛋黄开始变硬，大约需要3分钟。

1

2

3

3 单面煎鸡蛋

倾斜不粘锅，从锅边处舀出多余的黄油。把黄油淋在鸡蛋上使其增香。把鸡蛋从锅内滑落到餐盘内，立刻上桌。

4 双面煎鸡蛋或两面全熟的鸡蛋

用不粘铲轻轻将鸡蛋翻过来。双面煎蛋需要继续加热大约20秒，两面全熟的鸡蛋需要继续加热1~1.5分钟。立刻上桌。

4

炒鸡蛋

1 搅打鸡蛋

将鸡蛋打入碗里，检查有无碎蛋壳，加入少许的盐和胡椒粉等调味料。把鸡蛋打匀。

2 将鸡蛋倒入锅内

将不粘煎锅放在中火上加热，加入少量的无盐黄油。当黄油熔化后，倒入搅打好的鸡蛋，调至小火加热。

3 加热鸡蛋

加热鸡蛋，用硅胶铲翻炒鸡蛋。把开始凝固了的鸡蛋推到锅的中间位置，让液体蛋液流淌到锅的四周。翻炒的次数越多，凝固的鸡蛋块就会越小。

4 检查鸡蛋的成熟程度

如果喜欢柔软质地、口感滋润的炒鸡蛋，需要将鸡蛋加热4~5分钟；如果喜欢硬一些的、较干燥的炒鸡蛋，需要将鸡蛋加热7~8分钟。立刻上桌。

经典煎蛋卷

煎蛋卷的特色是在浅锅里加热打散的鸡蛋，并且通常会加入各种美味的其他材料。煎蛋卷除了当早餐，也可以作为清淡的午餐或晚餐。它可以填入各种各样的配料，以满足你的喜好。

原材料

4个鸡蛋

60毫升（1/4杯/2盎司）水或牛奶，或者多脂奶油

1茶勺鲜榨柠檬汁，可选

细海盐和现磨的胡椒粉

1汤勺无盐黄油

2棵春葱，切碎

30克（1/2杯/1盎司）陈年白切达奶酪丝

供2人食用

1　将鸡蛋搅打均匀

鸡蛋、水、柠檬汁、少许盐和胡椒粉用搅拌器搅打至刚好混合均匀（混入太多空气会影响煎蛋卷的质地）。在搅打鸡蛋混合物的时候，将一块折叠好的毛巾垫在碗的下面会有助于保持碗的稳定。

2　熔化黄油

把直径25厘米（10英寸）的不粘煎锅或煎蛋卷锅用中高火加热，加入黄油。当黄油熔化开，泡沫开始消退时，倾斜转动不粘煎锅，使黄油在锅内均匀分布开。

5　加入煎蛋卷的馅料

当鸡蛋混合液凝固成均匀的一层，并且没有更多的液体流动时，大约需要4分钟，然后将春葱和切达奶酪撒到蛋卷的半边位置上。

3　加入鸡蛋混合液

将鸡蛋混合液倒入锅内，使用硅胶铲将碗里的全部蛋液刮取到锅里。

4　将鸡蛋混合液在锅内均匀地分布开

让鸡蛋混合液加热30秒，然后用硅胶铲将成熟的鸡蛋小心地推到锅的中心位置，与此同时，保持鸡蛋混合液在锅内分布均匀。将锅倾斜着转动，这样生的鸡蛋混合液就会朝向锅边流淌，蛋卷就会受热均匀。

6　折叠蛋卷

用硅胶铲将没有撒上原材料的半边蛋卷折起来，覆盖过已经撒有馅料的半边蛋卷，形成一个半圆形。再将蛋卷加热大约30秒，然后将煎好的蛋卷滑落到热的餐盘内，立刻上桌。

更多风味的煎蛋卷

香草风味煎蛋卷

按照食谱的步骤制作经典的煎蛋卷。在步骤1中分别将1汤勺切碎的新鲜细叶芹、剪碎的新鲜细香葱、切碎的新鲜香芹，以及切碎的新鲜龙蒿加入鸡蛋中。继续按照食谱制作，去掉奶酪和洋葱。

番茄和牛油果煎蛋卷配香菜

按照食谱的步骤制作经典的煎蛋卷。在步骤5中，用50克（1/4杯/1$\frac{3}{4}$盎司）切成细末的番茄代替春葱，并用75克（1/2杯/2.5盎司）切成丁的牛油果代替奶酪。继续按照食谱制作。用1汤勺切碎的新鲜香菜装饰制作好的煎蛋卷。

芦笋和格鲁耶尔奶酪煎蛋卷

将375克（12盎司）的芦笋焯水，切成2.5厘米（1英寸）长的段，放到一边备用。按照食谱的步骤制作经典的煎蛋卷。在步骤5中，用焯过水的芦笋代替洋葱，并用格鲁耶尔奶酪代替切达奶酪。继续按照食谱制作。

蔬菜乳蛋饼

乳蛋饼是一种将鸡蛋、奶酪，以及其他原材料，在煎锅里缓慢加热直到凝固成熟的混合物。它不同于煎蛋卷，因为调味料与打散的鸡蛋混合在一起，而不是当馅料。此外，乳蛋饼通常会切成V形块食用。

原材料

5个鸡蛋

细海盐和现磨碎的胡椒粉

1汤勺橄榄油

1个中等大小的西葫芦，切成12毫米见方（1/2英寸）的块

75克（1/3杯/2.5盎司）乳清奶酪

从2枝新鲜罗勒上摘下来的叶片，撕成小块，多备出一些用作装饰，可选

可供2人食用

1 搅打鸡蛋

将鸡蛋和少许盐、胡椒粉混合好，用搅拌器搅打至刚好混合均匀（混入太多空气会影响乳蛋饼的质地）。将烤箱预热至180℃（350℉）。

2 将油加热

将直径20厘米（8英寸）的带有不粘涂层、耐高温的煎锅用中火加热。加入油并加热至冒烟。

5 加热鸡蛋

把火调小并继续加热，翻炒1分钟。然后将锅放到烤箱里，烘烤至乳蛋饼略微涨起来一些并凝固，需要8~12分钟。

3　煎炒西葫芦

加入西葫芦，用盐和胡椒粉略微调味，煎炒至西葫芦变软并呈淡褐色，需要1~2分钟。

4　加入剩余的原材料

将乳清奶酪和罗勒加入西葫芦锅内，搅拌至混合均匀。倒入打散的鸡蛋。

6　将乳蛋饼切成V形块

把乳蛋饼从锅里滑落到砧板上。把乳蛋饼切成4份V形块。如果需要，可以用撕碎的罗勒叶装饰，然后立刻上桌。

更多风味的乳蛋饼

鸡肉香肠和番茄干乳蛋饼

按照食谱的步骤制作蔬菜乳蛋饼。在步骤3中，用约227克（1/2磅）熟的鸡肉香肠代替西葫芦，切成12毫米（1/2英寸）的方形片。煸炒至热透，需要1~2分钟。拌入3个控净油后切成小块的油浸番茄干，去掉乳清奶酪和罗勒。继续按照食谱制作。

培根和芝麻生菜乳蛋饼

按照食谱的步骤制作蔬菜乳蛋饼。在步骤2中，锅内不放油，在预热好的煎锅里放入4片切得很厚的培根。将培根煎至边缘处变得酥脆，大约需要8分钟。将培根摆放到纸巾上沥干油，切成2.5厘米见方（1英寸）的小块。在步骤3中，煎锅中留1汤勺培根油脂，其余全部倒出，用中火加热，煎炒60克（2杯/2盎司）的芝麻菜，直到芝麻菜刚好收缩。在芝麻菜上撒培根，然后继续按照食谱制作，去掉乳清奶酪和罗勒。

西南风味乳蛋饼

按照食谱的步骤制作蔬菜乳蛋饼。在步骤3中，用一个黄土豆代替西葫芦，将土豆去皮后切成12毫米（2英寸）的方块。将土豆炒至成熟并变成棕色，大约需要8分钟。在步骤4中用1罐（125克/4盎司）切成丁的青辣椒，捞出控净汤汁，以及125克（1杯/4盎司）切成丝的胡椒杰克奶酪，代替乳清奶酪和罗勒。继续按照食谱制作。如果喜欢，可以在乳蛋饼上加莎莎酱和酸奶油。

119

洛林乳蛋饼

乳蛋饼是一种美味的以蛋奶酱为基底的馅饼类。传统上，这道菜是作为头盘提供的，现在，它常用作早午餐或午餐的主菜。正宗的洛林乳蛋饼含有培根和洋葱，但有些会添加格鲁耶尔奶酪。其他的调味料可以替换。

原材料

4片厚切瘦肉培根

1份起酥派（馅饼）面团（见条目240或241），馅饼皮经过略微的盲烤（见条目247）

3个鸡蛋

1/2茶勺盐

1/8茶勺现磨碎的胡椒粉

少许现磨的豆蔻粉

180毫升（3/4杯/6盎司）多脂奶油

180毫升（3/4杯/6盎司）全脂牛奶

1汤勺无盐黄油，切成6毫米（1/4英寸）大小的粒

可供8人食用

1 将培根撒入馅饼皮里

在用中火加热的煎锅内，将培根煎至边缘处变得香脆，大约需要8分钟。取出培根摆放到纸巾上控净油，切成2.5厘米（1英寸）的方块。将培根均匀地撒入预烤好的馅饼皮里，放到一边备用。

2 制作蛋奶酱液体

将烤箱预热至180℃（350℉）。将鸡蛋、盐、胡椒粉，以及豆蔻粉搅拌至混合均匀，加入奶油和牛奶打匀。

1

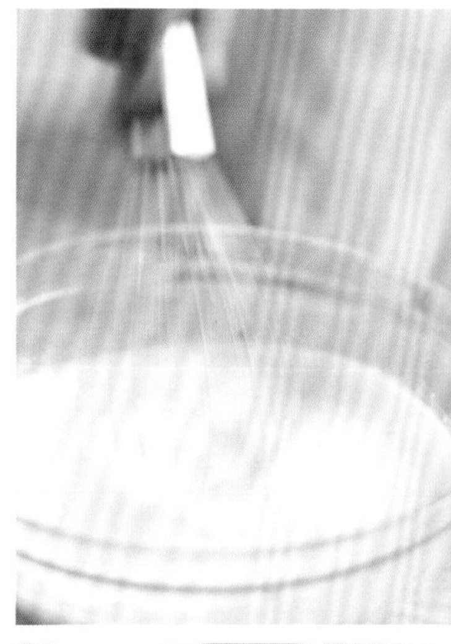

4 将蛋奶酱液体倒入馅饼皮内

将蛋奶酱液体缓慢倒入馅饼皮内的培根上。在表面放上几粒黄油。

5 烘烤洛林乳蛋饼

将洛林乳蛋饼烘烤至表面呈浅金黄色，轻轻晃动一下模具时，馅料刚好凝固的程度，需要40~45分钟。将洛林乳蛋饼取出摆放到烤架上，让其冷却5分钟。切成V形块食用。

3 过滤蛋奶酱液体

将鸡蛋混合物用中眼网筛过滤到量杯内，以确保没有残留的蛋壳碎片和膜皮等。

3

更多乳蛋饼风味组合

培根-格鲁耶尔奶酪乳蛋饼

按照食谱的步骤制作洛林乳蛋饼。在步骤4中，在蛋奶酱的表面上撒155克（1杯/4盎司）的格鲁耶尔奶酪丝，继续按照食谱制作即可。

西蓝花-切达奶酪乳蛋饼

将375克（12盎司）切成2.5厘米（1英寸）长的西蓝花小瓣焯水，直到刚好成熟，拭干水分，放到一边备用。按照食谱的步骤制作洛林乳蛋饼。在步骤1中用焯过水的西蓝花代替培根。在步骤4中，在蛋奶酱上撒入125克（1杯/4盎司）的切达奶酪丝，并继续按照食谱制作即可。

菠菜-菲达奶酪乳蛋饼

按照食谱的步骤制作洛林乳蛋饼。在步骤1中，用30克（1杯/1盎司）蒸过的菠菜代替培根。在步骤4中，在蛋奶酱上撒入155克（1杯/5盎司）菲达奶酪碎，并继续按照食谱制作即可。

芦笋-韭葱乳蛋饼

将切成2.5厘米（1英寸）长的60克（1杯/2盎司）芦笋尖焯水至刚好成熟，拭干水分，放到一边备用。煸炒2根切碎的韭葱，只取用韭葱白色和浅绿色的部分，直到变软，放到一边备用。按照食谱的步骤制作洛林乳蛋饼。在步骤1中，用焯过水的芦笋和炒好的韭葱代替培根，继续按照食谱制作即可。

蘑菇-百里香乳蛋饼

按照食谱的步骤制作洛林乳蛋饼。在步骤1中，用90克（1杯/3盎司）炒好的蘑菇代替培根，在炒蘑菇临近出锅前1分钟，加入2汤勺新鲜的百里香。在步骤4中，在蛋奶酱上撒入155克（1杯/4盎司）的瑞士奶酪、格鲁耶尔奶酪，或者切达奶酪丝，并继续按照食谱制作即可。

洋蓟-红椒乳蛋饼

按照食谱的步骤制作洛林乳蛋饼。在步骤1中，用440克（1罐/14盎司）的洋蓟心代替培根，控净汤汁并将洋蓟心切成4瓣。在步骤4中，在蛋奶酱上撒入155克（1杯/4盎司）的马祖丽娜奶酪或芳提娜奶酪丝。在烤之前，先烘烤两个红柿椒并去皮，切成12毫米（1/2英寸）长的条，撒到蛋奶酱上，并继续按照食谱制作即可。

鱼类烹饪技法

整条鱼的加工整理

1 检查整条鱼

已经宰杀好的鱼仍要看看有无鱼鳃、鳍、残留的鱼鳞和鱼血，或者腹腔里面有无残留的内脏等。

2 修剪锋利的鱼鳍

将鱼平放好。使用剔骨刀或去皮刀，在紧挨着鱼鳍的两侧，在上侧（背鳍）和下侧或腹部（臀鳍）位置切出浅的12毫米（1英寸）长的切口。

3 去掉鱼鳍

使用鱼镊、尖嘴钳，或者毛巾，将鱼鳍拔出来，根据需要，在鱼的另外一侧，重复步骤2和步骤3的操作。

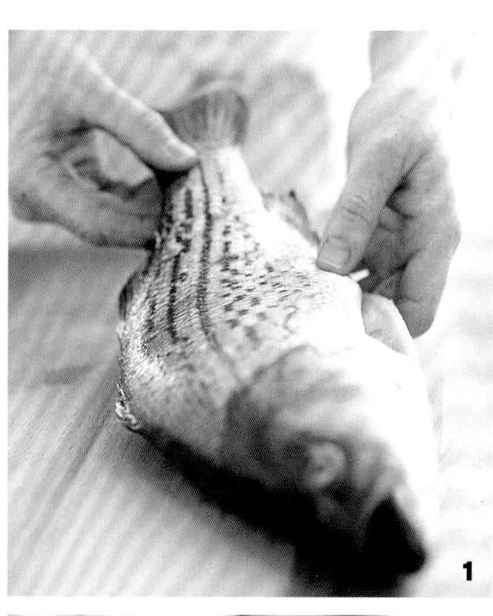

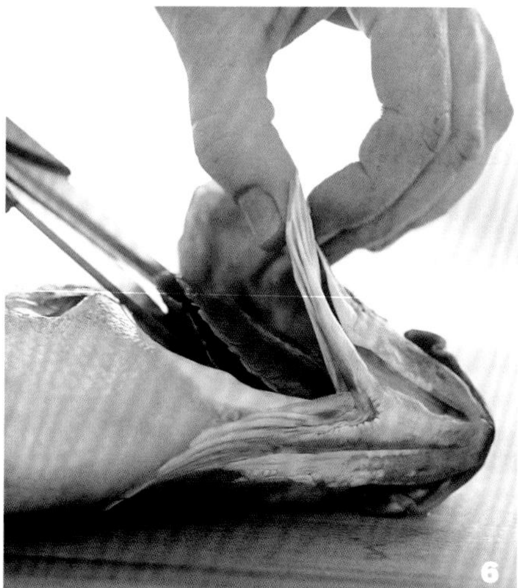

4 去掉所有残留的鱼鳞

用硬实的厨刀刀背，刮掉所有残留的鱼鳞，从鱼尾一直刮到鱼头。

5 刮掉鱼腹腔里面所有的鱼血

用厨刀的刀尖，沿着腹腔内的脊骨将黏膜切开，然后刮掉并冲洗掉所有的血迹和内脏。

6 把鱼鳃剪掉

如果鱼鳃还在，用厨用剪刀把它们剪掉。用冷水把整条鱼里里外外冲洗干净并拭干水分。

从整条鱼上剔取鱼肉

1 在鱼头的下面切出一个口

将鱼肉从鱼头的一侧分离开：将鱼头向外，用鱼刀在紧挨着鱼鳃处斜着切割到鱼身厚度的中间位置。

2 沿着背部切割

从鱼的头部开始，用刀在鱼的背部划开，切透鱼皮，切进大约2.5厘米（1英寸）深的鱼肉里，一直切割到鱼尾处，并且能够看到脊骨。

3 沿着切口继续切割

利用厨刀的刀尖，用连续和平滑的动作，从鱼头开始沿着脊骨继续切割，以将上部的鱼肉分离开。

1

2

3

4

6

4 取下第一片鱼肉

提起鱼肉的边缘部分，以露出鱼骨。把鱼肉从鱼骨上切割下来，沿着鱼骨的曲线滑动鱼刀，以尽可能多地将鱼肉切割下来。取下第一片鱼肉。

5 切下第二片鱼肉

把鱼身翻过来，再斜切一刀，把鱼身和鱼头分离开。同样，沿着脊骨从头开始切割，以分离开上面部分的第二片鱼肉。

6 取下第二片鱼肉

像之前的做法一样切下鱼肉，沿着鱼骨的曲线滑动鱼刀。取下第二片鱼肉。根据需要，保留脂肪含量少的鱼的鱼骨，用于制作鱼汤或鱼汁（见条目295和296）。

122

剔去鱼肉上的鱼皮

1 抓牢鱼皮

将鱼肉的尾部靠近砧板的边缘处，用鱼刀或其他细长的刀垂直地切割鱼皮的位置，但不要切断鱼皮。

2 将刀从鱼肉下面滑切下去

抓紧鱼皮，将刀刃以略微向上的角度放置在鱼皮和鱼肉之间，刮掉鱼皮，把鱼肉冲洗干净。

123

切掉鱼肉上的刺

1 沿着刺的两侧切开

有些鱼肉上的刺很难拔出，应该用刀将其切除。将鱼肉上鱼皮那一面朝下摆放好。用剔骨刀或鱼刀，沿着刺的一侧切割，然后将另外一侧也切开。

2 将带有刺的鱼条拉出来

用手将带刺的细条形鱼肉拉出来并丢弃不用。这种方式非常适用于比目鱼，或者当你把鱼肉切成块状，用来制作如酸橘汁腌鱼的时候。

124

拔出鱼肉上的余刺

1 触摸到刺

将鱼肉上鱼皮那一面朝下摆放好。用手指在中间位置处沿着鱼肉触摸。如果感觉到刺的尖端向上翘起，那么刺仍然还在。

2 拔出刺

用鱼钳或尖嘴钳将刺一根一根地拔出来，抓住每根刺的尖部，斜着向上拔出。这种方法会保持整块鱼肉的形状不变。

将鱼肉分切成份

1　注意观察鱼肉的角度

注意观察鱼肉最厚的部位，可能要呈一定的角度进行分割。把刀放在要分割的位置上，注意刀刃的角度。在分割的时候需要保持同样的角度握住刀。

2　将鱼肉按照重量分割成两半

估算出鱼肉的中间点，记住因逐渐变窄而造成的重量差异。用刀将鱼肉切成重量大体相等的2块。

3　将鱼肉分割成可供食用的分量

将每一块鱼肉分割成可供食用的分量（通常是每份125~185克/4~6盎司）。当分割到鱼尾的时候，鱼段更长一些。

4　按份称好重量以确保准确

如果切割得准确无误，应该让所有分割好的鱼肉重量大致相等，这样加热烹调成熟的时间也会相同。如果需要，使用厨房秤，以确保分量准确。

将生鱼肉切成小方块

1　将鱼去皮、去骨，并且加工修剪好

如果需要，将鱼肉去皮并且去掉所有的刺。用去骨刀或鱼刀，去掉所有白色的肌腱、结缔组织，和黑色的斑点。

2　将鱼肉切成片

注意肌肉纤维的走向。用去骨刀或鱼刀，把鱼肉顺着纤细组织纹理的方向切成片，片的厚度与你最后想要切割成小方块的宽度一致。

3　将鱼片切成条

将一两片鱼片平放在砧板上，将鱼片切成横截面为正方形的条。

4　将鱼条切成小方块

把这些鱼条排好，一次排好几条，然后把它们横切成均匀的小方块或丁。一定要保持鱼肉的低温，直到烹饪。

目测鱼肉的成熟程度

127

切开鱼肉

用去皮刀的刀尖，切割开鱼肉。除非你把鱼加热到三成熟的程度，否则鱼肉的内部应该呈不透明状，但仍然非常湿润。

疑难解答

烹调过度的鱼肉看起来会发干，会非常硬，当切割时，鱼肉会分散开。为了防止过度烹调，要定时检测鱼肉的成熟程度，如左图所示。

通过温度和质地来测试鱼肉的成熟程度

128

1 通过温度计测试鱼肉的成熟程度

将即时读取式温度计插入鱼肉中最厚的部位（通常是靠近头部的部位），但不要穿透鱼肉进入腹腔里。大多数鱼肉在达到46~52℃（115~125℉）时就会成熟。

2 凭感觉测试鱼肉的成熟程度

在鱼肉最厚的部位插入一个竹扦。它应该很容易插入，几乎没啥阻力。或者，用下唇测试竹签的温度，应感觉到比较温热。

蒸纸包鱼

用纸包住鱼加热烹调，这种烹饪方法结合了烘烤的便利性和蒸法的保湿性。来自鱼肉、蔬菜和香草黄油的汁液混合在一起，形成了一种清淡可口的酱汁。

原材料

4条红鲷鱼，或者其他肉质结实、味道清淡的鱼肉，每条125~185克（4~6盎司）

60克（4汤勺/2盎司）的无盐黄油，常温

4~6枝新鲜香芹

3~4枝新鲜百里香

3~4根新鲜细香葱

粗盐和现磨碎的胡椒粉

1个茴香头（又叫意大利茴香，学名球茎茴香），大约340克（3/4磅），切成薄片

1根胡萝卜，切成丝

4茶勺干白葡萄酒如白苏维农

可供4人食用

1 制作纸包

将烤箱预热至200°C（400℉）。切出4张烘焙纸，每一张为30厘米×38厘米（12英寸×15英寸）。将一张烘焙纸铺设在干燥的台面上，长边朝向自己，对折成两半。在折叠位置两侧大约2.5厘米（1英寸）处，分别做出两个折痕，但不要在中间位置做出折痕。

2 将鱼摆放到烘焙纸上

用剪刀将外侧开口的角剪下5厘米（2英寸），这样更容易折叠。打开烘焙纸，摆放好鱼肉，将带有鱼皮的一面朝下，离折叠位置为2.5厘米（1英寸），离另外三个边至少要留出5厘米（2英寸）的距离。

6 密封好纸袋

当折叠到另外一端时，把纸袋的末端扭紧几下，以把纸包密封好。将折痕再次按压一遍，以确保纸包已密封好。这样就可以保证蒸汽留在纸包里。把纸包摆放到带边的烤盘里。重复此步骤以密封好剩余的纸包。

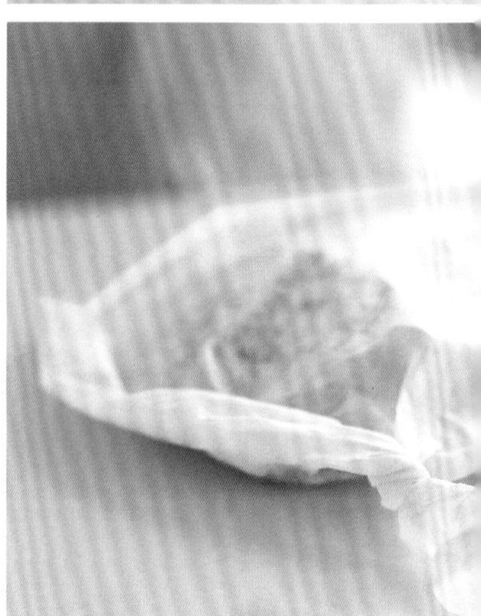

3 加入蔬菜和黄油

将黄油、香芹、百里香、细香葱，以及少许的盐和胡椒粉混合到一起。将1/4的茴香片和胡萝卜丝撒到鱼上，然后淋上1茶勺的干白葡萄酒。将1/4的香草黄油涂到烘焙纸上折叠位置的另外一侧。重复操作以制作出剩余的纸包。

4 将鱼肉包好

把烘焙纸折叠过来盖在鱼和蔬菜上，使烘焙纸的边缘处相互对齐。从折叠过来的离你最近的相互对齐的一端开始，将烘焙纸的一角朝向鱼肉的方向折叠，折叠出折痕，并创建出一个新的角。

5 做出一系列的折痕

将这个新的角向中间折叠，再次折叠出折痕，创建出另外一个新的角。继续以这种方式沿着纸包进行折叠，在鱼肉的周围制作出一个弧形的镶边。

3

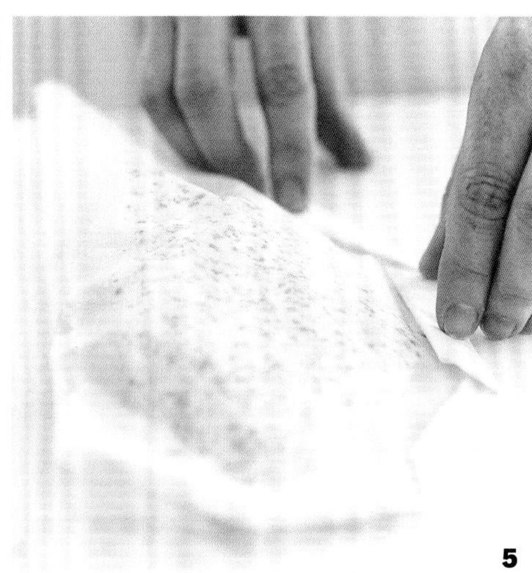

5

7

7 烘烤纸包鱼

将烤盘放入烤箱里烤，直到纸包膨胀起来并开始变成棕色，需要7~9分钟。要测试鱼肉的成熟程度，将一根竹扦穿透纸包插入鱼肉中最厚的部位，让它停留几秒钟，然后拔出来，立即将竹扦的尖部位置触碰下唇。如果非常热，表示鱼肉就成熟了。

130 食谱类

水煮三文鱼

用水煮，或者用小火加热在汤汁中慢炖，是保留三文鱼和其他鱼类（金枪鱼、大比目鱼，以及鳕鱼）细腻柔滑质地的最佳方法之一。在这道食谱中，一种制作简单但味道非常浓郁的煮鱼高汤充当了煮鱼的媒介。

原材料

- 1个大的黄皮或白皮洋葱，切成厚片
- 1.5升（6杯/48盎司）水
- 250毫升（1杯/8盎司）干白葡萄酒如白苏维农
- 2~3枝新鲜龙蒿
- 2~3枝新鲜香芹
- 6粒胡椒
- 1片香叶
- 1条三文鱼肉，大约907克（2磅）
- 1茶勺粗盐
- 1/4茶勺现磨碎的白胡椒粉
- 荷兰酱汁（见条目279），用于佐餐，可选
- 可供6人食用

1 制作煮鱼高汤

在大号不锈钢少司锅中加入洋葱片、水、葡萄酒、龙蒿、香芹、胡椒粒和香叶。用中大火加热至水的表面产生出的小气泡破裂开。改用小火加热，直到汤汁散发出一股浓郁的香草味，大约需要20分钟。

2 将高汤过滤

用垫有纱布（细棉布）的细网筛将液体过滤到耐热盆中，将固形物丢弃。把高汤倒回锅里，放在一边静置备用。

6 煮鱼

调整火候，一定不要让高汤烧开，以表面上不时冒出一两个气泡为佳。每2.5厘米（1英寸）厚度的鱼肉大约需要煮10分钟。在最后一两分钟时，用一根竹扦测试鱼肉的成熟程度。竹扦应该能轻而易举地插入鱼肉中最厚的部位，但是当竹扦插入中心位置还未成熟的鱼肉时，会遇到一点阻力。当中心位置只剩下一点未成熟的部分时，将锅从火上端离开。

3 将鱼肉按份切割好

将鱼肉去皮。检查鱼肉以确定是否有刺。如果有的话，将刺拔出并丢弃。用厨刀将鱼肉切割成均等的6份。

4 根据需要，对切成份的鱼肉称重

如果需要的话，在分割鱼肉的时候，可以使用秤来分别称量。一般每份鱼肉为155~185克。用盐和白胡椒粉在鱼肉的两面调味。

5 将鱼块放入汤汁里

将装有高汤的锅用大火加热。当蒸汽开始从高汤中冒出，但高汤还没冒泡时，改用小火加热。把鱼皮那一面朝下，轻轻放入到温热的高汤中。

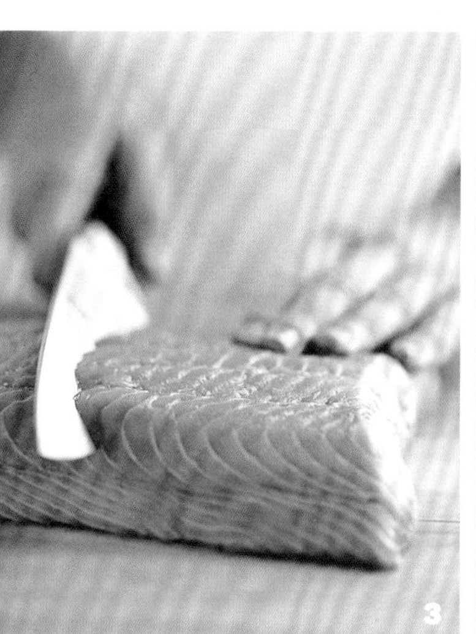

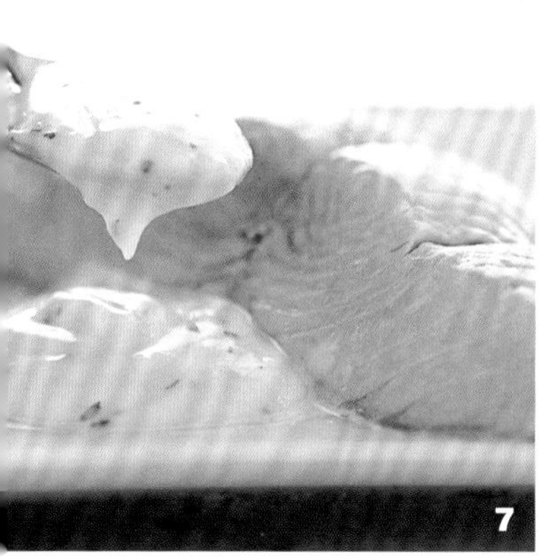

7 将鱼捞出控净汤汁并上桌

用纸巾快速把每块鱼肉上的水分拭干，然后摆放到热的餐盘里。配上选择好的酱汁，趁热食用。

油炸鱼柳

油炸使白色鱼柳产生了淡雅、香酥的质感和深金黄的色泽，这是任何其他的烹调方法都难以企及的。鱼柳上包裹的面粉有助于保护鱼肉不受高温影响，而面糊中的啤酒则增加了香甜风味和蓬松感。

原材料

125克（3/4杯/4盎司）通用面粉（普通面粉），多备出大约75克（1/2杯/2.5盎司）面粉，用于将鱼柳裹上面粉

3/4茶勺粗盐

250毫升（1杯/8盎司）棕色艾尔啤酒或琥珀啤酒

680~907克（1.5~2磅）去掉鱼皮的硬质白色鱼肉如鳕鱼、大比目鱼，或者大鲆鱼

1/4茶勺现磨碎的胡椒粉

花生油或玉米油、菜籽油，炸鱼用

可供6人食用

1 制作面糊

面粉与1/4茶勺粗盐搅拌匀。慢慢倒入啤酒，搅拌至刚好所有的面粉都是湿的；如果有少许小结块也没有关系。在室温下放到一边备用。

2 给鱼柳调味

将鱼肉切成大致相等的12条，厚度尽量均匀（每条鱼60克/2盎司）。将非常薄的尾部对折，或者将鱼皮的那一面朝里卷起来，使其与其他鱼柳的厚度基本一致。将剩下的1/2茶勺盐和胡椒粉均匀地撒在鱼柳上。

6 挂糊并炸鱼

当油温在180~182℃（350~360℉）时，可以炸鱼了。将裹有面粉的鱼柳浸入面糊中。用夹子将鱼柳从面糊中捞起，等待一两秒钟，让多余的面糊滴落，然后轻轻放到热油中。如果有防溅网（一个大的网，带有一个把手，正好能够覆盖过锅），可以将其立即盖到锅上。

3　工具摆放好

选择一个大的厚底锅。将下列物品靠近炉灶摆放好，这是为了方便油炸：装鱼柳的盘子；用来给鱼柳沾上面粉用的，装有剩余75克面粉的浅盘；盛放面糊的碗；夹子，用来将鱼柳放入热油用的。

4　管理好工具

在离厚底锅稍远的地方，摆放一个热的烤盘，上面放一个烤架和一个漏勺。也可以在烤架下面放几张纸巾来吸收炸油。要确保这个烤盘不要离炉头太近，否则纸巾可能会着火。

5　将鱼柳裹上面粉

往锅里倒入最多半锅油。将高温温度计夹在锅的一边上，用大火加热。与此同时，将三四条鱼柳在面粉中来回翻动使其均匀裹上面粉，然后将多余的面粉抖落掉，鱼柳上的面粉有助于将面糊挂到鱼柳上。

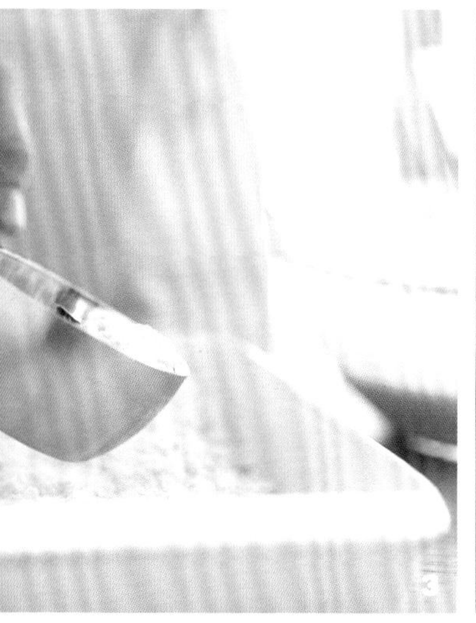

7　将鱼捞出控净油

将鱼柳炸至金黄色，大约需要3分钟，期间翻动一下。用漏勺将炸好的鱼柳捞出，在油锅上方控几秒钟的油，然后倒入烤架上，当炸第一批鱼柳时，将下一批鱼柳裹上面粉并挂上面糊。注意观察油温，根据需要调整火力。

132

煎鱼排

1 将鱼排裹上面粉

用盐和胡椒粉给鱼排调味。将煎锅用中大火加热，加入盖过锅底的橄榄油。同时，将鱼排裹上面粉，晃动几下将多余的面粉抖落掉。

2 煎鱼排

当油热之后，将尽可能多的鱼排放入锅内煎，不要紧挨在一起。煎至鱼排的底面成金黄色，大约需要2分钟。使用一把宽的铲子，将鱼排翻面。将另一面也煎至金黄色，大约需要1分钟。

133

灼烧（焗）鱼排

1 将鱼放入热锅里

将厚底耐热煎锅用中大火加热。加入薄薄一层橄榄油，转动锅使橄榄油完全覆盖住锅底，选择鱼排好看的那一面（这里使用的是三文鱼排），然后将这面朝下放入锅内。预热好焗炉。

2 灼烧鱼排的第一面

加热至鱼排的第一面至浅棕色，大约需要1分钟。然后用结实的曲柄铲将鱼排翻过来并将锅从火上端离开。

3 如果需要刷上增亮剂

快速在鱼排上刷增亮剂（这里使用的是蜂蜜和芥末混合物），在鱼排上涂刷上厚厚一层。将锅放到焗炉里，焗至增亮剂变成棕色，并且竹扦很容易插入鱼排的中间位置，或者在鱼排最厚的部位插入一个即时读取温度计，当显示的温度是49℃（120℉）即可，大约需要4分钟。

4 将鱼排上桌

使用铲子将鱼排铲至热的餐盘内并立刻上桌。

整条鱼的分割

1 将鱼摆放到餐盘里

整条鱼可以在餐盘里展示给客人。要把鱼盛放到餐盘里，可以使用铲子和大勺子。

2 割断鱼皮

用金属汤勺的边缘位置，沿着鱼身上部的背鳍纵向割断鱼皮。

在切割的时候，用另外一把汤勺把鱼固定住。

1

2

3

4

3 剥离开第一块鱼肉

将勺背沿着鱼骨并朝向鱼刺处滑动，以分离开这部分的鱼肉和鱼皮，用另外一把汤勺从顶部固定住鱼肉。

4 取出脊骨

一旦鱼身上部的所有鱼肉都与脊骨剥离开，将汤勺放在脊骨的下面滑动并抬起脊骨移走。这样可以取出脊骨下面的第二块鱼肉。

水果处理技法

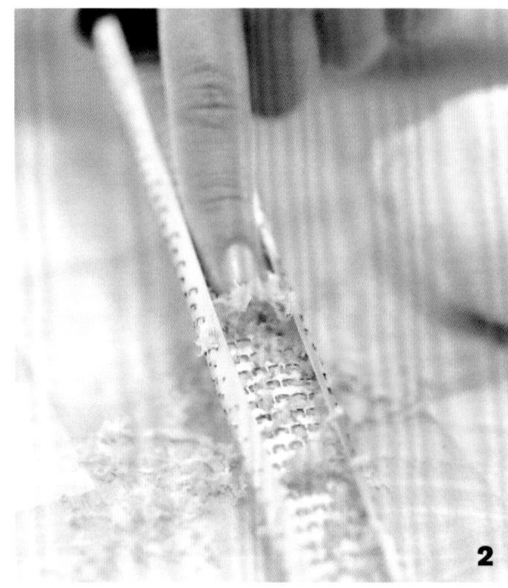

135 擦取柑橘类水果的外层皮

1 擦取水果的外层皮

整个的柑橘类水果最容易擦取外层皮。用研磨器或四面刨上的小研磨孔，只擦取带有颜色的外层皮部分，而不要擦取里面苦涩的白色外皮。

2 清理研磨器

将研磨器背面所有的外层皮刮取下来。在擦取外层皮之后，根据需要，可以将剩下的水果榨汁。

136 将柑橘类水果的外层皮切碎

1 削下水果的外层皮

如果需要更粗糙的外层皮，可以用削皮刀将外皮上带有颜色的部分呈条状削下来，注意不要削下白色的部分。

2 将外层皮切碎

将两三条外层皮摞到一起，然后用厨刀纵长切成非常细的条。再将这些细条横切成非常细的末状。

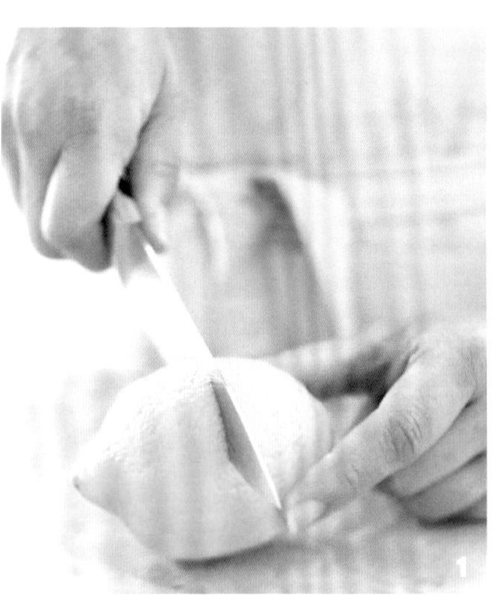

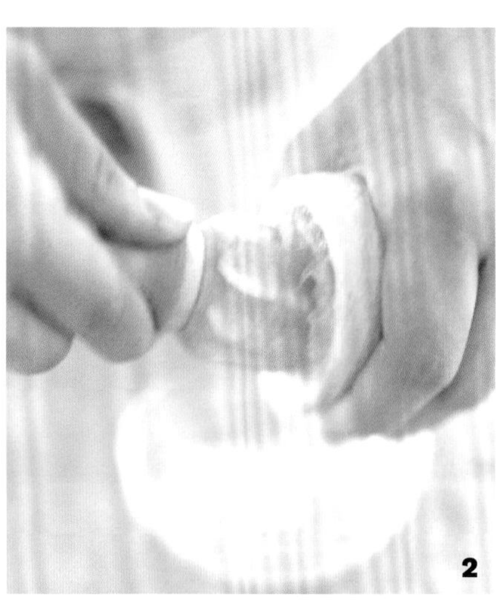

137 挤出柑橘类水果的果汁

1 将水果切成两半

将柑橘类水果用力滚压几下，以使果汁中的一些薄膜碎裂开。然后用厨刀将水果横切成两半。

2 将柑橘类水果挤出果汁

需要少量果汁时，可以使用柑橘类水果挤汁器。如果需要大量果汁，可以使用柑橘类水果压榨器或电动榨汁机。

柑橘类水果的分割切瓣处理

1 切掉水果的两端

用刀从水果的顶部和底部分别切下来一片，以露出果肉。

2 切掉果皮和白色外皮部分

将水果平放在砧板上，沿着水果的弧度，切掉所有的果皮和白色的外皮。

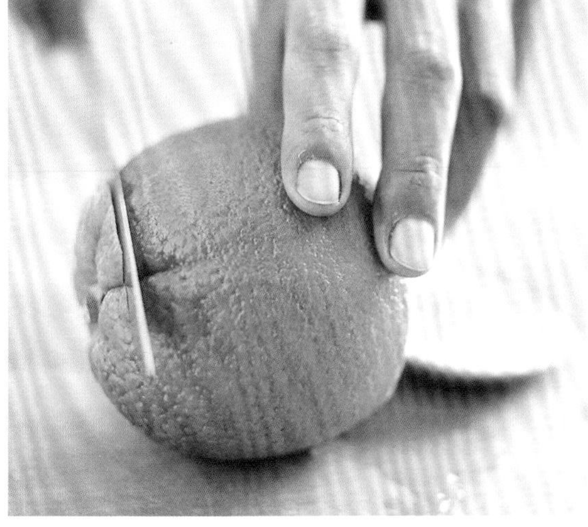

1

2

3

3 将所有残余的白色外皮都清理干净

第一遍很难把所有的白色部分都去掉，所以要再次清理，将水果略微倾斜，用轻微的锯切动作，把残留的白色外皮切割掉。

4 取出水果瓣

在碗的上方操作，将每一个水果瓣的两侧都切一个开口，以将水果瓣与筋膜分离开，让果汁落到下面的碗里。

4

139 苹果去皮和去核

1 削去苹果皮

用削皮刀从苹果茎端开始，将苹果皮从果肉上削下来。

2 将苹果切成四块

把去皮的苹果从茎部到花端切成两半。把切半苹果的切面朝下，再切成两半，就成了1/4的块状。可以用切好的柠檬在果肉上涂擦，以防止苹果变色。

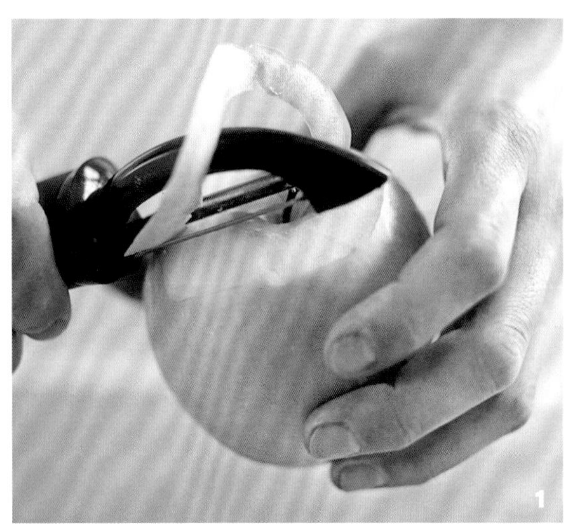

3 切掉果核

用去皮刀切出一个V形并去掉果核。

4 整个苹果去核

要将整个苹果去核，要牢牢抓稳苹果，然后将去核器直接向下穿透苹果。

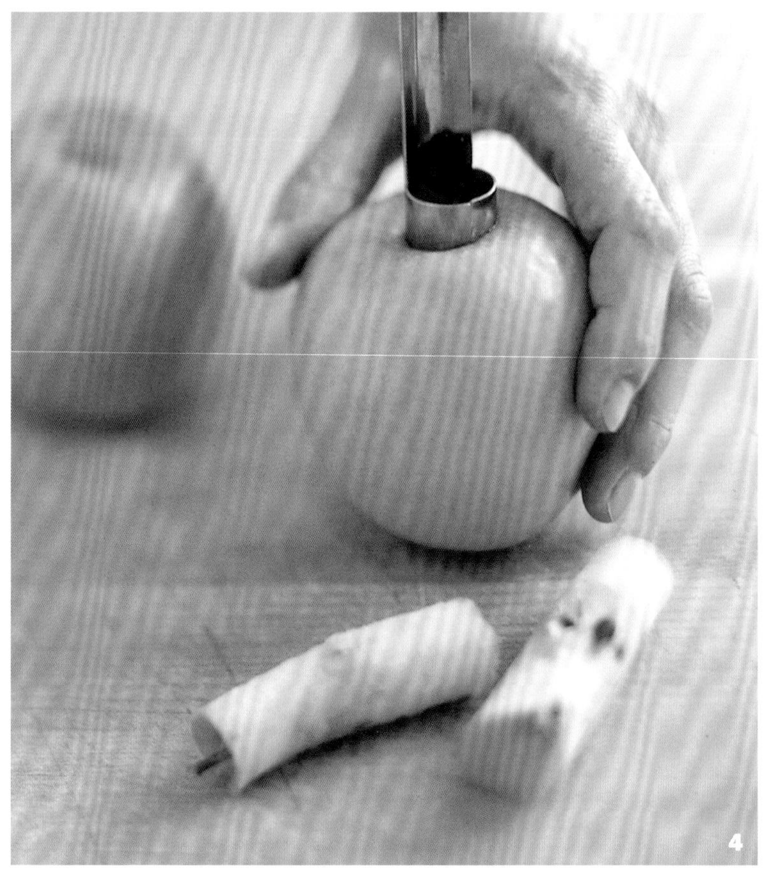

梨去皮和去核

1 削去梨皮

从梨的茎端开始，用削皮刀把梨皮削掉。

2 将梨切成两半

去皮之后的梨会很滑，所以一定要用一只手把它固定在砧板上。用刀把梨纵向切成两半。可以用切好的柠檬涂擦梨肉，以防止变色。

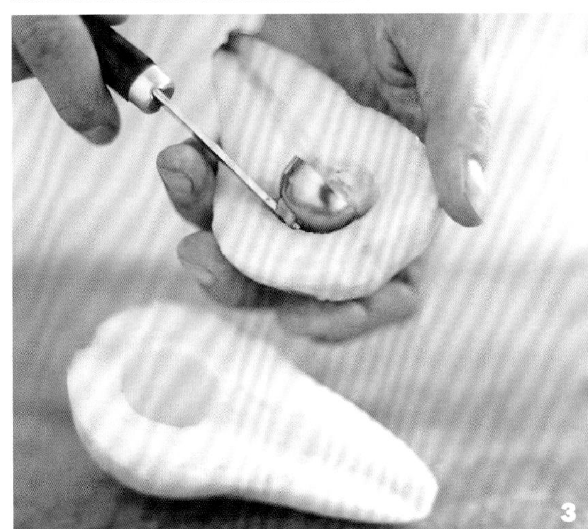

3 挖出果核

使用挖球器从切成两半的梨中挖出果核。

4 整个梨去核

要将整个梨去核，同时要保持梨的茎端完好无损，可以用挖球器将籽和硬核从梨的花端挖出来。

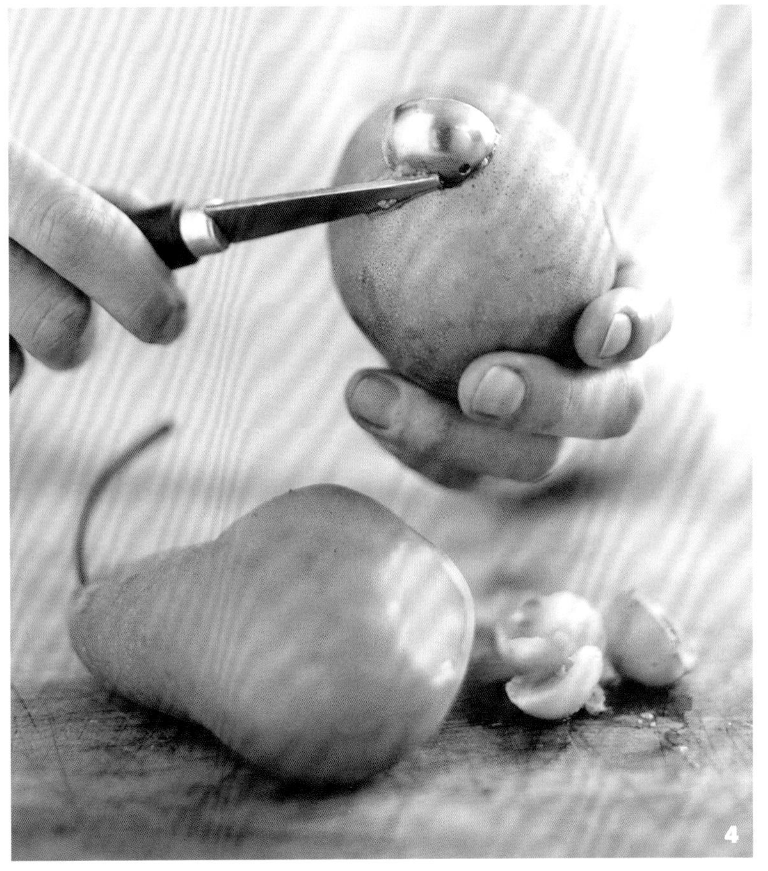

141 核果类水果的去皮

1 在底部做出刻痕

桃子、油桃、李子和其他薄皮水果去皮的最佳方法是烫一下。首先，用去皮刀在水果的底部切出浅的X形。

2 浸到开水中

用漏勺将水果浸入开水里。静置一会儿，烫到外皮松弛，需要15~30秒，根据它们的成熟程度而定。

1

2

3

4

3 将水果浸入冰水里冷却

立即将水果浸入冰水里。这个步骤，称为“骤降”，阻止水果继续加热。

4 将水果去皮

当水果冷却到可以用手拿取的时候，找到X形切口。沿着切口撕去皮。

去掉水果核

142

1 将水果切割成两半

将水果纵长切割成两半，小心地在中间位置绕着果核切割。反方向扭动切成两半的水果以使得它们分离开。

2 将水果去核

用刀尖轻轻地在果核下面将其挖出。

樱桃去核

143

1 用去皮刀将樱桃切开

用去皮刀把樱桃切成两半。反方向转动两半樱桃，使它们分离开。用刀将果核撬出来。

2 用樱桃/橄榄去核器

在樱桃/橄榄去核器的托架上，放置去掉梗的樱桃，去掉梗的那一面朝上。握住去核器并向下按压，将果核推出。

去掉草莓蒂

144

1 在靠近茎根处插入刀尖

将茎叶掰起来。将去皮刀以一定的角度插入草莓果肉里，一直到草莓顶部的中间位置处。

2 切下蒂

沿着萼片将草莓蒂切下来。

145 甜瓜的刀工处理

1 将甜瓜切成两半

一只手扶稳甜瓜。用厨刀小心而稳当地把甜瓜横着切成两半。

2 将籽挖出来

用大勺子将甜瓜中间的籽挖出来丢弃。有时候将甜瓜略微倾斜一些会有助于拿稳甜瓜。

3 将半个甜瓜切成V形块

将半个甜瓜空心朝上摆放好，再切成两半，共切成4个V形块。

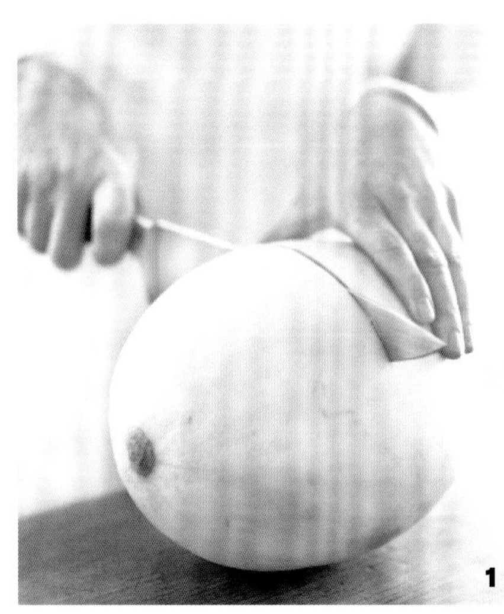

4 去掉瓜皮

将每块甜瓜顺着V形的曲线切下皮。

5 将V形甜瓜切成小块

把每块V形甜瓜的一个切边摆放到砧板上，纵向切成均匀的半圆形。

6 将半圆形甜瓜切成大体相同的方块

将一两块甜瓜摞起来，横切成大体相同的方块。

西瓜的刀工处理

1　将西瓜切割成V形

将西瓜切割成两半，然后将切成两半的西瓜再切成两半，成为大的V形。

2　从瓜肉上切掉瓜皮

沿着瓜皮的曲线弧度，将瓜肉从瓜皮上切下来。

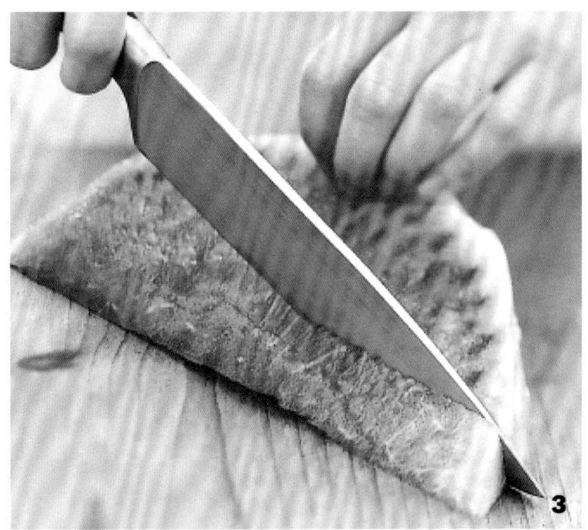

3　将V形西瓜切成条状

如果西瓜有籽，轻轻把籽挖出来。把V形西瓜块切面朝下摆放好，用厨刀纵向切成均等的条状。

4　将西瓜条切成方块

一次摆好两三条西瓜，横着切成大体相同的方块。

147

芒果的刀工处理

1 将芒果去核

将芒果的窄边那一面立起来摆放到砧板上，让它的茎端朝外。用刀切下两片果肉。

2 刻划果肉

将芒果切面朝上，摆放到砧板上，用刀在果肉上刳出十字刀纹。

3 翻转外皮

用双手抓住芒果的两端，将果皮向上推，露出方块形的芒果果肉。

4 切下芒果块

用刀小心地沿着芒果块的底部切下芒果肉。

148

木瓜的刀工处理

1 削去外皮

用削皮刀从木瓜的茎端削到花端去掉外皮。用厨刀把木瓜纵长切成两半。

2 挖出木瓜籽

用大勺子将木瓜籽挖入到小碗里。木瓜籽可以食用，如果需要，可以洗净后加入沙拉或其他菜肴中，以增加多变的口感。

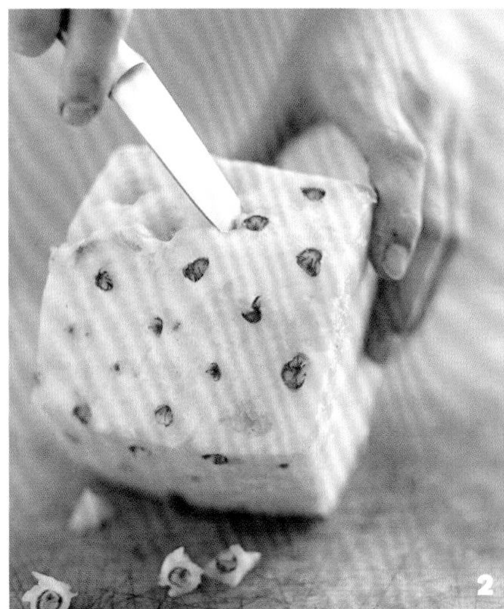

菠萝的刀工处理 149

1 削掉外皮

用锯齿刀切掉菠萝的头部和底部。把菠萝竖着摆放在砧板上，沿着菠萝的弧度曲线呈长条状削掉菠萝的外皮，留下棕色的果眼。

2 去掉果眼

用刀挖去果眼。

3 将菠萝切成片

用锯齿刀将菠萝穿过果心横着切成片。

4 去掉果心

用去皮刀将菠萝片中间硬质的果心切掉。

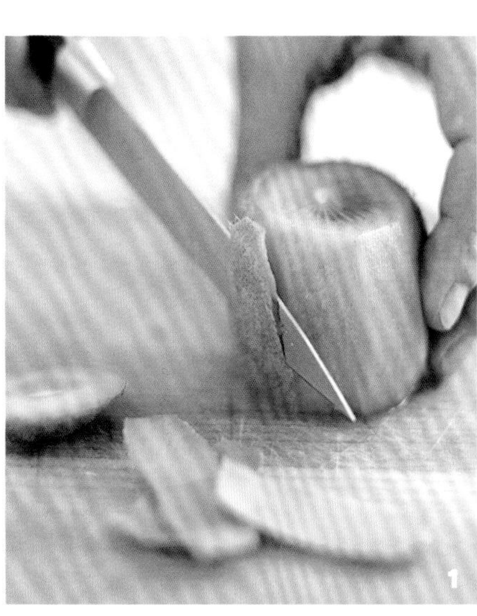

猕猴桃的刀工处理 150

1 去掉带有绒毛的外皮

用刀将猕猴桃的两端切掉。将猕猴桃竖立起来，沿着猕猴桃的外皮弧度曲线，将皮削下来。

2 将猕猴桃切成片

将去皮后的猕猴桃平放在砧板上，横着切成片。

炖干豆

1 挑选干豆

将干瘪的或坏掉的干豆丢弃掉，一并将小石子等杂质扔掉。把干豆洗净，倒入大号少司锅里。

2 浸泡干豆

加入没过干豆5厘米（2英寸）的水，并至少浸泡8小时（快速浸泡法：用大火将水烧开，改用小火加热2分钟，让干豆在水中冷却）。

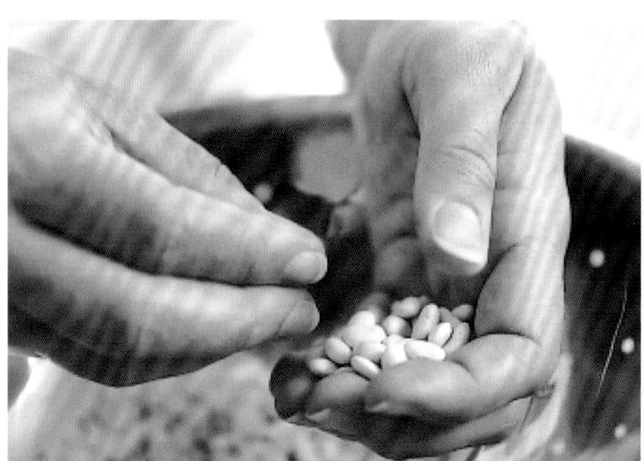

3 加热干豆

把豆子沥干水分，再倒回少司锅里。加入水或高汤盖过豆子，用大火加热至微开。然后调至中小火炖干豆，盖上一部分锅盖，直到炖熟，需要45~55分钟。

4 将豆子控干汤汁

根据需要，控干汤汁。

制作豆泥

1 加工豆子

将控干水分的熟豆子放入食品加工机里搅打至粗泥状。不时停下机器，用硅胶抹刀沿着桶壁将豆泥刮到桶里。

2 稀释豆泥

一边搅打一边慢慢倒入高汤、水或煮豆汤汁，直到豆泥达到所需要的浓稠程度。它应该足够浓稠，能够保持其形状不变（不流淌）。

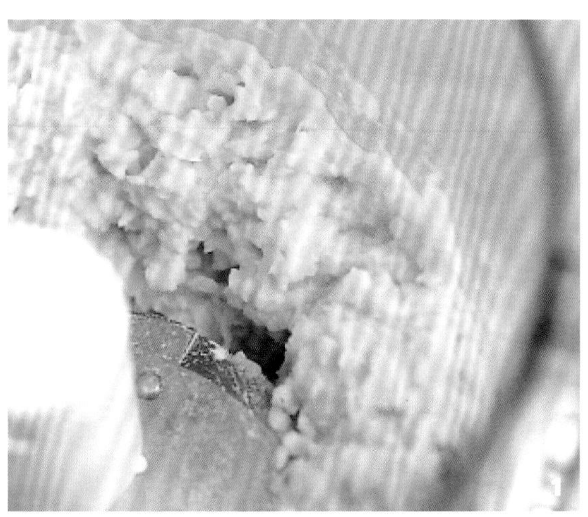

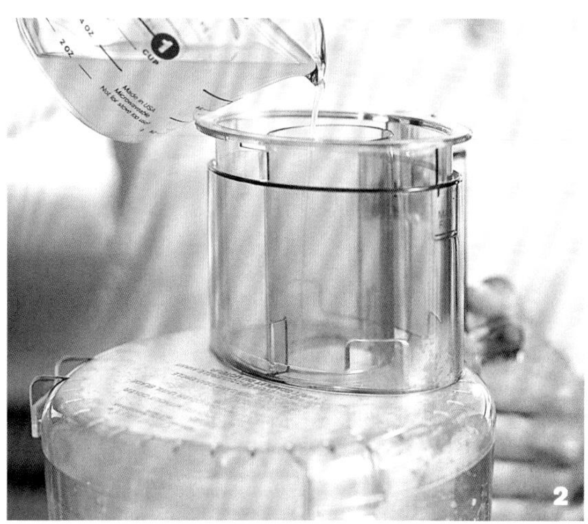

3 加入风味调料

一边搅打一边加入液体风味调料如橄榄油或柠檬汁等，这样它们就会与豆泥完全混合到一起。

4 调整口味

把混合好的豆泥倒入碗里。在此时，你可以将任何喜欢的原材料拌入：保留下的整粒豆子、新鲜的香草、香料，以及盐和胡椒等。冷藏至少1小时，使风味融合。

153

焖长粒米饭

1 将米倒入水里

将$1^3/_4$份水，1份米，以及少许盐加入电饭锅（有些食谱要求将米漂洗干净至水变清）。

2 盖上锅盖并焖米饭

打开开关将米饭煮熟，需要15~20分钟。

3 松动米饭

让米饭在锅里捂5～10分钟，在上桌之前，先用叉子"松动"米饭。

4 其他种类米的烹调

要烹调短粒米或中粒米（图上方），可以使用1.5份水；要烹调糙米（图右侧），可以使用2份水并加热更长时间；要烹调野米（图左侧，网店有售），可以使用3份水并加热大约1小时。

制作肉米饭（皮拉夫饭）

1　将原材料炒香

将有锅盖的厚底少司锅用中火加热，加入少量黄油或橄榄油。如果菜谱中要求加入芳香型原材料如洋葱末或大蒜末，此时加入，炒至半透明状，然后再加入米。

2　将米拌入锅内

将米加入，不断翻炒，直到米粒都包裹上了黄油或橄榄油并热透。

3　倒入热高汤

每1份米加入$1\frac{3}{4}$份热高汤，用大火加热烧开，不时搅动一下米粒。调小火，盖上锅盖，焖至米粒变软，需要15~20分钟。

4　松动米饭

关火让米饭闷5~10分钟，在上桌之前，先用叉子“松动”米饭。

155

加工制作玉米糕

1 将玉米粉加入烧开的液体中

用大火加热厚底少司锅，将5份的高汤或水烧开，并加入一大撮盐。呈细流状加入1份黄色粗玉米粉（玉米面），用打蛋器不时搅拌以防止结块。

2 加热玉米粥

将火调小慢煮，不断搅拌，一直搅拌到提起打蛋器，粥可以从搅拌器上滴落下来，需要20～45分钟。

3 拌入各种风味调料

将锅从火上端离开，根据需要，拌入黄油和擦碎的帕玛森奶酪。可以趁热食用，或者按照步骤4制作成硬质的玉米糕。

4 制作硬质玉米糕

把软的玉米粥倒进涂抹了黄油的烤盘里，然后摊均匀。盖好并冷藏至硬实到足以切成各种形状，至少需要2小时。在上桌之前，将玉米糕块煎好或铁扒好。

156

碎小麦的加工处理

1 浸泡碎小麦

在耐热碗中加入1份碎小麦和两份开水，盖上保鲜膜，静置至变软，大约需要1小时。

2 加热烹调碎小麦

将1份碎小麦和2份水入锅，用大火烧开，然后改用小火，加盖焖煮10~12分钟。

加工制作粗麦粉（古斯米）

157

1 加热粗麦粉

粗麦粉有两种：普通型和速溶型。对于普通粗麦粉，将1份粗麦粉放入2份烧开的液体中煮10分钟，然后盖上锅盖，熄火静置15~20分钟即可。对于速溶粗麦粉，将1份粗麦粉搅入1份烧开的液体中，盖上锅盖，熄火静置5~10分钟即可。

2 松动粗麦粉

在粗麦粉吸收完水分之后，用一把叉子“松动”粗麦粉后上桌。

扁豆的加热烹调

158

1 挑拣和清洗扁豆

将扁豆挑拣好，倒入冷水碗里，把漂浮在表面的扁豆扔掉。将扁豆捞出并清洗干净。

2 炖扁豆

将扁豆放入少司锅内，用冷水没过扁豆5厘米（2英寸）。用大火烧开，然后把火调小，炖至扁豆变软。对于红扁豆或黄扁豆，需要加热8~10分钟。如果是绿色或棕色扁豆，需要加热30~45分钟。上桌之前控净汤汁。

制作燕麦粥

159

1 配备好燕麦和水

90克（1杯/3盎司）燕麦片配500毫升（2杯/16盎司）水。185克（1杯/6盎司）燕麦粒配625毫升（2.5杯/20盎司）水。

2 加热麦片

大火加热厚底少司锅，将水烧开，拌入麦片，把火调小，不盖锅盖，不时搅拌一下，直到燕麦变软并呈乳脂状，燕麦片需要5~8分钟，燕麦粒需要20~25分钟。

基础意大利调味饭（意式烩饭）

意大利调味饭是意大利人将最简单的食材制作成美味佳肴的典范。在意大利，它常当作第一道菜或开胃菜，很容易与蔬菜、奶酪、家禽或海鲜等形成各种丰富的搭配。

原材料

1.5升（6杯/48盎司）鸡高汤（见条目298）

60毫升（1/4杯/2盎司）特级初榨橄榄油

75克（1/2杯/2.5盎司）切成细末的黄皮洋葱

440克（2杯/14盎司）意大利圆粒米或卡纳罗利米（产于意大利，称为“米中之王”，味道微甜，口感筋道）

260毫升（1杯/8盎司）干白葡萄酒如白苏维浓干白葡萄酒，常温下

1~2汤勺无盐黄油

帕玛森奶酪（擦碎）适量，可选

盐和现磨碎的胡椒粉

可供6人食用

1　加热高汤

中火加热少司锅，将鸡高汤加热至微开。调到微火保温。

2　炒米

大号厚底锅里的少许油用中火加热，加入洋葱煸炒至变软，大约需要4分钟。加入大米翻炒至米粒都包裹上油，并且中间有一个白点，呈半透明状，大约需要3分钟。

5　检查米饭的浓稠程度

加热大约20分钟之后，尝一下米饭。当成熟后，米粒咬起来很软，但中间稍微有点硬，调味饭看起来呈乳脂状。如果还没有完全煮熟，可以继续加热，根据需要加入更多高汤。

3 吸收一勺高汤

加入葡萄酒并继续加热，不停翻炒，直到葡萄酒被大米完全吸收。加入一小勺热高汤并继续加热，不停搅拌，直到高汤几乎完全被吸收。

4 继续加入高汤

继续加入少量高汤，搅拌米饭，直到高汤几乎全部被吸收。这个过程大约需要20分钟。留出大约60毫升（1杯/2盎司）鸡汤。

6 拌入风味调料

将调味饭从火上端离开。拌入黄油、帕玛森奶酪，以及适量盐和胡椒粉，立刻上桌。

更多风味的意大利调味饭

芦笋风味调味饭

将375克（12盎司）切成5厘米（2英寸）长的芦笋焯水，至刚好成熟即可，放到一边备用。按照食谱的步骤制作基本的意大利调味饭。在步骤6中，与黄油一起加入焯过水的芦笋，并继续按照食谱制作。

蘑菇风味调味饭

在用中大火加热的大号少司锅中，熔化2汤勺无盐黄油，加入375克（12盎司）洗净的什锦蘑菇片，翻炒至变软，大约需要5分钟，加入1.5茶勺切碎的新鲜百里香，放到一边备用。按照食谱的步骤制作基本的意大利调味饭。在步骤6中，加入蘑菇混合物和黄油，并继续按照食谱制作。

四种奶酪调味饭

按照食谱的步骤制作基本的意大利调味饭。在步骤6中，去掉黄油，拌入90克（1/2杯/3盎司）常温下的马斯卡彭奶酪、30克（1/4杯/1盎司）的戈尔根朱勒奶酪碎、30克（1/4杯/1盎司）擦碎成细末的帕玛森奶酪，以及30克（1/4杯/1盎司）擦碎成细末的阿齐亚戈奶酪，并继续按照食谱制作。

161

铁扒知识应知应会

装配燃气铁扒炉

1　固定燃气管线

按照制造商对铁扒炉的使用说明，将铁扒炉的燃气管线固定到气罐上或者其他的燃料源上。

2　点燃铁扒炉

按照制造商的说明书，把气阀转到“打开”的位置。打开铁扒炉盖，拧开炉头开关。按照食谱的要求调整火力大小。

162

使用烟熏箱中的木片

1　将干燥的木片放到烟熏箱里

烟熏箱通常由铸铁制成，打开排烟盖，在烟熏箱底部加入少量干燥的木片。

2　点燃木片

点燃干燥的木片，当完全点燃之后，加入湿的木片，一次加入一小把，形成一个烟熏源。

163

使用锡纸包装的木片

1　制作一个锡纸包

将一块30厘米×40厘米的锡纸对折，在锡纸的中间位置放上一把干燥的木片。折叠锡纸并盖过木片，并将三个开口的边缘处卷起压实，将表面撕开，以露出里面的木片。

2　点燃木片

将锡纸包直接摆放到加热元件上，直到干燥的木片点燃。加入浸湿过的木片，每次一小把，放在干燥木片的上面，形成一个烟熏源。

使用烟囱引燃器

1　填充烟囱引燃器

烟囱引燃器是一种简单的引燃木炭的方法，并且它不会给食物带来其他的味道。取下铁扒炉架，把烟囱引燃器倒过来放在火床上，塞入团起的报纸。

疑难解答

如果团起来的报纸太紧密，就会阻碍氧气的流动，并且阻止了报纸的燃烧。只需要两三张皱巴到一起的报纸即可。

1

2

3

2　加入木炭

将烟囱引燃器和报纸上下翻过来，报纸放在底部位置。向烟囱内添加煤球或硬木木炭。

3　点燃报纸

点燃报纸，火焰会升起并点燃木炭。

165 直接加热式炭烧铁扒炉

1 将已点燃的木炭倒在火床上

当烟囱引燃器中的木炭被一层白灰覆盖时，使用耐高温手套将烟囱点燃器翻转过来并将木炭倾倒在火床上。

2 把木炭堆积好形成加热区域

使用长柄火钳，在火床占1/3的面积上，将木炭堆积成2~3层的厚度。用另外1/3的面积将木炭堆积成1~2层的厚度，剩下的1/3面积不放置木炭。

166 间接加热式炭烧铁扒炉

1 将炭火堆积到铁扒炉内的两侧

将木炭倒入火床上之后，用长柄火钳将木炭均匀地堆积到烤架的两侧位置，中间不要有木炭。

2 在中间摆放一个集油盘

在木炭的中间位置放置一个铝箔盘，用来接住滴落的油脂，并为烤架创建出一个温度较低的区域。在盘内加入半盘水。

在炭烧铁扒炉里使用木片

1　浸泡木片

将少量硬木片如牧豆树木、山胡桃木或樱桃木等，放在一个大盆里，加入没过木片的水。浸泡至少30分钟。

2　堆积木炭

为间接加热式铁扒炉配置好烤架（见条目166）。将集油盘放在中间，并加入半盘水。

3　加入木片

将少量浸湿的木片直接撒到热木炭上。潮湿的木片会阴燃，在加热铁扒时会慢慢释放出带有芳香风味的烟雾。

4　摆放上铁扒炉架

将铁扒炉架摆放到炭火的上方，并根据食谱要求加热铁扒食物。根据需要添加木片，以维持烟熏源。

168 给铁扒炉架涂上油

1 把卷好的纸巾浸到油里

将适量菜籽油倒在一个小的容器里。把4张纸巾对折，然后紧紧地卷成一个圆筒形。用钳子夹住卷好的纸巾，把它们浸到油里。

2 用浸过油的纸巾涂刷炉架

使用钳子夹住浸过油的纸巾涂抹炉架。涂上油可以防止食物尤其是鱼和其他易碎的食物粘在炉架上，使炉架更容易清理。

169 清理铁扒炉架

1 用钢丝刷刮擦铁扒炉架

在使用铁扒炉之前和之后，在铁扒炉架还是热的时候，用一个长柄钢丝刷刮掉所有粘在炉架上的食物残留。这是铁扒炉维护的一个重要步骤。

2 盖上炉盖

当使用完铁扒炉之后，要确保燃气铁扒炉的炉头是关闭的，并盖上炉盖。对于炭烧铁扒炉，关闭铁扒炉一侧的通风口，以抑制氧气的流动。

烤出交叉的纹路 170

1 将食物排好

把食物放在预热好的铁扒炉架上，确保每一块都朝着同一方向。记下食物放在炉架上的顺序，这样就知道该先翻动哪一块了。

2 转动食物

让食物在不动的情况下加热到所需要时间的1/4后，会形成美观的铁扒纹路。用夹子将每一块食物转动90度，继续加热至所需时间的1/2。

3 把食物翻过来

从第一块食物开始，依次翻面，再把它们按同样的方向排列好。

4 在另外一面上烤出交叉的纹路

重复步骤2和步骤3至烤熟。

木板铁扒 171

1 浸泡木板

在一个烤盘或水池里，将硬木板浸泡到冷水里，至少要浸泡2小时或一晚上。拿出木板控净水。准备好一个木炭或燃气铁扒炉，用中火间接加热。

2 准备铁扒炉并加热烹调

把鱼肉摆放到木板上，移到烤架上温度较低的地方，开始加热。有些食谱要求在铁扒成熟之前将木板烧焦。

薄荷、罗勒、鼠尾草的加工处理

1 香草的挑拣

大叶片的香草类如罗勒（图①）、鼠尾草（图②）和薄荷（图③），可以切片或切碎。选择鲜绿色、叶子芳香的香草枝。不要叶子枯萎或变色的香草枝。

2 将叶子从茎上摘下来

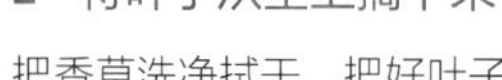

把香草洗净拭干。把好叶子一次一片摘下来。将茎秆和所有变色的叶子丢弃不用。

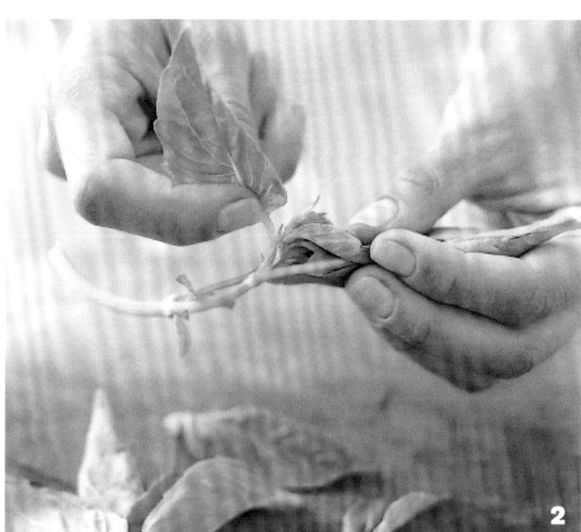

3 将叶子摞好卷起来

将五六片香草叶摞在一起，然后纵向紧紧地卷成一个圆柱形。

4 将香草叶切成丝带状

将卷紧的香草叶横着切成细条形。然后剁碎成小粒状。

龙蒿、香芹、香菜的加工处理

1 香草的挑拣

像龙蒿（图①）、（意大利）平叶香芹（图②）和香菜（图③）味道都非常柔和。选择鲜绿色、叶子芳香的香草枝。不要叶子枯萎的枝叶。

2 把叶子摘下来

把香草洗净拭干。捏住叶子从茎上摘下来。将茎秆和所有变色的叶子丢弃不用。

3 将叶子切碎

将香草叶大体切碎。

4 将香草叶切成细末或剁碎

聚拢香草叶，将香草叶切成小的均匀的粒状（细末）。

174 牛至、马郁兰、百里香的加工处理

1 香草的挑拣

小叶的、分枝的香草类，像百里香（图②）、马郁兰（图③）和牛至（图①），比其他香草类要更加坚韧一点。选择鲜绿色、叶子芳香的香草枝。不要茎或枝叶绵软的香草枝。

2 把叶子撸下来

把香草洗净拭干。手指顺着茎秆轻轻滑动将叶子从茎秆上撸下来。扔掉茎秆和所有变色的叶子。

3 将叶子切碎

将叶子粗略切碎。

4 将香草叶切成细末或剁碎

聚拢香草叶子将香草叶子切成小的均匀的粒状（细末）。

迷迭香的加工处理

175

1 取下木质茎秆上的叶子

迷迭香洗净拭干。用拇指和食指顺着茎秆向下推，或者把叶子从茎秆上掐来。

2 将叶子切成细末或剁碎

把迷迭香切成细末或剁碎，因为它有着强烈的味道，叶子还很锋利。

剪断细香葱

176

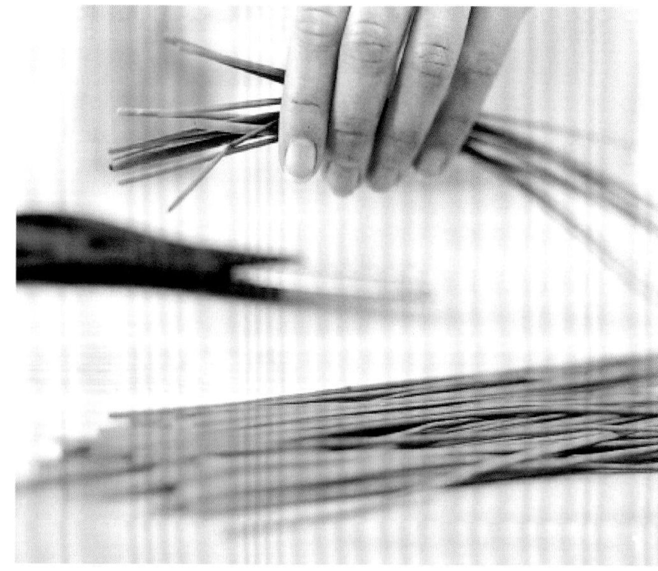

1 将细香葱归拢成一束

将所有枯萎的或变黄的细香葱丢弃不用，细香葱洗净拭干，归拢成一小束。

2 剪断细香葱

把细香葱剪成小段，或者按照食谱要求剪成稍长一点的段。

177

制作香料包

1 将原材料包起来

将一块边长25厘米（10英寸）的方块纱布洗净并拧干。把湿纱布铺在台面上，把香草或香料摆放到纱布中间。

2 用棉线捆好香料包

把纱布的四个角提起来聚到一起，用厨用棉线捆好，形成一个没有缝隙的牢固的香料包。

178

辣椒的加工处理

1 纵长将辣椒切成四半

许多厨师会在触碰辣椒的手戴上一次性乳胶手套，以防止辣椒刺激到皮肤。用去皮刀把辣椒纵向切成两半，然后切成四半。

2 去掉辣椒籽和筋脉

用去皮刀把辣椒的籽和筋脉切掉，可以减轻辣味。

3 将切成四半的辣椒切成条状

将辣椒切面朝上，摆放到砧板上。切成大约3毫米（1/8英寸）宽的细条。注意不要刺破手套。

4 将细条切成小丁和细末

把辣椒条排好，间隔3毫米横向剁成细末。

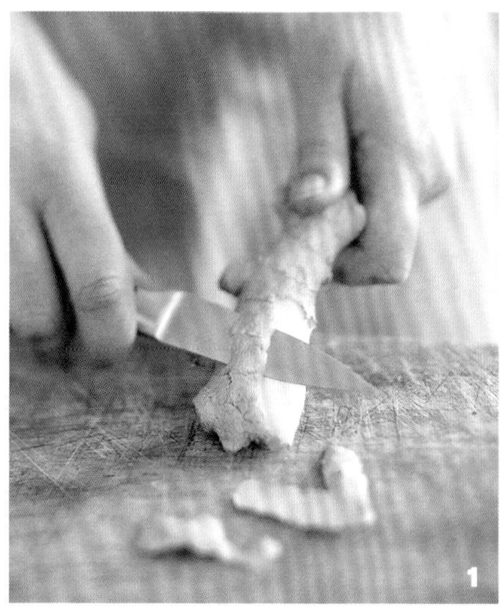

179 鲜姜的去皮和切末

1　把姜去皮

用去皮刀或削皮刀，把姜的棕色外皮削掉，露出里面浅色的姜肉（嫩鲜姜可以不去皮）。

2　把姜切成片

把姜切成大约3毫米（1/8英寸）厚的片状。

3　把姜切成丝

将姜片摞在一起，切成3毫米（1/8英寸）宽的丝。

4　把姜切成末

把姜丝排好，间隔3毫米横向切成末。

180 研磨豆蔻

1　研磨豆蔻

现磨碎的豆蔻风味比提前研磨好的好很多。将整个豆蔻放在研磨器上研磨成非常细的末状。

2　量出磨碎的豆蔻

使用量勺量出需要的豆蔻。一点豆蔻就会起到调味的作用。

烘烤和研磨整粒香料

1 将锅加热

在研磨之前先将整粒香料进行烘烤，会释放出其天然油脂，增强风味。用中火加热小号的干燥的煎锅。要测试煎锅的热度，把手放在煎锅的上方，掌心朝下。

2 加入香料

当掌心感觉到热气上升时，量好香料（这里使用的是小茴香），倒入锅里。

3 烘烤（干焙）香料

不停翻动香料或晃动煎锅，直到香料变得芳香四溢，颜色变成稍微深一点的棕色，大约需要1分钟。把锅从火上端离开。

1

2

3

4

5

6

4 将香料冷却

立即将烘烤好的香料倒入研钵或电动香料研磨机中，让其完全冷却，大约需要10分钟。

5 手工研磨香料

用研杵把冷却后的香料捣碎。

6 机器研磨香料

打磨时要经常停下，将香料混匀，直到全部研磨成均匀的粉末状。

碾碎胡椒粒 182

1　压碎胡椒粒

在砧板上撒少量胡椒粒。用一个厚底少司锅的底部，在胡椒粒上用力下压，以碾碎胡椒粒；你会听到胡椒粒碎裂的声音。

2　评估压碎的程度

碾碎之后，胡椒粒的质地会呈匀称的粗粒状。如有必要，可以继续碾压。把粘在锅底的胡椒碎取下来。

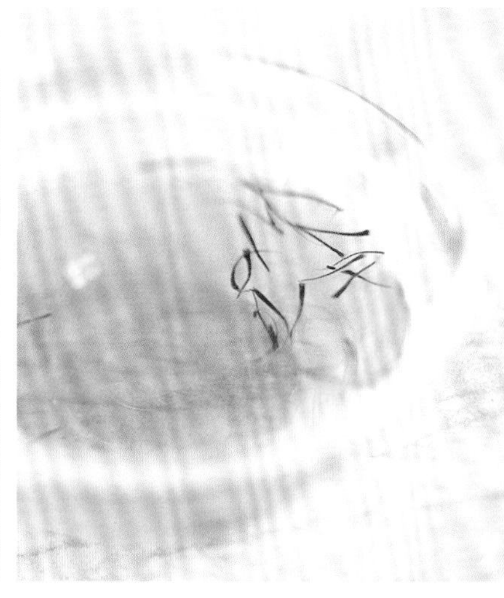

藏红花的加工处理 183

1　将藏红花丝放入液体里

藏红花给食物调味和上色，只要一点就够了。将藏红花丝轻轻碾碎，倒入少量温热的液体中。

2　让藏红花浸渍一会儿

让藏红花浸渍几分钟。其暖黄色会被泡进液体中。如果可能的话，在加热烹调过程的最后时刻加入藏红花，以保护其精致的香味。

干燥香草的加工处理 184

1　量出香草的用量

量出需要使用香草的量。一般来说，干香草的用量大约为新鲜香草的1/3。干燥香草通常在开始加热烹调时添加到菜肴里；而新鲜香草则是在加热烹调快要结束的时候添加。

2　碾碎香草

为了释放出香草中的芳香油，在使用之前用手指或手掌将干燥香草碾碎。

185

使用磨刀石磨刀

1　在磨刀石上推磨刀刃

按照制造商的使用说明，用水或矿物油湿润磨刀石。以15~20度的恒定角度将刀刃抵在磨刀石上，将刀刃从刀尖推磨到刀把处，动作要平稳。

2　将刀刃在磨刀石上朝后拉磨

把刀翻转过来，保持同样的角度，以稳定而均匀的动作，把刀向后拉磨。重复拉磨几次。

186

使用手动磨刀器

1　将刀刃粗磨

按照制造商的使用说明，将刀从最粗磨刀石的槽口里磨过。

2　将刀刃磨得平滑锋利

把刀穿过最细的磨刀石的槽口，把刀刃磨得平滑锋利。

187

铛刀

1　在铛刀石上铛刀

沿着铛刀石的长度，在刀刃的每一边来回滑动铛刀几次，以15~20度的角度握好刀，将两边的刀刃交替进行铛刀。

2　重复铛刀动作

重复铛刀3~10次，即可恢复刀刃的锋利程度。为了使刀具保持在最佳状态，要养成每次使用完之后都要铛刀的习惯。

刀具的运用

1 舒适地握刀

首先，要确保刀非常锋利。用钝刀切割会带来危险。你握住刀柄的手应该感觉到舒适和安全。如果需要，可以将食指伸到刀的顶部。

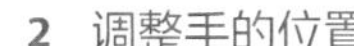

2 调整手的位置

有些厨师会在刀柄上握得略微高一点，将食指和大拇指放在刀的底部位置。这个姿势可能更适合切割某些特定的食物。

3 朝下弯曲指尖

在切的时候，将另一只手的指尖朝下弯曲，使它们离开刀刃。有了丰富的刀工经验，你就可以用指关节直接抵着刀来测量出切口的宽度。

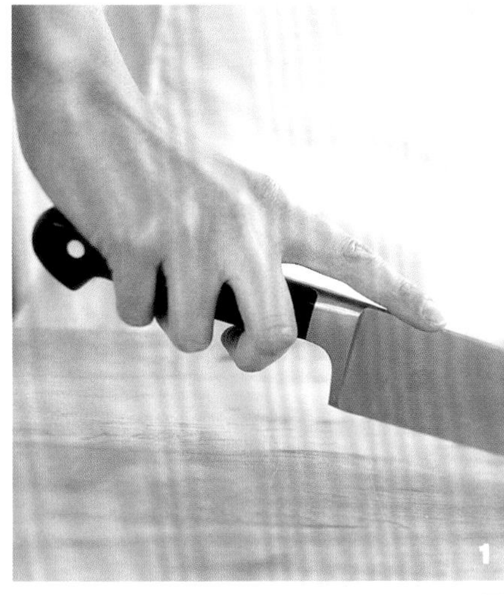

4 保持手掌伸得平整

在水平切割的时候，把你没有握刀的手平放在食物的上面，远离刀刃。

5 使用两部分切法的动作

要切出片状，先让刀尖接触到砧板。然后，把刀往下拉，再向自己身体的方向拉，完成切割动作。

6 使用来回运动的方式切割

对于切碎或剁碎，将没有握刀的手置于刀的上面。在食物上以来回运动、上下切割的方式，将食物切割成较小的粒状。

189 切割蔬菜

1 将蔬菜切成片

把蔬菜切成大小差不多的块状，有助于受热均匀，看起来也更漂亮美观。将切得不规则的碎片丢弃掉或用于制作高汤。

2 将切好的片切成条

每次摞起两三片蔬菜片，纵向切成条，条的宽度与片的厚度相同。

3 将条切成丁

一次将几条蔬菜归拢到一起，横切成与条同宽的丁。如果处理得当，你会切割出大小均匀的立方体。

4 将蔬菜切成丝

按照步骤1和步骤2进行切割，但是片要切得非常薄。对于像胡萝卜这样的圆形蔬菜，可以把它先斜切成片，而不是纵向切割。

5 将蔬菜切成粒状

将切成丝的蔬菜归拢成小捆，横着切割成非常小的粒状。因为这些粒很小，所以你不需要担心切得没那么均匀。

6 将蔬菜切成滚刀块

也称为斜切块，这种切法常用于圆形的蔬菜，尤其是烤的时候。把刀握好斜着切割蔬菜，然后将蔬菜转动半圈，再切。每次切之前重复转动半圈这个动作。

圆形蔬菜或水果的刀工处理

1 修整两端

用厨刀小心地切下蔬菜或水果的顶部和底部（这里使用的是芜菁甘蓝）。将其一端平放在砧板上，用手指从上面扶稳它。

2 切掉外皮

使用去皮刀沿着蔬菜或水果的轮廓曲线，将外皮呈长条状切掉。

疑难解答

当暴露在空气中，一些浅色的根类蔬菜或水果会变色。将它们放在一盆水中，加入或不加入柠檬汁，可防止变色，直到使用。

3 将蔬菜切成小块

换回厨刀，将蔬菜切成相应的块状。

肉类烹饪技法

用食品加工机将肉搅碎

1 切肉

把肉块放在砧板上（这里使用的是用来制作汉堡的无骨牛腿肉）。使用厨刀，将肉切成2厘米（3/4英寸）见方的块。

2 冷冻肉块

把切好的方块肉单层铺在有烘焙纸的带边烤盘里，摊开，冷冻至肉的边缘处形成冰晶，大约需要40分钟。

1

2

3

4

3 将肉搅碎

将冷冻的肉块分次放入食品加工机里。搅打大约20次，或者直到将肉搅碎成小于3毫米（1/8英寸）见方的小粒。

4 给肉调味

将搅碎的肉馅根据食谱要求进行调味。

汉堡肉饼的加工成型 192

1 将肉馅分小份

在带边烤盘内铺上烘焙纸，将牛肉馅分成小份（500克搅碎的牛肉通常能制作4个肉饼）。

2 塑成圆形的肉饼

将手沾湿，根据食谱要求，将每一份肉馅轻轻拍打成肉饼。标准汉堡肉饼的尺寸为直径10~11.5厘米（4~4.5英寸），大约2厘米（3/4英寸）厚。将肉饼摆放到铺有烘焙纸的烤盘上。

肉丸的加工成型 193

1 尝尝味道

将制作肉丸的原材料混合好。要核实调味的咸淡，将一小块肉丸煎至完全成熟，然后尝一下味道来调整。

2 将肉丸分成小份

用勺子舀起一些肉丸混合物，放到铺有烘焙纸的带边烤盘上。

3 把肉丸滚圆

用凉水把手沾湿，防止混合物粘在手上。将每份肉丸在手掌之间来回滚动，形成一个圆球形，放回烤盘里。

4 使用柔和的力道滚圆肉丸

记住轻柔地滚动肉丸混合物。如果按紧了或用力挤压了，肉丸就会变硬变干。

194

修整牛里脊或猪里脊

1 除去表面的脂肪

用去骨刀或厨刀切出长而均匀的条形，以除去里脊肉表面的脂肪。切的时候尽量不要把肉撕扯下来。

2 辨别出筋膜（银皮）

找出薄薄的、白色的筋膜，叫作“银皮”，顺着里脊的长度延伸；它非常老韧，在加热烹调之前需要将其修剪掉。将刀滑入筋膜的下面，将筋膜的顶部从肉中分离出来。

3 将筋膜拉紧

把刀放在筋膜和肉接触的地方，然后开始切割，用手指沿着切割的方向拉紧筋膜。将刀呈一定角度对准筋膜而不是肉，以免将肉撕裂开。

4 去掉银皮

将里脊肉在砧板上翻过来，继续去掉这部分的银皮。

不要拉得太用力或切得太快，否则可能使肉顺着银皮一起撕下来。

195

将里脊肉切成圆形

1 修剪里脊肉

按照上图1~4步骤进行操作，以去掉表面脂肪和银皮的圆形里脊肉其肉质应该都是瘦肉。

2 将里脊肉切成小份

用厨刀将里脊肉切成2~2.5厘米（3/4~1英寸）厚的片。

加工整理牛腩肉

196

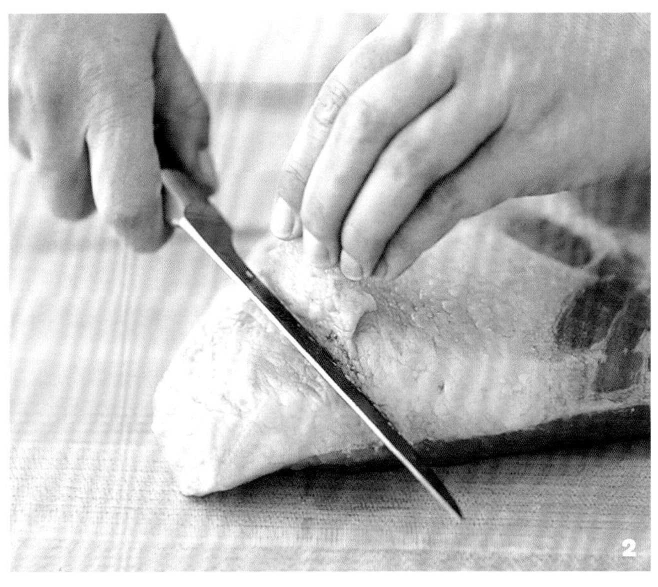

1 将牛腩洗净并擦干

如果肉是用真空袋包装的，打开包装，然后在水池中控净水分。用冷水冲洗干净牛腩，用纸巾将其完全拭干。

2 修剪掉表面的一层脂肪

用去骨刀或厨刀，将牛腩肉表面的脂肪去掉，留下6~12毫米（1/4~1/2英寸）厚的一层脂肪。在烹调的时候，留下一些脂肪可以让肉质变得滋润。

切割牛腩肉或牛后腹部肉排

197

1 辨别出牛肉的组织纹理

注意肉中纤维组织的走向，这叫作“纹理”。牛腩肉及牛后腹肉排需要切断纹理（横切），以提高肉质的鲜嫩程度。

2 将肉切成片

用一只手握稳肉叉，将肉固定好。尽量不要把叉尖插入肉里。刀保持45度角，将肉切成薄片。

198 修剪加工用于烤肉的肉

1 修剪掉表面的一层脂肪

用去骨刀或厨刀，将烤肉所用肉表面的脂肪切除掉。将脂肪以均匀的长条状切割下来，以确保脂肪层均匀。将脂肪丢弃。

2 在肉上留出一些脂肪，以增加风味和滋润度

在烤肉用的肉上留下一层6~12毫米（1/4~1/2英寸）厚的脂肪。在烹调时，少量脂肪将有助于增加风味和滋润肉质，特别是慢烤或炖肉时。

199 无骨烤肉的切割

1 将烤肉切成片

不要将肉叉的叉尖在肉中插入太深，使用肉叉把烤肉稳定在砧板上即可。用肉刀或厨刀，将烤好的肉横着纹理切成6~12毫米（1/4~1/2英寸）厚的片。

2 将肉片盛入餐盘

每次用肉刀和肉叉夹牢1片或多片切好的肉，小心地移到热的餐盘内。用锡纸盖好餐盘，以保持肉的热度。

烤前肋排的切割

1　让烤肉静置一会儿

静置可以让肉汁沉淀，让肉质稳定，使其更容易切割。把肉盛到热的餐盘里。用锡纸宽松地盖上烤肉，静置15~20分钟。

2　把烤肉里的骨头剔除

把烤肉带骨头的那一面竖着摆放在砧板上。用肉叉的叉尖固定好烤肉，再用一把长的肉刀，把肋骨从大块的肉上切割下来。

3　将烤肉切割成片状

把肉翻过来，这样所有烤至香酥的肉面都会朝上。将肉横着纹理切开，切成6~12毫米（1/4~1/2英寸）厚的片。

4　将肋骨分离开

连在骨头上的烤肉也非常美味。可以将肋骨之间的肉切割下来，与烤肉片一起食用。

201

修整牛排

1　切掉脂肪

使用去骨刀或厨刀，切掉牛排外侧的大部分脂肪。对于肉眼牛排，如果有必要的话，也可以去掉通常在中间位置出现的脂肪。

2　保留一层薄的脂肪

许多人喜欢在牛排周围留下一层6~12毫米（1/4~1/2英寸）厚的脂肪。在烹调的过程中，少量脂肪有助于增加肉质的风味并滋润肉质。切掉的脂肪丢弃不用。

疑难解答

牛排在高温下烹调时会卷曲起来。为了防止这种情况发生，可以用去骨刀或去皮刀在牛排上划几刀：在牛排周围的脂肪上均匀地切割出2~3条斜切的浅口。

3　牛排调味

牛排单层摆放到盘内，如果摞到一起，就会把它们的汁液挤压出来。给牛排调味。

202

切割用于炖的牛肉

1　修整牛肉并切成条

使用厨刀或去骨刀，将牛肉外侧的大部分脂肪都去掉并丢弃不用。然后将牛肉切割成5厘米（2英寸）宽的条。

2　将牛肉切成块

把几根牛肉条排好，横着切成5厘米见方的块。

炒牛肉

203

1 将炒锅加热

将炒锅用大火加热。将手掌放在锅的上方，当感觉到热气上升时，加入少量花生油或菜籽油。小心地倾斜并转动炒锅，使油均匀地分布在锅的底部并烧至冒烟。

2 加入肉

立即把肉倒进炒锅里，在锅底摊开。不要翻动，煎20~30秒，让一面变成褐色，然后用铲子翻炒，让牛肉在锅底和锅边翻动，让它们受热均匀。如果肉快粘连到一起，再加入一点油。

3 将肉持续翻炒

继续用大火加热，不断翻炒，直到肉的各个切面都变成了棕色，通常需要1~3分钟（如果你使用的是一个直径小于35厘米的锅，可以把肉分成两批翻炒，以免在锅里翻炒得不均匀）。

4 炒剩余的原材料

许多炒牛肉的食谱中会要求分批次烹调原材料。在这里，煸炒蔬菜之前，先将炒好的牛肉倒入餐盘里。

切割T骨牛排或波特豪斯牛排（大T骨牛排）

1 将里脊肉部分切割下来

牛排在静置好之后，用肉刀或去骨刀把较小的肉块（里脊肉，有时候也叫菲力）从骨头上切割下来。

2 将条状肉切割下来

然后用刀沿着骨头将较大的肉块切割下来，这部分通常称为“条”肉，它来自于牛的前腰肉部位的上部腰肉。如果需要，可将这部分肉切成薄片。

205

将肉煎至棕色

1 将肉拭干并调味

用纸巾把肉块完全拭干，加入调味料，把肉块均匀地涂抹上调味料。

2 将肉放入锅内

将大号厚底锅用中大火加热后，加入少量油。当油开始冒烟的时候，把肉单层放入锅内，两块肉之间留出12毫米（1/2英寸）的空隙。

疑难解答

锅内放太多肉块会产生水蒸气，而不会将肉煎成棕色。为了防止这种情况，把肉分批煎。

3 将肉的表面全部煎至棕色

将肉的一面煎上色之后，使用长夹子翻动肉块，使其他几面也煎上色。

206 温度计测试牛肉的成熟程度

1　测试牛排的成熟程度

将即时读取式温度计水平插入牛排的中心位置处。确保不要碰到任何骨头，否则会影响到温度的测量。

2　测试烤肉的成熟程度

将温度计插入烤肉最厚的部位，避开骨头。要记住，当烤肉静置之后，温度会上升3~6℃（5~10℉）。

207 目测牛肉的成熟程度

3

4

1　切开牛肉

用去皮刀在烤肉靠近中间位置的最厚部位上切出一个小口（如果有骨头的话，要避开）。将两侧的肉拨离开，观察它的颜色。记住当肉静置之后，会更成熟一点。

2　三成熟的牛肉

牛排烹调到三成熟，中心位置会呈深红色并且汁液丰富。一份烤牛肉中间位置会是最生的，随着靠近边缘位置，有各种不同程度的成熟度。

3　四成熟的牛肉

牛肉烹调到四成熟，中心位置会呈深粉红色。它比三成熟的牛肉更硬一些，但仍然多汁。

4　半熟的牛肉

牛肉烹调到半熟，中心位置会呈浅粉红色，质地硬实。

208

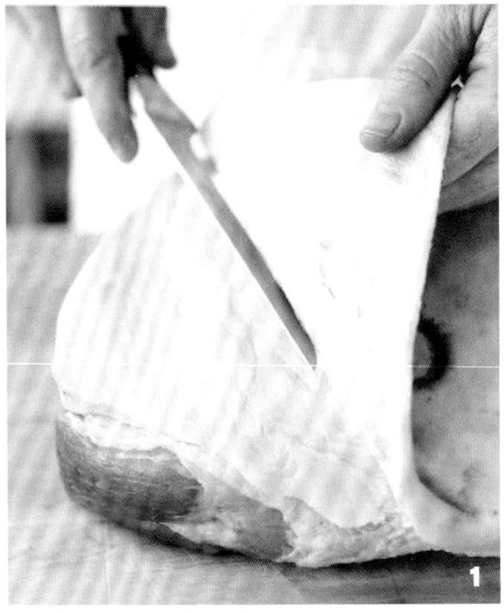

修整猪肩肉

1 去掉猪皮

猪肉有时带皮出售。如果带有猪皮的话，用去骨刀或厨刀修剪掉坚韧的外皮。

2 修剪脂肪

将猪肩肉表面的脂肪去掉，留下一层6~12毫米（1/4~1/2英寸）厚的脂肪，在烹调的过程中可以增加肉的风味和滋润肉质。

用卤水腌泡猪肉

1 将干性原材料混合好

大多数卤水是盐、糖、香草和香料的混合物。将这些干性原材料在大盆里混合好。

2 加入水

加入足够的水。有时需要加入热水来帮助盐和糖的溶解。

3 搅拌原材料

将原材料搅拌均匀，以确保盐和糖完全溶解。如果用凉水，溶解的过程可能需要几分钟。

4 加入猪肉

有些食谱会要求加入冰水来冷却和稀释盐水。当盐水冷却后，加入猪肉腌泡。

酿猪排

210

1　在猪排上切割出口袋形开口

用锋利的薄刃刀，在远离骨头的一边，插入猪排肉的中间，一直切到骨头。来回切割几次，把开口切得大一些。

2　在开口里填入馅料

将切口撑开，用茶勺将馅料填入。用竹扦将切口扎紧。

穿猪肉串

211

1　将猪肉切成条

用厨刀将修剪好的去骨猪里脊肉切成厚度不超过12毫米（1/2英寸）的片，然后切成同样宽度的条。

2　将猪肉条穿到竹扦上

猪肉条腌制好，穿在泡水后的竹扦或金属扦上。S形穿法可以防止猪肉在扦子上转动。

212

制作猪排或小牛排

1　将肉切成圆片

修整猪排或小牛排，然后将肉横着切成大约6毫米（1/4英寸）厚的圆片。

2　敲打肉片

将一片肉放入两块保鲜膜中间。从中间位置开始朝外敲打，使用肉锤将肉敲打得平整而均匀。

213

将肉片裹上面包糠

1　将肉片沾上面粉

准备好“面包糠工作站”：将通用面粉（普通面粉）倒入盘里；在宽口碗里搅打好2个或多个鸡蛋；将干燥的面包糠倒入盘里；准备冷却用的烤架，摆放到带边的烤盘里。一次取一片肉，将肉片放入面粉里，沾匀面粉，并将多余的面粉抖掉。

2　将沾匀面粉的肉片蘸上蛋液

将沾匀面粉的肉片放鸡蛋碗里，均匀地覆盖上蛋液。让多余的蛋液滴落回碗里。

3　将蘸好蛋液的肉片裹上面包糠

将蘸好蛋液的肉片放到面包糠里，让两面全部裹满面包糠。用另一只手将面包糠拍打在肉片上，或者填补上裸露出蛋液的地方。

4　摆放到一边

将裹好面包糠的肉片依次摆放到烤架上。

煎猪排 214

1　将猪排煎成棕色

厚底煎锅用中大火加热，加入少量橄榄油或植物油，加热至开始冒烟。加入猪排，两块猪排之间留出12毫米（1/2英寸）或更大的间距。将猪排煎至第一面变成棕色，大约需要2分钟。

2　将猪排的另外一面煎成棕色

用夹子小心地将猪排翻面，继续加热至第二面变成棕色，并加热到你喜欢的成熟程度，中等大小的猪排大约需要煎3分钟。

3　将猪排盛盘

将煎熟的猪排盛入热的盘内，宽松地盖上一块锡纸。让其静置松弛大约5分钟上桌。

4　评估锅内煎猪排时滴落的汁液

如果需要，可以用锅内的汁液制作成酱汁。理想情况下，锅内的汁液应该是深棕色的，这样就能呈现出浓郁的风味。如果锅内的汁液看起来颜色比深棕色浅，把煎锅放在炉子上，用大火加热1~2分钟，直到它们变成深棕色。

测试猪肉的成熟程度 215

1　通过温度计测试猪排的成熟程度

将即时读取式温度计插入猪排中最厚的部位，并避开骨头。温度应至少达到60℃（140°F）。在猪排静置的时候，温度会升高3~6℃（5~10°F）。

2　目测猪排的成熟程度

用厨刀把猪排切成片。猪肉加热至半熟程度，中间应呈浅粉红色，它的肉质会很硬，但仍然多汁。

216

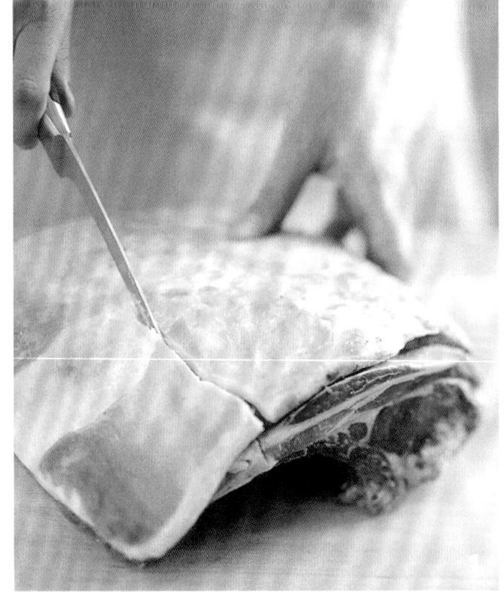

法式羊排

1 切开脂肪层

大部分市售羊排，脂肪和肌腱都已清理干净。如没清理，用去骨刀在羊排脊背处，离肉质开始出现的地方大约2.5厘米（1英寸）处划开脂肪。

2 将骨头之间的组织分离出来

把羊排翻过来，在骨头之间的组织上刻划。用刀切开骨头两边的肌腱，使长方形的组织块松脱下来。

3 去掉脂肪和肌腱

将羊排再次翻过来，抓住脊背上的脂肪，用力拉，把用刀切至松脱的脂肪和组织去掉。

4 清理骨头

用毛巾在每块骨头上用力涂擦，把羊排上残留的所有碎肉和脂肪清理干净。

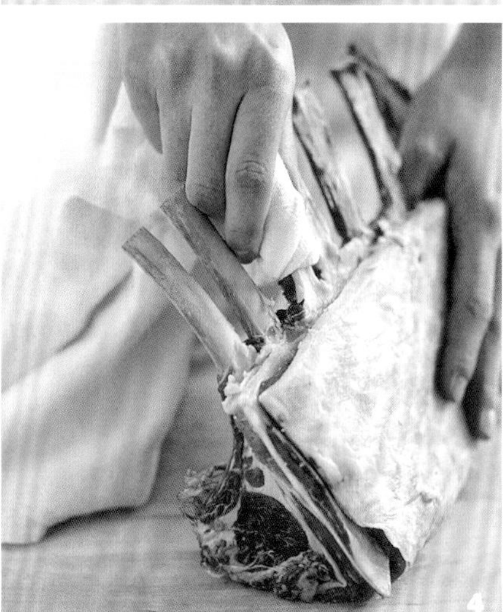

217

烤羊排的切割

1 扶稳羊排

用肉叉将羊排固定。用肉刀在第一根肋骨和第二根肋骨之间切入。可能需要稍微动一下刀来准确地找到骨头之间的下刀处。

2 将肋骨分离开

直接切下去，把第一片羊排从烤羊排上切割下来。重复此步骤，把剩下的羊排分别切割开。有些食谱会要求将烤羊排切割成每份带有两根肋骨的羊排。

烤羊腿的切割

1 用毛巾握紧羊腿

将羊腿摆放在切割砧板上，砧板的四周有一圈凹槽，用来收集肉汁。用毛巾紧紧握住腿骨的末端，使羊腿向下倾斜，朝向身体的外侧。

2 开始切割

转动羊腿，露出腿骨上肉多的那一面。将羊腿稍微向上倾斜，朝向身体外侧和腿骨外侧的方向，切割出薄薄一层肉。

3 将肉从腿骨上切割下来

继续将羊腿肉以平行于第一片和骨头的方式，切成12毫米（1/2英寸）厚的薄片，一直切割到腿骨为止。

4 切割另外一面的羊腿

翻过羊腿，以同样的方式切割羊腿肉，将羊腿肉切割成12毫米厚的薄片。把肉整齐地堆放在砧板上。

5 注意羊腿肉的成熟程度

快切割到羊腿的中心区域时，羊肉会逐渐变生。将切割好的羊腿肉按照成熟程度分开堆放，这样客人可以自由选择。

6 盛放到餐盘里

使用肉叉和肉刀轻轻地把切好的羊腿肉从砧板上夹起来，整齐地摆放到热的餐盘里。

意大利面烹饪技法

煮干意大利面

1 在开水里放入盐

取一个大锅，加入3/4满的水，烧开。需要5升（5夸脱）水来煮454克（1磅）意大利面。向水中加入大约两汤勺粗盐。

2 将意大利面加入开水里

意大利面加入开水里。如果有必要的话，用一把木勺把面条推到水面以下，以受热均匀。

3 搅拌意大利面

用勺子不时轻轻搅拌意大利面，以防止它们粘连在一起。如果需要，可以调节火力大小，以保持水的沸腾，但不要让水溢出来。

1

2

3

4

5

6

4 测试意大利面是否煮熟

煮7分钟之后，品尝一根意大利面。它应该是柔软的，但仍然有点嚼劲，在中间位置处有白心。如果没有，继续煮1~2分钟，并再试一次。

5 留出一些煮意大利面的水

舀出两勺煮意大利面的水。当意大利面和酱汁搅拌在一起后，这种含有淀粉的水可以调整它们的浓稠程度。

6 将意大利面控净水

把过滤器放在水池里，慢慢地把意大利面倒进过滤器里。摇动过滤器，意大利面应该保留点湿润。

煮鲜意大利面

1 在开水里放入盐

取一个大锅，加入3/4满的水，烧开。需要5升（5夸脱）水来煮454克（1磅）意大利面。向水中加入大约两汤勺粗盐。

2 将意大利面加入水里

将意大利面加入开水中。因为鲜意大利面成熟得非常快，所以要确保所有意大利面同时加入水里。

3 搅拌意大利面

用木勺不时轻轻搅拌意大利面，以防止它们粘连在一起。如果需要，可以调节火力大小，以保持水始终沸腾，但不要让水溢出来。

4 测试意大利面是否煮熟

煮1.5分钟之后，从锅内取出一根面条，让其略微冷却，品尝一下。它应该是柔软的，但仍然有点嚼劲，如果达不到这种程度，继续煮几秒钟，并再试一次。

5 留出一些煮意大利面的水

舀出两勺煮意大利面的水。当意大利面和酱汁搅拌在一起后，这种含有淀粉的水可以调整它们的浓稠程度。

6 将意大利面控净水

把过滤器放在水池里，慢慢地把意大利面倒进过滤器里。摇动过滤器，意大利面应该保留点湿润。

221 煮现做的带馅意大利面

1 在开水里放入盐

取一个大锅，加入3/4满的水，烧开。需要5升（5夸脱）水来煮454克（1磅）意大利面。向水中加入大约两汤勺粗盐。

2 将意大利面加入水里

每次往锅里加入两三个带馅的意大利面（这里使用的是意大利方饺），直到加入半锅。最好分批煮。

3 轻轻搅动意大利面

用漏勺不时轻轻搅动意大利面，避免粘连到一起。调整火力的大小，让水保持微开，如果水沸腾得太过，意大利面可能会破裂。

1

2

3

4

5

6

4 观察漂浮在锅里的意大利面

当意大利面浮到水面上时，就标志着已经煮好了，大约需要2分钟。

5 测试意大利面是否熟透

用漏勺盛出一个意大利面，切下双层面皮的一个角。品尝一下这个角：它应该是柔软的，但仍然有点嚼劲。

6 将意大利面控净水

用漏勺将煮好的意大利面捞入过滤器里。控水后，倒入热的餐碗里。

给鲜意大利面拌上酱汁

222

1　将意大利面拌酱汁

将鲜意大利面煮熟并控净水，保留一些煮意大利面的汤汁。将控净水的意大利面倒入热酱汁锅里。

2　根据需要加入奶酪

在意大利面上撒入现擦碎的帕玛森奶酪或其他奶酪。

3　将意大利面翻拌均匀

用2把木勺把所有材料搅拌到一起：把意大利面从锅的底部挑起，直到所有的面条均匀沾上了酱汁和奶酪。

4　用煮意大利面的汤汁调整黏稠程度

如果混合物在搅拌的时候看起来太干，将煮意大利面时留出来的汤汁淋一些，继续搅拌即可。

223

现制作的鸡蛋意大利面面团（使用食品加工机制作）

富含鸡蛋的新鲜意大利面是各种菜肴精致美味的配料。食品加工机可以快速将面粉、鸡蛋和油混合成柔软的面团，然后你可以再揉得更加丝滑。

原材料

390克（2.5杯/12.5盎司）原色通用面粉（普通面粉），多备出一些，用于面扑

4个鸡蛋

2茶勺特级初榨橄榄油

大约可以制作出454克（1磅）重的面团

1 将面粉加入食品加工机的搅拌桶里

将315克（2杯/10盎司）面粉放入食品加工机的搅拌桶里。将剩余的75克（1/2杯/2.5盎司）面粉放在旁边，用来调整面团的软硬程度。

2 加入鸡蛋和油

把鸡蛋打入小的玻璃量杯里。检查有无碎蛋壳，然后将橄榄油倒入量杯里。把蛋油混合物倒入食品加工机的搅拌桶里。

在制作新鲜意大利面团时，要记住，面粉量会随着鸡蛋的新鲜程度和天气的变化而有所变化。在下雨天，你可能需要多加入一点面粉；而在炎热而干燥的天气里，就少加点面粉。

5 轻揉面团

将面团移至撒有少许面粉的工作台面上，轻揉面团，直到面团摸起来潮湿而不粘手，并且呈均匀的黄色，面团中没有面粉的痕迹，需要揉1~2分钟。

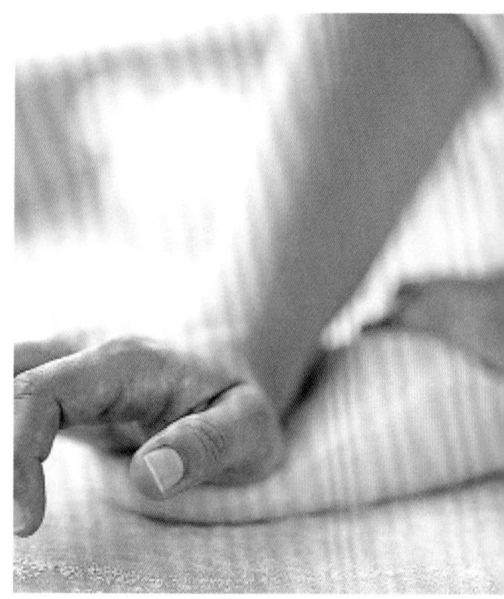

给新鲜意大利面面团调味

香草风味意大利面面团

在步骤1中，将1汤勺干香草碎末如马郁兰或百里香等，与面粉一起放入搅拌桶里，并继续按照食谱的步骤制作。

黑胡椒风味意大利面面团

在步骤1中，将1茶勺磨细的黑胡椒粉（最好是现磨碎的），与面粉一起放入搅拌桶里，并继续按照食谱的步骤制作。

菠菜风味意大利面面团

将105克（1/2杯/3.5盎司）熟菠菜和3个鸡蛋搅打至细滑均匀。加入350克（2杯/10盎司）原色通用面粉（普通面粉）搅打至面粉均匀湿润并呈颗粒状，大约需要10秒。再加入面粉，每次加1汤勺，继续搅打到面团变成一个松散的圆球形，捏起来感觉湿润，但不粘手，大约还需要搅打20秒。然后继续按照食谱中的步骤5和步骤6操作，以和好面团。

3　混合面团

搅拌混合物，直到面粉均匀湿润并呈颗粒状，这大约需要10秒。捏捏面团以测试其软硬程度。

4　调整面团的软硬程度

如果面团看起来特别黏，每次加入一汤勺面粉，搅打至面团聚集在一起，在刀片上形成一个松散的球状，捏起来感觉潮湿但不黏，大约需要30秒。

4

6

6　让面团静置松弛

把面团揉搓成球状。在此时，它很有筋力，如果你尝试着把它擀开，面团会收缩回去。用倒扣的大碗盖住面团，让它静置松弛30分钟之后再擀开。

现制作的鸡蛋意大利面面团（手工制作）

手工制作面团可以更好地把握面团的软硬度。你可能需要根据天气情况来调整面粉或水的用量。

原材料

390克（2.5杯/12.5盎司）原色通用面粉（普通面粉），多备出一些，用于面扑

4个鸡蛋

2茶勺特级初榨橄榄油

大约可以制作出454克（1磅）的面团

可以减少用量，只制作1份大的或2份小的意大利面——这是工作日晚餐的完美数量。使用105克（2/3杯/3.5盎司）原色通用面粉（普通面粉，多备1汤勺）和1个鸡蛋（可以不用橄榄油）。

1　在面粉中间扒出一个窝

将315克（2杯/10盎司）面粉堆放在干净的台面上。用手指轻轻地扒出一个窝，用来盛放鸡蛋。

2　将鸡蛋打入窝中

把鸡蛋打到量杯里，检查一下有没有碎蛋壳。将油倒进量杯里，然后把蛋油混合物倒进面粉窝里。

1

6　揉面

用刮刀清洁台面，并撒上面粉。将面团移到撒有面粉的台面上，然后揉面，将面团朝下并朝外揉，转动面团并重复揉面，直到将面团揉到细腻光滑，需要7~10分钟。如果面团在揉制的过程中变得粘连或变软，就多撒入一些面粉。

3 搅拌鸡蛋

用叉子小心地在窝里搅拌鸡蛋，不搅入任何面粉，直到鸡蛋混合均匀。

4 逐渐混入面粉

用叉子慢慢把面粉划拉到中间，和鸡蛋油的混合物一起搅拌。逐渐加入更多面粉，用这种方法进行混合，直到将所有的面粉都混合到一起，形成粗糙而蓬松的面团。

5 将面团揉到一起

用手把这个粗糙而蓬松的面团揉成圆球形。当所有面粉都混合好之后，如果面团仍然有些黏，可以在面团上撒更多的面粉，每次撒一点面粉，然后揉匀。

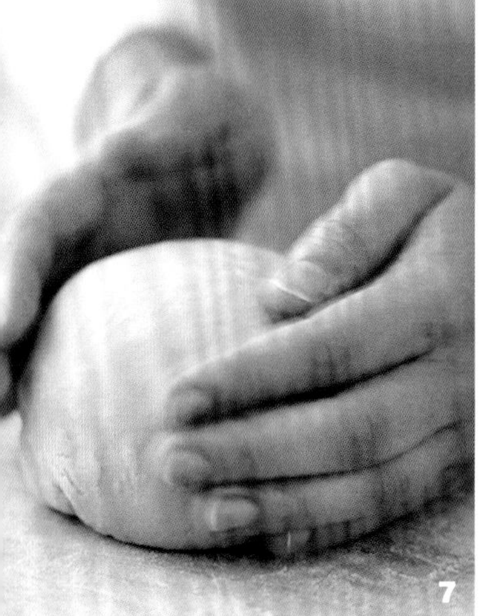

7 让面团静置松弛

把台面上大部分多余的面粉清除掉。用双手将面团塑成圆球形，通过向底部施加压力，面团会收缩得紧一些。用倒扣的大碗盖住面团，让它静置松弛30分钟之后再擀开使用。

225 用机器擀开新鲜意大利面

1 在面条机上撒面粉

把面条机牢牢固定在台面上。在滚轴上撒少许面粉。把面团分割成小份。

2 揉面

把小份面团按压成12毫米（1/2英寸）厚的圆片，转动曲柄使面团通过滚轴进行擀压。将面团折叠成三层，撒上面粉，再擀压一次。重复8~10次直到将面片擀压得非常平滑。

3 擀压面团

将滚轴拨盘移动到下一个较窄的位置，再次将面片进行擀压，用手抓住最薄的那一端，将其轻轻放到台面上。根据需要在滚轴上撒一些面粉。

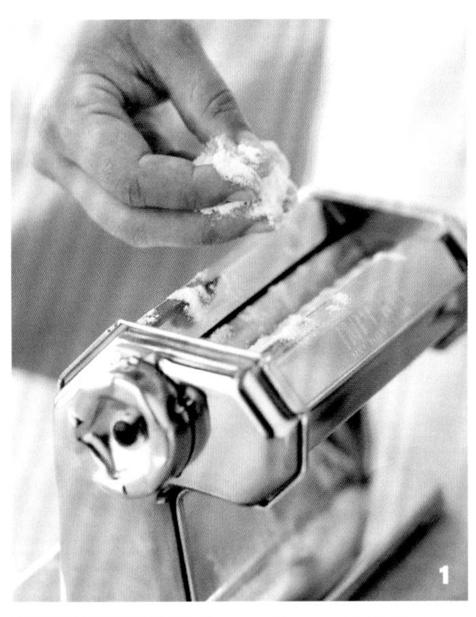

4 继续擀压面片

继续将面片通过逐渐变窄的滚轴，一直到倒数第二个位置的滚轴。当擀压面片时，持续调整擀开的面片，使其铺放平整。

5 测试面片的厚薄程度

用手拿着面片，如果你能透过面片看到手，面团就擀压好了（它应该大约是2毫米厚）。如果面片不够薄，就把它从最窄的滚轴中擀压过去。

疑难解答

如果一小块面片卡在滚轴里了，把面团整齐地折叠起来，多撒一些面粉，然后再按照步骤3重新开始擀压。

用机器切割新鲜（现擀压的）意大利面

1 将擀好的意大利面切成段

将擀好的面团切成25厘米（10英寸）长的段。对于宽面条或宽叶面，切成段后稍微干燥10~20分钟，期间将它们翻动一两次。对于要填馅的意大利面，面片要马上使用。

2 固定好切割配件

按照制造商的使用说明，将需要使用的刀片和曲柄连接到面条机上。这里，我们使用的是宽面条的切割配件。

2

3

3 将意大利面切割成面条

将面片插入切割刀片中，转动曲柄将面片切割成面条。用另一只手接住，摆放到台面上。

4 让切割好的面条略微干燥一会儿

将面条平摊在撒有少许面粉的烤盘上，稍微分开，晾10~20分钟，面条有点韧性，但折不断。

4

227 手擀新鲜意大利面

1　将面团分割开

在台面上撒少许面粉。用刮刀或厨刀将每454克（1磅）面团分切成4等份。

2　把分割好的面团压扁成圆形

处理一块面团时，把其他面团用倒扣的盆盖住。将一块面团按压成12毫米（1/2英寸）厚的圆片。

3　将面团擀开

用沾有少许面粉的擀面杖，把面团朝外擀开，施加适当的压力（大多数意大利面面团比糕点面团更硬实一些，所以擀开面团时要用更大力气）。

1

2

3

4

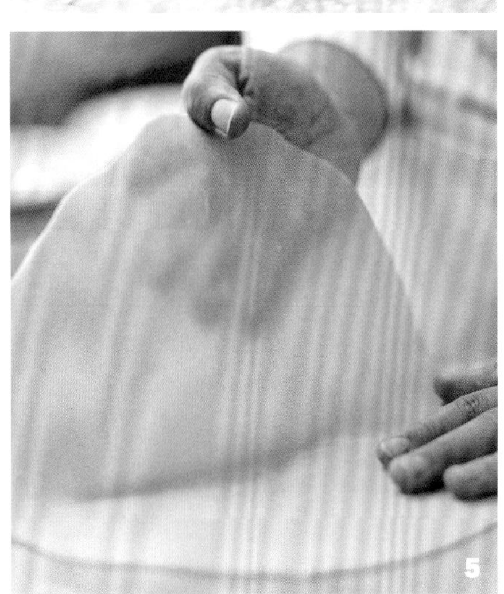
5

6

4　转动面团并继续擀压

将面团用手拿起来，台面上再撒些面粉，把面团转动90度，擀成所需要的厚度。

5　检查面团擀开的厚薄程度

手里拿着面团，如果你能透过它看到你的手，面团就擀好了（它应该是2毫米厚）。如果面团还不够薄，就继续擀压。

6　让面团静置松弛一会儿

小心地把面团折叠成四等份，放到撒有少许面粉的烤盘里，然后平摊开，放在冰箱里冷藏静置10~20分钟，然后切成片状或切割成面条。

手工切割新鲜（现擀开的）意大利面

1 把意大利面切成段

将擀好的意大利面铺在干净的台面上。使用比萨刀或去皮刀，用尺子来确保切出直线，按照食谱的要求将面片切成段。

2 让切成段的意大利面干燥一会儿

对于宽面条或宽叶面，让切成段的意大利面在撒有面粉的烤盘上晾10~20分钟。对于酿馅意大利面，面片可以立刻使用。

3 将面片切成面条

在撒有面粉的台面上，把面片卷成宽松而扁平的圆柱状。用厨刀把圆柱形面团横向切割，切成面条（这里切成6厘米的长条形）。

4 让切好的面条略微晾干

将面条铺在撒有少许面粉的烤盘里，稍微摊开，晾干至带点韧性，需要10～20分钟。

229

粗粒小麦粉意大利面面团

金黄色的粗粒小麦粉呈细沙般的质地，与通用面粉（普通面粉）和水混合，但是不加鸡蛋。这样就制作出了一种硬面团，这种面团常用来制作短而有形的面食，如猫耳朵面等。

原材料

315克（2杯/10盎司）原色通用面粉（普通面粉），多备出一些用于面扑

125克（3/4杯/4盎司）细磨粗粒小麦粉（不能代替粗磨小麦粉）

1茶勺粗盐

180毫升（3/4杯/6盎司）温水，或者根据需要使用

大约可以制作454克（1磅）面团

用倒扣的盆盖住意大利面面团，可以防止面团在静置松弛状态下变干。另一种方法是使用保鲜膜盖住面团。

1 将干粉原材料混合好

将通用面粉、细磨粗粒小麦粉和盐加入食品加工机的搅拌桶里，搅打几次，混合好。

2 测试水温

量出180毫升40℃（105℉）的温水。

6 揉面

用刮刀清洁台面，并在干净的台面上撒面粉，放上面团开始揉面，直到将面团揉到细腻而光滑，需要7~10分钟。如果面团在揉制的过程中变得粘连或变软，就多撒入一些面粉。

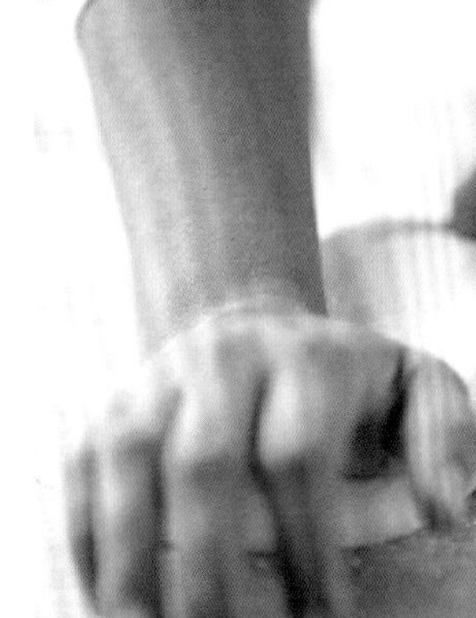

3 加水

把温水倒入搅拌桶。

4 搅成面团

搅打至形成粗糙而蓬松的面团。

5 将面团揉到一起

取出，将面团揉至细腻光滑。如果面团仍然有些黏，可以在面团上和台面上撒面粉，然后揉好面团。

7 让面团静置松弛

把台面上大部分多余的面粉清除掉。用双手将面团塑成圆球形。用倒扣的大碗盖住面团，让它静置松弛30分钟之后再擀开使用。

贝壳粉的成型

1 分割面团

在台面撒薄薄一层面粉。用厨刀或刮刀，将454克（1磅）粗面粉面团（见条目229）切割成4等份。把每一块面团都揉成短的圆柱形。

2 将面团揉成细圆柱形

将面团揉成直径大约12毫米（1/2英寸）的细圆柱形。

3 将圆柱形面团切割成块

将细圆柱形面团切割成12毫米长的小块。这些小块看起来就像微小的枕头一样。

4 把小块面团压平

将小块面团翻过来，切面朝上。将食指按在餐刀的刀面上。将刀面放小面团上按压，把小块面团压平。

5 将小块面团绕着餐刀卷起来

按压面团的时候，轻轻地将餐刀往一侧拖拉。面团绕着餐刀就会卷曲成一个长方形的面皮。

6 让贝壳粉干燥一会儿

将制作好的贝壳粉分散到撒有薄薄一层面粉的带边烤盘里（贝壳粉相互不能接触，否则会粘连到一起）。可以立即烹调或晾2小时。

猫耳朵面的成型

1 分割面团

在台面上撒薄薄一层面粉。用刮刀或厨刀，将454克（1磅）粗面粉面团（见条目229）切割成4等份。把每一块面团都揉成短的圆柱形。

2 将面团揉成圆柱形

将面团揉成直径大约12毫米（1/2英寸）的细圆柱形。

3 将圆柱形面团切割成块

将细圆柱形面团切割成12毫米长的小块。这些小块看起来就像微小的枕头一样。

4 将小块面团按压成圆形

将食指按在餐刀的刀面上，把小块面团压平后，朝里轻轻拖拉，形成一个圆片状。

5 将圆片状的面团在拇指上按压

轻轻地把圆片状的面团往拇指尖上推，形成小杯子的形状。

6 让猫耳朵面晾干

将制作好的猫耳朵面分散到撒有薄薄一层面粉的带边烤盘里（猫耳朵面相互不要接触，否则会粘连到一起）。可以立即烹调或晾2小时。

意大利方饺的制作成型

1　标记出面团的中线位置

将一段擀好的意大利面片平铺在撒有薄薄一层面粉的台面上。将面团纵向对折，标记出中线的位置，然后再展开。

2　添加馅料

从距离短边大约2.5厘米（1英寸）的位置开始，将一茶勺馅料每隔2.5厘米放面片上。

3　在面片上涂刷水

为了将面片粘牢，将毛刷蘸上冷水，轻轻地刷在馅料周围，将面片拿起来从馅料上盖过去。

4　将意大利方饺密封好

用手指沿着馅料周围按压，将面团紧密贴合在一起，以消除所有的气泡（这些气泡可能会导致意大利方饺破裂开）。

5　分离开意大利方饺

用花边滚轮刀，沿着填入馅料的意大利面团直线切割，压着边并切掉大约3毫米宽的皮，然后在馅料之间均匀切割，制作出小号的枕头形状的意大利方饺。

6　将制作好的意大利方饺放到一边

将制作好的意大利方饺单层摆放在撒有薄薄一层面粉的带边烤盘里。相互不要触碰到，否则会粘连到一起。

意大利馄饨的成型

1　把擀好的意大利面切成方块形

将擀好的意大利面片铺在撒有少许面粉的台面上，切成边长5厘米（2英寸）的方块形。把方块形的意大利面摆放到撒有薄薄一层面粉的烤盘内，把它们分开，避免粘连到一起。

2　在方块形面片上填入馅料

将大约1/2茶勺馅料放在每个方块形面片的中间位置处。为了将面片粘牢，将毛刷蘸上冷水，轻轻地沿着馅料周围涂刷。

3　折叠成三角形

将面片的一角提起，从馅料上折叠过去，将馅料包裹起来，形成一个三角形。

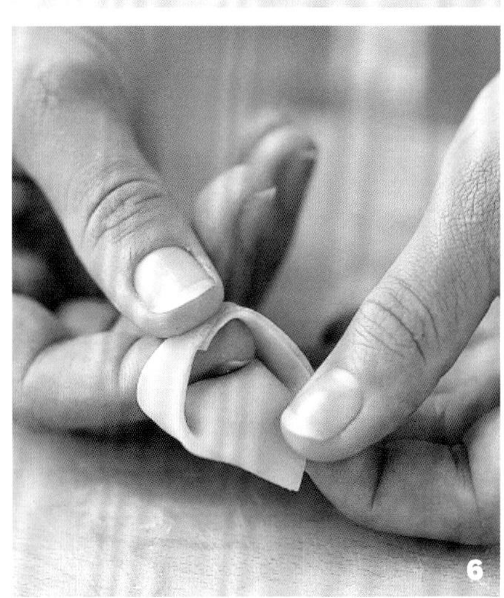

4　将三角形封好口

用手指在馅料周围按压面片，以消除所有气泡（这些气泡可能会导致意大利馄饨破裂开）。将面片的边缘处紧紧地按压到一起进行密封。

5　将两个尖角连到一起

把三角形相对的两个尖角连到一起，形成一个圆环形。

6　将顶端的尖角朝下弯曲

为了更好看，可以用手指轻轻卷起第三个尖角，这样馄饨看起来就像一顶尖顶帽。把意大利馄饨单层摆放在撒有少许面粉的烤盘上，相互之间不要触碰到一起。

土豆乌基

这些轻盈如空气的土豆丸子是意大利美食中的主打产品。黄褐色土豆的淀粉和水分比例完美；不要使用其他品种的土豆，否则不够软糯轻盈。

原材料

5个黄褐色土豆，大约1.13千克（2.5磅）重，烘烤至软烂

2个鸡蛋

1茶勺粗盐

245克（1¼杯/8盎司）原色通用面粉（普通面粉），多备出一些，用于撒面

可供6~8人食用

要煮熟乌其，把它们分两批倒进加了盐的沸水中，煮至乌其漂浮起来，大约需要3分钟。捞出控净水分后淋上番茄酱或香蒜酱，或者只是简单地将它们与黄油和擦碎的帕玛森奶酪混合好。

1 挤出土豆泥

当土豆刚刚冷却到可以用手拿取的时候，把它们纵向切成两半。用一把大的金属勺子，从土豆皮中挖出土豆块。在土豆泥加工器上安装好带有小孔的圆盘配件。土豆块放入，挤出土豆泥到大的带边的烤盘里。把土豆泥在烤盘里摊开，让其完全冷却。

2 加入鸡蛋混合物

把鸡蛋打到碗里，检查有无碎蛋壳。加入盐，用叉子搅拌匀。把鸡蛋混合物均匀地淋在冷却后的土豆泥上。然后，将155克（1杯/5盎司）面粉均匀地撒在土豆泥上。使用刮刀翻拌土豆泥，使其与鸡蛋和面粉混合形成粗糙的面团。面团看起来应该比较松散。

1

6 将面团揉搓成圆柱形

用双手滚动擀压面团，逐渐将其揉搓成直径大约为12毫米（1/2英寸）的细圆柱形。

3 吸收面粉

将剩余的45克（1/4杯/1.5盎司）面粉撒在台面上。将土豆混合物放在上面，再撒上45克面粉。使用刮刀将面粉与土豆泥混匀。

4 将面团塑形

将面团塑成圆球形，撒上面粉，用倒扣着的盆盖好。在两个大的带边烤盘内撒上面粉。用刮刀将台面刮干净，然后撒上面粉。

5 将面团分割成8份

用刮刀将面团切割成均匀的8份。将其中的7块用盆扣好。将一块面团揉成短的圆柱形。

3

4

5

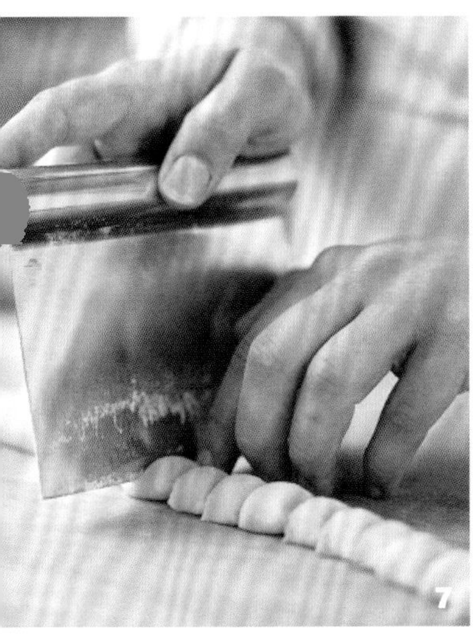
7

7 将圆柱形面团切割成小块

将圆柱形面团切割成2厘米（3/4英寸）长的小枕头形状。单层间隔开摆放到准备好的烤盘里。在烤盘上盖锡纸，冷藏至少1小时或一整晚。

烤酥盒的加工成型

1 将面团切割成圆形

将擀成薄片（大约3毫米厚）的油酥面团，用切割模具切割出尽可能多的圆形油酥面片（这里使用的是7.5厘米的切割模具）。

2 在圆形油酥面片上添加馅料

在圆形油酥面片的中间位置处，加少量馅料。沾湿圆形油酥面片的捏合处。捏出半月形造型。用叉子的尖齿密封好边缘处。

2

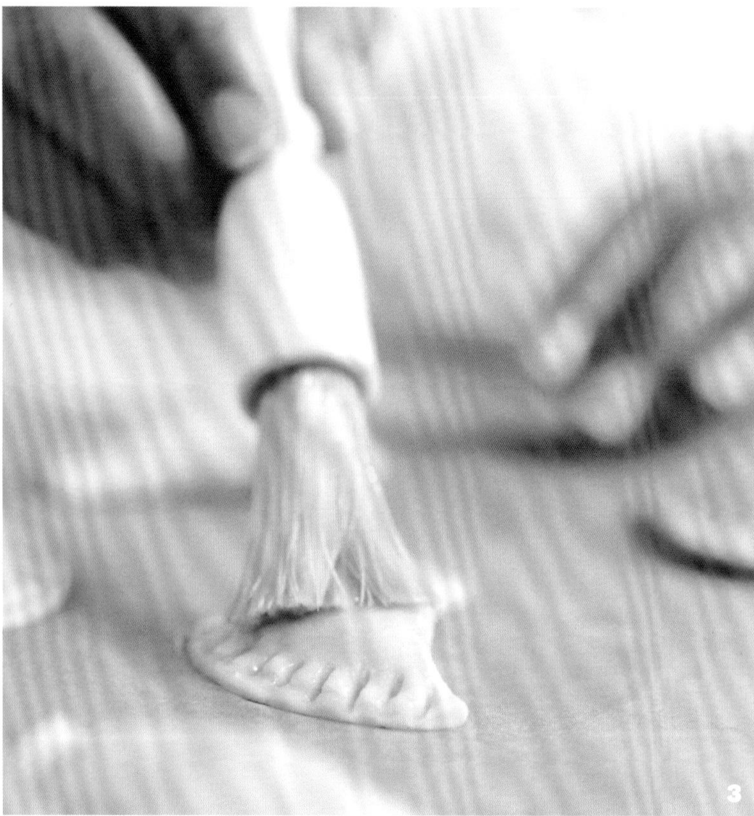

3

4

3 在酥盒上涂刷蛋液

烘烤前，用叉子将1个鸡蛋和1茶勺水混合成蛋液。将蛋液均匀地涂刷到酥盒上。

4 烘烤酥盒

将酥盒烘烤到表面呈金黄色，馅料熟透。

236

制作全麦饼干饼底

1 加工处理全麦饼干

将全麦饼干掰碎后放入食品加工机里，加入其他干性原材料。在这里，我们将坚果添加进去。搅打至饼干成为细小的碎末状。

2 将饼干碎末倒入碗里

将饼干碎末混合物倒入碗里，用硅胶抹刀将搅拌桶内所有的饼干碎末全部刮取下来。

3

3 拌入熔化的黄油

将熔化的黄油加入饼干碎末混合物中，搅拌均匀至完全滋润。

4 将饼干碎末按压到模具底部

把饼干混合物倒入模具里（这里使用的是卡扣式模具）。如果需要的话，可以用指尖将饼干碎末混合物均匀地按压到模具的底部和边上。

237 甜味挞皮面团

这种富含黄油的挞类糕点，有着易碎的、像曲奇一样的质地，而不是像派皮那样具有香酥的质地。用这种面团可以制作出有甜味馅料的果馅饼，如糕点奶油酱（见条目44）或巧克力甘纳许（见条目52）。

原材料

- 200克（1¼杯/6.5盎司）通用面粉（普通面粉）
- 60克（1/2杯/2盎司）糖粉
- 1/4茶勺盐
- 125克（1/2杯/4盎司）冷的无盐黄油
- 2个蛋黄
- 1汤勺多脂奶油

制作好的面团可以制作成一个24厘米（9.5英寸）直径的挞皮

1　将干粉原材料混合到一起

将面粉、糖粉，以及盐加入食品加工机的搅拌桶里。

2　打匀干粉原材料

启动开关1～2次，以便将原材料打匀。将黄油切割成2厘米（3/4英寸）见方的小块，加入搅拌桶里。

5　将面团聚拢到一起

将面团放在撒有薄薄一层面粉的台面上。用双手轻轻地把面团挤压成一团。动作要快，使面团保持低温。

3 混入黄油

把黄油与面粉混合物打至，黄油被搅碎成小碎粒，剩下的混合物看起来像磨碎的帕玛森奶酪状，需打5次，每次1秒。

4 加入鸡蛋和奶油

在一个小碗里，轻轻搅拌蛋黄，然后拌入奶油。在食品加工机开动时，将蛋黄奶油混合物通过填料口倒入搅拌桶里，搅拌至混合物刚好开始形成块状。

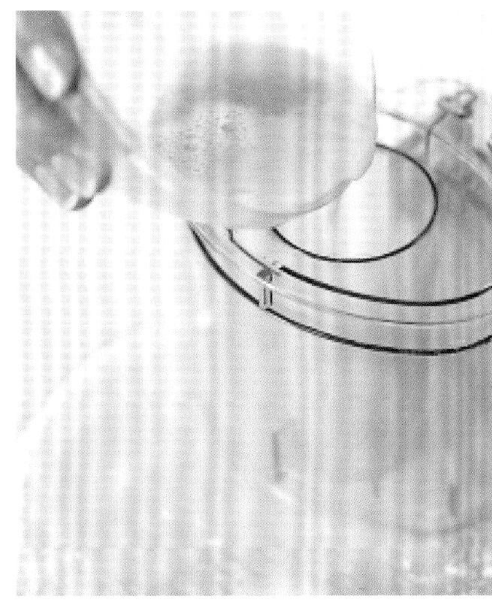

6 整理好并冷藏面团

使用双手和刮刀，将面团整理成一个大约15厘米×9厘米（6英寸×3.5英寸）的扁平状长方形，用于制作长方形的挞皮或直径15厘米（6英寸）的圆片，用于制作圆形的挞皮，用保鲜膜包裹好，冷藏至少2小时或一晚上。

更多风味的挞皮面团

柑橘风味挞皮面团

按照食谱的步骤制作甜味挞皮面团。在步骤4中，加入1茶勺擦碎的柠檬皮、青柠檬皮或橙子皮到蛋奶混合物中，然后继续按照食谱步骤进行制作。可以制作巧克力果馅饼，或者制作以猕猴桃、芒果等水果为特色的水果馅饼。

香草风味挞皮面团

按照食谱的步骤制作甜味挞皮面团。在步骤4中，将1茶勺香草香精加入蛋奶混合物中，然后继续按照食谱步骤进行制作。可以制作巧克力果馅饼或以浆果类水果为特色的水果馅饼。

杏仁风味挞皮面团

按照食谱的步骤制作甜味挞皮面团。在步骤4中，加入1茶勺杏仁香精到蛋奶混合物中，然后继续按照食谱步骤进行制作。可以制作以桃、杏，或者其他核果类水果为特色的水果馅饼。

咸香风味挞皮面团

对于咸香风味的果馅饼或小果馅饼，按照甜味挞皮面团食谱的制作步骤，使用下述配比进行制作：155克（1杯/5盎司）原色通用面粉（普通面粉），60克（1/2杯/2盎司）蛋糕粉，1/2茶勺盐，以及1个鸡蛋，去掉糖。

制作挞皮

1 擀开挞皮面团

在台面上、面团上和擀面杖上都撒少许面粉。将面团从中间向四周各个方向擀开，擀成比挞模具直径大5~7.5厘米（2~3英寸）的圆形。

2 转动面团

在擀开面团的过程中，抬起并转动面团，以防止粘连。根据需要在台面上和擀面杖上撒面粉。如果面团有所粘连，使用刮刀或曲柄铲将其铲离开。

3 将擀开的面团铺到模具上

小心地将面团滚动着卷到擀面杖上，并将擀面杖放置在活动底挞模具上，将面团展开，放置到挞模具里。

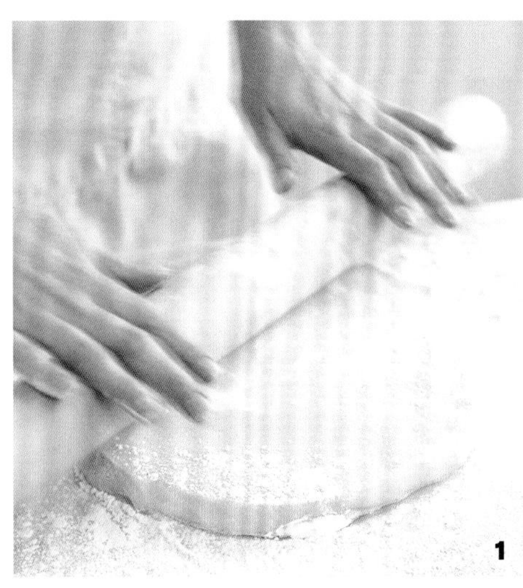

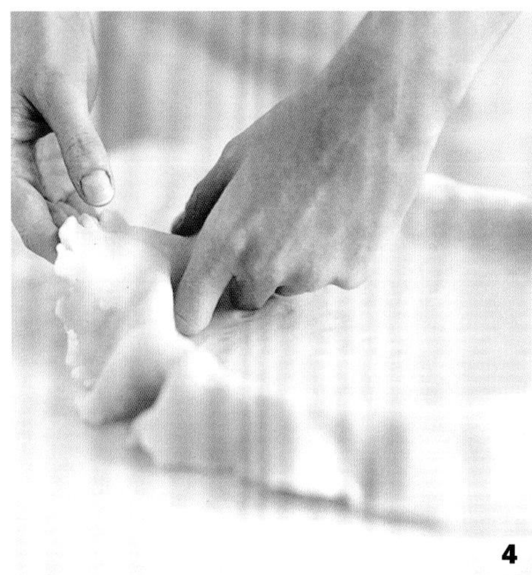

4 往四周按压面团

把面团的边缘提起来，让多余的面团沿着模具周边翻出来。

5 修剪掉多余的面团

用擀面杖沿着挞模具的边缘滚动，去掉多余的面团。把擀下来的面团收集起来，可能需要用它来修补挞皮上的裂缝。

疑难解答

将碎面团按压到挞皮上所有裂缝处来修补挞皮，防止馅料漏出来。

小挞皮的成型和空烤

1 将面团擀开

在平坦的台面上，将挞模尽可能紧密排列到一起。将面团在两张烘焙纸之间擀开，然后将上面的烘焙纸揭掉。

2 将擀开的面团铺在挞模上

小心地将面团翻扣到挞模上，底部的烘焙纸朝上。确保所有的模具都被面团所覆盖。把面团通过烘焙纸按压到模具上，然后将烘焙纸揭掉。

3 修剪面团

使用擀面杖，从挞模具上擀压掉多余的面团。把擀压下来的面团重新擀开并按压到所有剩余的模具中。

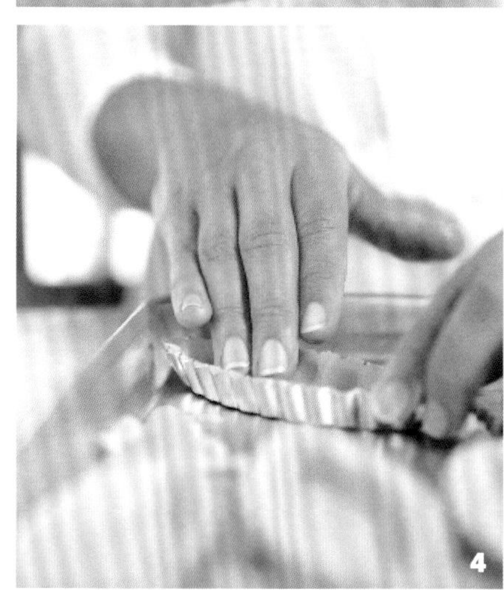

4 将面团按压进模具里

将铺有面团的模具摆放到大的带边烤盘里。用手指轻轻将面团按压到模具的底部和四周。

5 在面团上戳孔

用叉子的叉尖在面团上戳孔，可以防止面团在烘烤过程中膨胀。用烘焙纸将模具松松地盖上，冷藏至面团非常硬实的程度，大约需要1小时。

6 空烤挞皮

预热好烤箱。剪出大一些的长方形锡纸，盖住挞模。将锡纸沿着模具向下折叠，在里面填入烤石或干豆。根据食谱要求进行烘烤。

起酥派（馅饼）面团（使用食品加工机制作）

黄油的浓郁风味和酥皮的品质使其制作的馅饼不仅用途广泛，而且美味可口。黄油应该是非常凉的，这样就会在馅饼皮中形成层次，有助于整体的香酥感。不要过度揉制面团，否则面团会非常硬。

原材料

220克（1¹/₃杯/7盎司）通用面粉（普通面粉）

1汤勺白糖

1/4茶勺盐

125克（1/2杯/4盎司）冷的无盐黄油

4汤勺（60毫升/2盎司）冰水，根据需要多备出一些

可以制造出一个直径23厘米（9英寸）的派皮面团

要烘烤水果馅的派，先将烤箱预热到200℃（400℉）。将水果派烘烤15分钟，然后将烤箱温度降至180℃（350℉），再烘烤40~45分钟，直到派皮呈金黄色，并且水果变得软烂，略微冷却或完全冷却后切成V形块上桌。

1 加工处理干性原材料

将面粉、白糖，以及盐加入食品加工机的搅拌桶里，搅打2~3次，将原材料混合均匀。

2 加入黄油

用锋利的刀将黄油切割成2厘米（3/4英寸）见方的块，加入搅拌桶里。

1

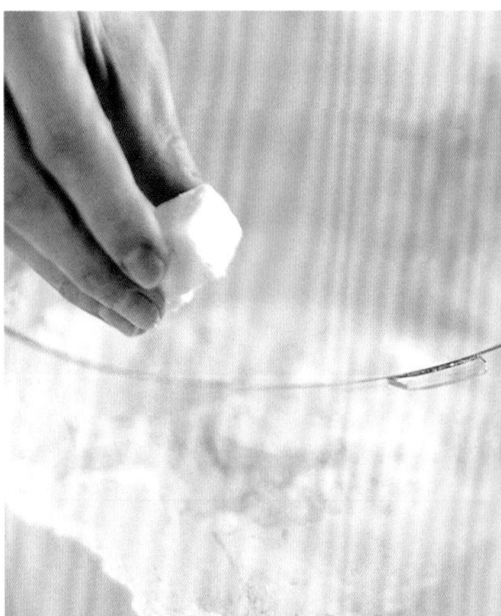

5 检查面团的程度

当面团和好时，应该在搅拌桶内粗糙地聚集到一起，但是没有形成球形的面团。不要过度搅拌，否则派皮会很硬。

3 搅拌至呈粗粒状

搅打8~10次，此时一些黄油块应该混合到了面粉中，但豌豆粒大小的黄油仍然清晰可见。

3

4 加入冰水

加入冰水，搅拌10~12次，拽出一块面团测试。如果面团碎裂开，就加入一些冰水，一次加一汤勺，搅打至拽取一块面团时，凝聚到一起不断裂。

4

6

6 将面团整理成型并冷藏

将面团移至撒有面粉的台面上。将面团整理成直径15厘米（6英寸）的圆形。用保鲜膜包好，冷藏至少1小时或一晚上。

更多风味的派面团

咸香风味的派面团

如果要制作咸香风味的派，如乳蛋饼或美味的法式加丽特派，在步骤1中去掉糖，然后继续按照食谱步骤进行制作。

表面装饰成格子状的派面团

按照起酥派面团的制作步骤，使用下述配比制作：315克（2杯/10盎司）通用面粉；4茶勺白糖，可选；1/4茶勺盐；185克（3/4杯/6盎司）冷的无盐黄油；以及90毫升（6汤勺/3盎司）冰水。把面团分成两份，一份是另一份的两倍大。将较大的面团整理成直径15厘米（6英寸）的圆形，较小的面团整理成直径7.5厘米（3英寸）的圆形。参照条目245 中的制作方法，制作成格子状的派面。

双层派皮面团

按照起酥派面团的制作步骤，使用下述配比制作：425克（2²/₃杯/13.5盎司）通用面粉；2汤勺白糖，可选；1/2茶勺盐；250克（1杯/8盎司）冷的无盐黄油；125毫升（8汤勺/4盎司）冰水。将面团从中间切割开，并将每一半都整理成直径15厘米（6英寸）的圆形。参见条目244的制作步骤，来制作双层派皮的派。

241 起酥派（馅饼）面团（手工制作）

用手工制作派皮面团的时候，黄油变热的速度不如用食物加工机制作得快，这就保证了派皮的香酥感。

原材料

- 220克（$1\frac{1}{3}$杯/7盎司）通用面粉（普通面粉）
- 1汤勺白糖
- 1/4茶勺盐
- 125克（1/2杯/4盎司）冷的无盐黄油
- 4汤勺（60毫升/2盎司）冰水，根据需要多备出一些
- 可以制造出一个直径23厘米（9英寸）的派皮面团

1 混合干性原材料

面粉、白糖，以及盐，用叉子混合均匀。

2 加入黄油

将黄油切割成2厘米（3/4英寸）见方的块，撒落到面粉混合物中，用叉子搅拌，使黄油块均匀地覆盖上面粉。

5 将面团聚拢到一起

当面团和好之后，应该能聚拢成一个粗糙的面团。不要过度混合，否则派皮会变得非常硬。轻轻地将面团聚拢到一起即可。

水果派的馅料

苹果–香料馅料

准备6个去皮、去核，并切成薄片的苹果；1汤勺过滤好的鲜榨柠檬汁；2汤勺融化的无盐黄油；60克（1/4杯/2盎司）黄砂糖；1.5茶勺肉桂粉；以及1/8茶勺现擦碎的豆蔻粉，搅拌至混合均匀。

桃–覆盆子馅料

准备6个去皮，切成薄片的桃子；45克（1/4杯/1.5盎司）通用面粉（普通面粉）；3汤勺白砂糖；1汤勺过滤好的鲜榨柠檬汁；1茶勺香草香精，搅拌至混合均匀。将125克（1杯/4盎司）鲜覆盆子翻拌进去。

三种浆果馅料

准备375克（3杯/12盎司）蓝莓；各125克（1杯/4盎司）黑莓和树莓；45克（1/4杯/1.5盎司）通用面粉（普通面粉）；60克（1/4杯/2盎司）白糖；1汤勺过滤好的鲜榨柠檬汁，搅拌至混合均匀。

酸樱桃馅料

准备1千克（5杯/32盎司）去核的酸樱桃；125克（1/2杯/4盎司）白糖；1.5汤勺玉米淀粉；1汤勺过滤好的鲜榨柠檬汁；1/4茶勺杏仁香精，搅拌至混合均匀。

每道食谱可以制作出一个直径23厘米（9英寸）派所需的馅料。

3　将黄油在面粉中进行切割

使用糕点混合器或两把刀，在面粉里切割黄油，直到混合物形成了大的粗糙的颗粒。

4　加入冰水

将冰水淋在面粉黄油混合物上，用叉子搅拌均匀。如果面团看起来太容易裂开，再加入一些冰水，每次加入一汤勺的量，并搅拌均匀。

3

4

6

6　将面团整理成型并冷藏面团

将面团移到一大块保鲜膜上包好，把面团按压成圆形。冷藏至少1小时或一晚上。

使用派皮面团

1 擀开面团

在台面上、面团上，以及擀面杖上都撒少许面粉。将面团从中间向四周各个方向擀开，擀成直径比派盘或模具大5~7.5厘米（2~3英寸）的圆形。

2 转动并铲起面团

用刮刀或曲柄抹刀，在擀开面团的过程中，将面团铲起并转动几次，以防止粘连。根据需要在台面上和擀面杖上撒面粉。

3 刷除多余的面粉

小心地将面团卷到擀面杖上，用毛刷将面团上多余的面粉刷除掉。多余的面粉会使面团变硬。

4 将擀好的面团铺到模具上

将擀面杖放在派盘或模具上。把面团展开，放在派盘里。轻轻地将面团按压到派盘的底部及盘边，注意不要拉扯或拖拽面团。

5 修剪面团

如果要制作单层派（如图所示），可以用小去皮刀或厨用剪刀修剪面团，多留出2厘米（3/4英寸）的边缘部分。

6 制作出派边

转动留在外边部分的面团，以在派边处制作出一个高边，用食指和拇指沿着派边捏面团的高边，形成一个带有凹槽的花边。

法式加丽特派的制作成型

1 将水果摆放到擀好的面团上

将擀薄的圆形派皮面团摆放在铺有烘焙纸的曲奇烤盘上。将加丽特派的馅料舀到面团的中间位置处，四周留出5厘米（2英寸）的边沿。

2 将面团的边缘折叠到馅料上

小心地将面团边缘朝上折叠起来盖住馅料，沿着周边形成松散的皱褶造型，让中心位置开着口。

3 在面团上涂刷蛋液

用毛刷在有皱褶的面团上涂刷薄薄一层蛋液（这里使用的是1个鸡蛋与1茶勺水搅打的蛋液）。

4 在边缘处撒上糖

趁着蛋液还湿润的时候，在有皱褶的边缘处撒上糖（这里使用的是黄砂糖）。在200℃（400℉）的烤箱里，烘烤至外壳变成金黄色，水果变软，需要烘烤8~12分钟。

244 制作双层派皮的派

1 填入馅料

在派盘或派模具里铺上派皮面团（见条目242），然后倒入馅料。因为大多数水果在烘烤时都会收缩，所以馅料比派盘边缘高出几厘米。

2 盖上派皮

小心地拖动顶部的派皮覆盖在馅料上，确保盖好。

3 密封好并制作出装饰花边

用锋利的刀子或厨用剪刀，修剪派皮，多留出2厘米（3/4英寸）的边缘。卷动多留出的边缘部分的面团，以在派边处制作出一个边来，修饰派皮（见条目246），并根据需要撒上糖。

4 留出蒸汽孔

用去皮刀在顶部的派皮中间位置处，切出3~4个裂口。这样，在派烘烤的过程中，蒸汽就会从这些裂口中逸出。

制作格子派

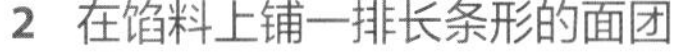

1　切割出条状面团

将面团擀成比派盘直径大5厘米（2英寸）、厚度为3毫米（1/8英寸）的长方形。用比萨轮刀或去皮刀，修剪掉边缘部分，然后将长方形面团切成均等的10个长条形。

2　在馅料上铺一排长条形的面团

从派盘边缘2.5厘米（2英寸）处开始，在馅料上每间隔大约2.5厘米摆放4~6根长条形面团。如果面团粘连在台面上，用薄的金属铲子轻轻铲起来。

3　交替着编织面团

如图所示，交替编织面团。

4　编织面团

编织成格子状的派成品。

派的装饰美化

1 凹槽形花边

将拇指和食指保持大约2.5厘米（1英寸）的间距，在派皮面团的外边缘处对应着朝里按压，同时用另外一只手的拇指从内侧朝外按压，做出凹槽形。

2 将派边制作出波浪形褶痕

在叉子的叉尖上撒面粉。用叉子沿着面团的边缘轻轻按压，在面团边缘制作出装饰形褶痕。

3 制作出绳索造型的花边

在木勺柄上沾些面粉。将木勺柄呈一定角度沿着派的边缘，在面团上每间隔12~40毫米（1/2~1.5英寸）朝下按压。

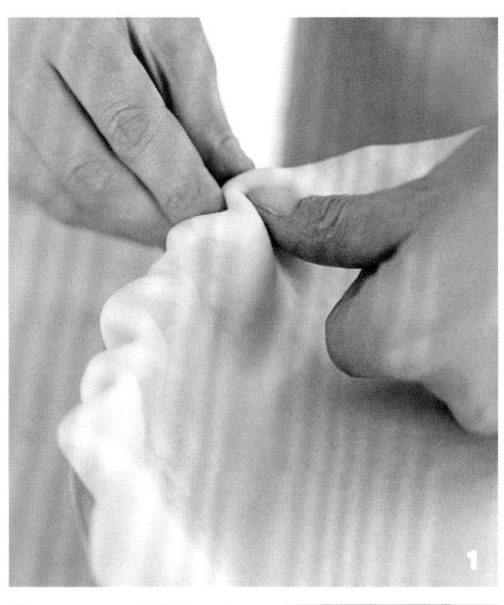

1

2

3

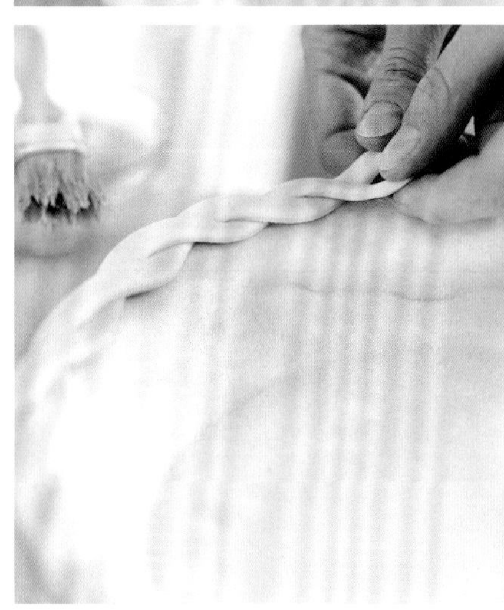

4 编织出辫子造型的花边

准备好蛋液（1个鸡蛋与1茶勺水），轻轻地涂刷在派皮的边缘处。将长条状的面团编成辫子形状，大约6毫米（1/4英寸）宽。小心地把编织好的辫子移到派的边缘上，轻轻按压粘好。

5 将各种造型的面团按压到派边上

用小的曲奇切割模具，从擀开的派皮面团的边角料上切割出各种小的花样造型。在每一个小造型的一面涂刷蛋液，然后轻轻按压到派皮的边缘处粘好。

6 制作出精致的面团装饰造型

用小的曲奇切割模具，从擀开的派皮面团的边角料上切割出各种形状。用去皮刀的背面进行细节的刻画。在烘烤之前，将这些形状造型用蛋液粘在双层派皮的顶层派皮上。

空烤挞皮或派皮

247

1 在派皮上铺锡纸

将烤箱预热至200℃（400℉），或者根据食谱要求设定温度。在派皮上铺一大块厚锡纸，确保将锡纸按压进入面团的凹槽花边里。

2 加入承重

在铺有锡纸的派皮里填入重石、干豆，或者生的大米。要确保覆盖住整个派皮的底部。将带有承重的派皮烘烤至变干，大约需要15分钟。

3 检查派皮

通过抬起锡纸的一角查看派皮是否烤好，如果锡纸有粘连，说明派皮没有完全干透。将其放回烤箱里，每隔2分钟再检查一次。

4

4 取出承重

小心地将锡纸和承重物取出来。大多数食谱会要求派皮再重新烘烤至部分烤熟，大约需要5分钟；或者烤至完全成熟，大约需要10分钟。

5 让派皮冷却

如果要在完全烤熟的派皮内填入鸡蛋馅料，或者是需要冷食的挞，将在派盘里的派皮放到烤架上冷却至少30分钟。

6 根据需要，将派皮脱模

派通常是直接从派盘里端上桌的，而挞通常是脱模之后上桌的。要脱模挞皮或带有馅料的挞，小心地将挞模的活动底朝上按压通过挞环。然后用一把曲柄抹刀把挞模底部的挞皮从挞模的活动底上铲起。

家禽类烹饪技法

捆缚家禽

1 修剪掉脂肪

捆缚家禽是一项可选择的步骤，但有些人认为这样做可以让家禽在加热烹调时看起来更美观、更规整。将家禽胸部朝上摆放在干净的砧板上。用家禽剪刀剪去所有多余的脂肪。

2 保护鸡翅

握住一只翅膀，将翅尖折弯，把它塞到肩部的后面。另一只翅膀也塞好。这样在加热烹调时可以保护翅膀，并防止翅膀烧焦。

1

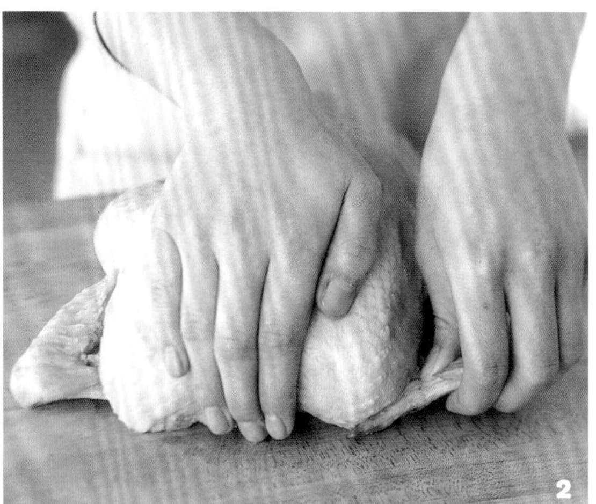

2

3

3 也可将鸡翅捆缚到身体上

也可以用一根厨用棉线把翅膀固定在家禽身体上。别把绳子捆得太紧，否则会损坏家禽外皮。

4 系住小腿

剪一根厨用棉线，绕在小腿的末端，把它们固定住。这有助于给家禽一个紧凑的造型。

家禽酿馅 249

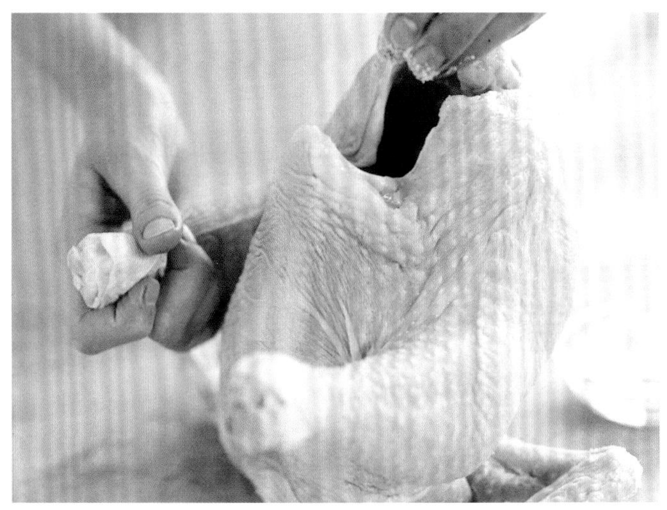

1 给家禽腹腔调味

将家禽的内脏取出，另作他用。用纸巾把家禽完全拭干。把家禽直立起来，用盐和胡椒给腹腔调味。

2 将馅料填入腹腔内

用一只手将腹腔撑开，用硅胶抹刀或大勺子，在腹腔内填入常温下的馅料。不要在腹腔内填入过多的馅料，否则会影响成熟时间。

在家禽皮的下面涂擦黄油 250

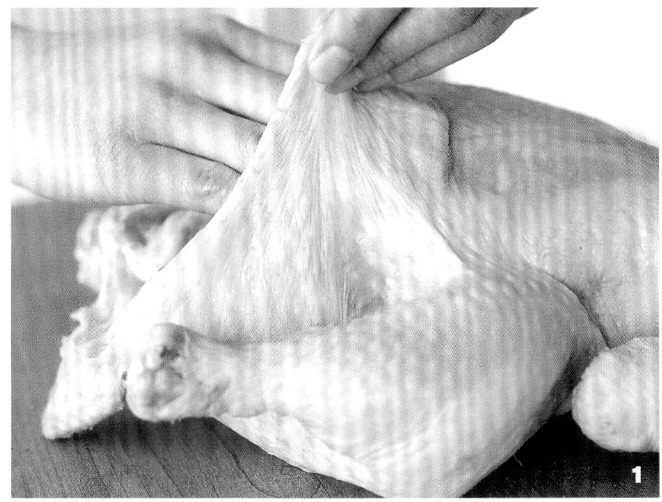

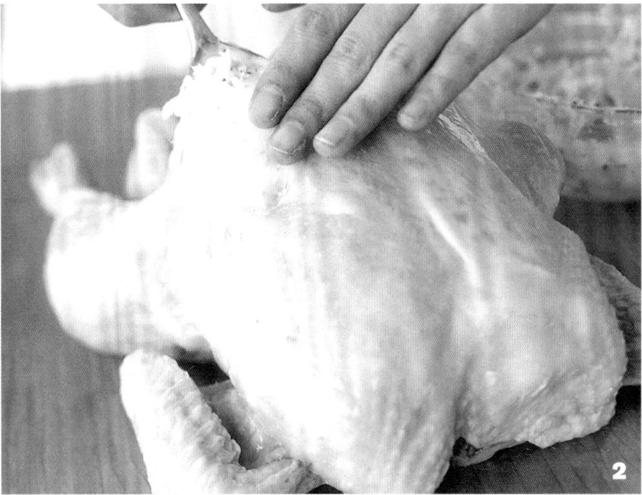

1 将家禽的皮与肉分离开

将家禽的胸部朝上，手指在家禽的皮下滑动，轻轻地在两侧把家禽皮和胸肉分离开，小心不要撕破家禽的皮。在腿部和大腿的皮下面重复这个步骤。

2 在家禽的皮下面涂擦黄油

用一把大勺子，舀取一份调味黄油，把它塞入胸部、腿部和大腿部位的皮的下面，用手指将调味黄油推开。通过家禽皮揉搓黄油使其均匀分布开。

251 去皮、去骨，以及敲打鸡脯肉

1 去掉鸡皮

如有需要，将整块鸡脯肉切成两半。从肉质最厚端开始，抓住鸡皮，用力把它从鸡脯肉上撕下来。将鸡皮丢弃不用。

2 切下骨头

把鸡脯肉翻过来。从鸡脯肉上肉质最薄端开始，用带有薄刀刃的去骨刀，把鸡脯肉从骨头上切割下来，另一只手把骨头拽走。

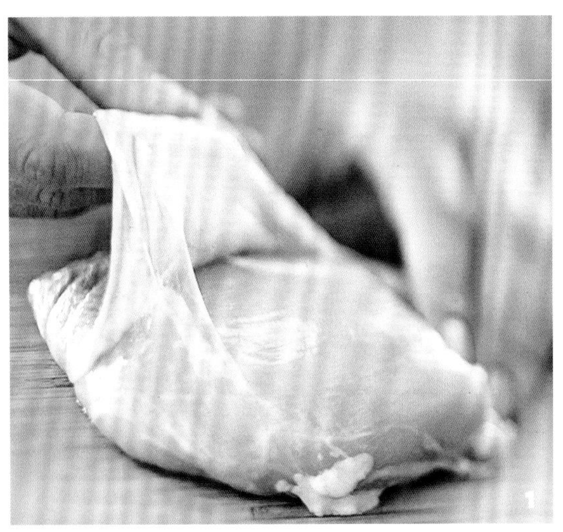

3 切下鸡里脊肉

然后，仍然用去骨刀，从鸡脯肉上切下长的鸡里脊肉，以及白色的肌腱。

4 敲打切成两半的鸡脯肉

将鸡脯肉分次放入塑料袋里，或者放到两张烘焙纸之间。使用平头肉锤，从中间朝向外侧，轻轻敲打鸡脯肉，直到鸡脯肉呈均匀的约12毫米（1/2英寸）厚。

将去骨鸡脯肉穿成鸡肉串

1 敲打鸡脯肉

将切成两半的鸡脯肉分次放入两张烘焙纸之间，或者一个塑料袋里。使用肉锤轻轻敲打鸡脯肉，直到整块鸡脯肉的厚度都一样。

2 将鸡脯肉切成方块

将每块切成两半的鸡脯肉分别切成纵长大约2.5厘米（1英寸）宽的条，然后，再将条横切成2.5厘米见方的块。

1

2

3

4

3 浸泡竹扦

与此同时，将竹扦放入长的浅盘里，加水没过竹扦，浸泡至少1小时，以防止加热时竹扦烧焦。

4 制作鸡肉串

将竹扦控净水。在每一根竹扦上穿上一块或多块鸡肉块，将竹扦从每块鸡肉的中间穿透过去，这样鸡肉块会比较平整。

253 盐卤整只鸡

1 将盐和糖熔化

烹调之前用盐水腌泡家禽可以增加风味并滋润肉质。将卤水原材料烧开，加入盐和糖，并时常搅拌使盐和糖溶化。

2 将卤水倒入大的容器内

将卤水倒入大的不起氧化反应的锅内，选择由玻璃、陶瓷、不锈钢或塑料制成的容器。不要使用无涂层铝容器。

3 让卤水冷却

卤水冷却是非常重要的。

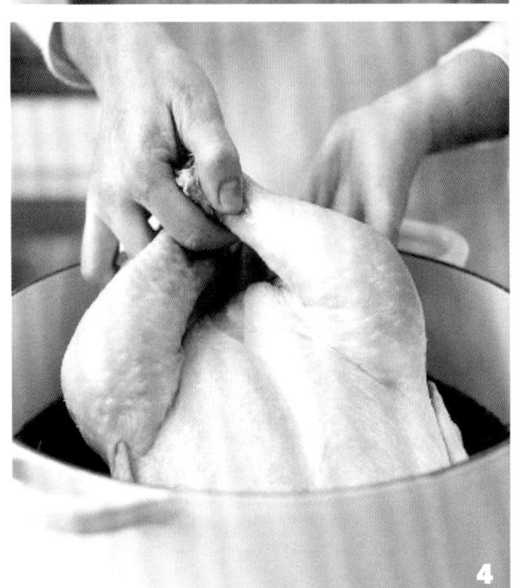

4 将鸡浸入卤水中

将鸡放入卤水中浸泡。把盘子压在鸡的上面，使鸡保持完全浸泡在卤水里。放冰箱冷藏，偶尔将鸡翻动一下，浸泡4~6小时。

5 将鸡控净卤水

将鸡从卤水中捞出，腹腔朝下打开，将卤水控净，大约需要5分钟。

6 将鸡擦干

有些菜谱要求在烹调之前先把鸡冲洗干净，以去除卤水留下的咸味。用纸巾把鸡身擦干，在烹调之前恢复到室温。

盐卤整只火鸡

1 混合卤水原材料

在一个大到足以盛下整只火鸡的汤桶里，将卤水原材料混合好。用大火烧开，时常搅拌，以将盐和糖溶化。将锅从火上端离开。

2 如果立即使用的话，加入冰水冷却

卤水冷却是非常重要的。可加冰水快速冷却。

1

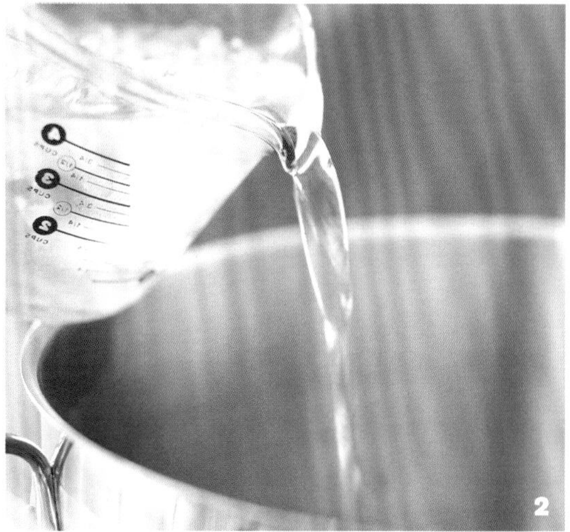

2

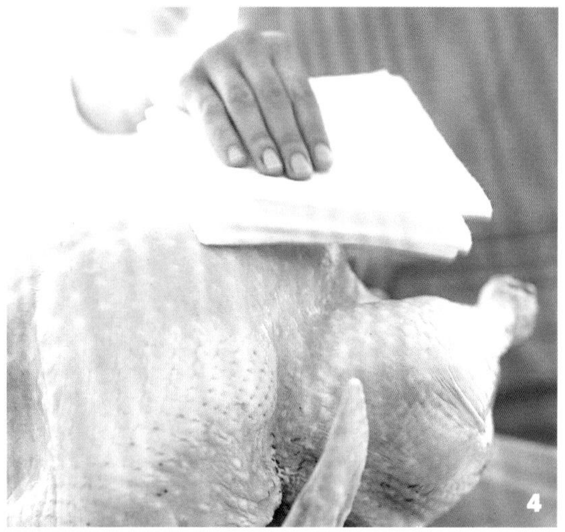

4

3 将火鸡放入卤水中

将火鸡胸脯朝下浸泡在卤水中，要确保完全浸入卤水里。冷藏1~3天。

4 将火鸡擦干

将火鸡从卤水中捞出，洗干净，并擦干。在烤之前，先让火鸡恢复到室温。

255 整只鸡的切割

1 剪下鸡腿

将鸡胸朝上摆放好。把一只鸡腿朝外拽开。用家禽剪刀，剪开鸡皮，找到关节点，然后将其剪开，取下两只鸡腿。

2 分开鸡大腿

找准大腿和小腿之间的关节点。稳稳地扶住一条鸡腿，用家禽剪刀剪开关节，将两只鸡腿的大腿和小腿分离开。

3 剪下鸡翅

抓紧一只鸡翅并将其朝外拉开。使用剪刀剪开鸡皮，找到关节点剪断，取下两只鸡翅。

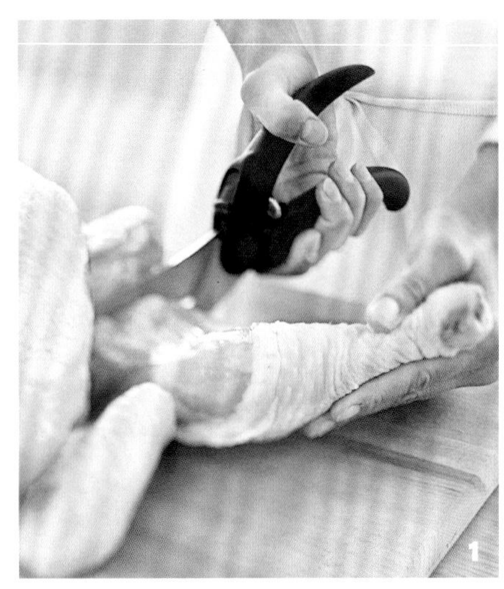

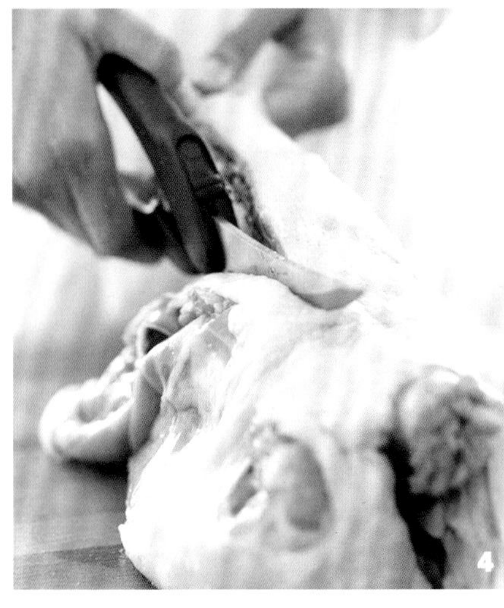

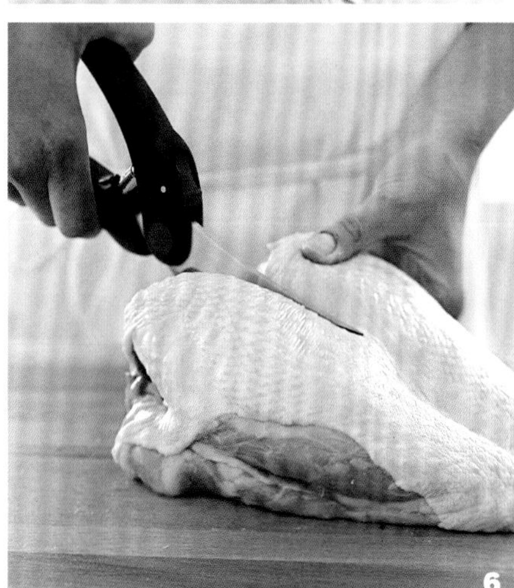

4 取下脊骨

把鸡翻过来。沿着脊骨一侧，从腹腔到颈部切开。然后沿着另一侧剪开，去掉脊骨。丢弃掉或留着制作高汤。

5 取出胸骨

用已闭合的家禽剪刀的刀尖穿过覆盖在胸骨上的薄膜。将鸡脯肉的中间部位向上拱，以突出胸骨，然后将其拉出或切开，丢弃掉胸骨。

6 将鸡脯肉切成两半

用家禽剪刀将鸡脯肉纵向切成两半。切割完之后的鸡，加上脊背，总共是8块。

制作蝴蝶鸡扒（切开后平整摊开的整只鸡）

1 沿着脊骨将鸡切开

将整只鸡的鸡脯肉朝下，摆放在砧板上。用家禽剪刀或厨刀，沿着脊骨的一侧将鸡切割后拉伸开，小心不要将鸡皮撕裂或撕掉。

2 去掉脊骨

沿着脊骨的另一侧切开，然后去掉脊骨。丢弃掉或留着制作高汤。

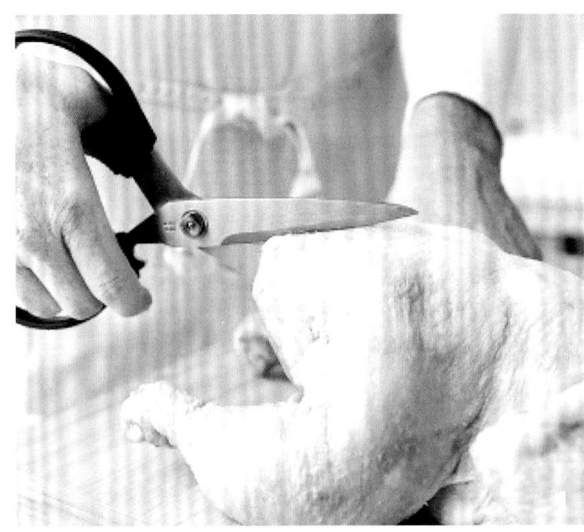

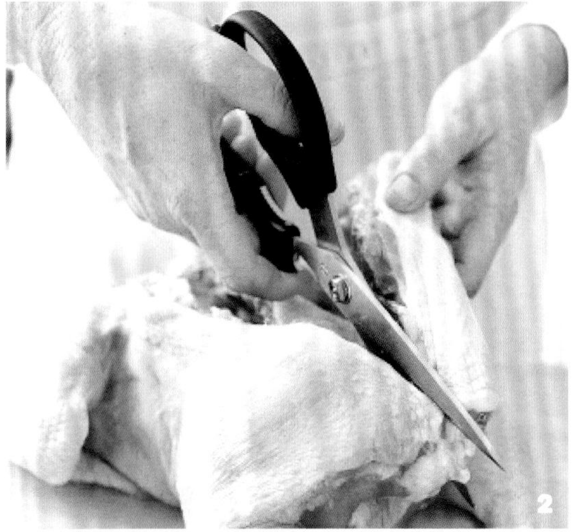

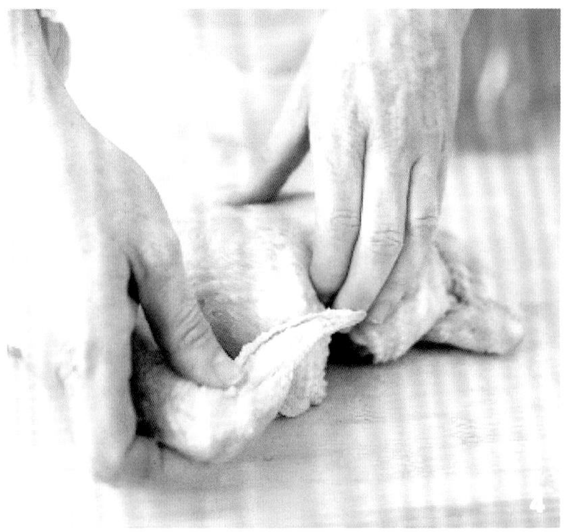

3 将鸡按压平整

将鸡脯肉朝上翻过来，打开腹腔，以便让鸡尽可能摆放平整。将一只手放在另一只手上，用力按压鸡脯肉部位，以压断胸骨，并将鸡完全压平。你应该能听到并感觉到鸡胸骨断裂。

4 固定鸡翅

将每只鸡翅膀向外弯曲，将翅尖固定在颈部下方部位。

257

铁扒蝴蝶鸡扒

1 将蝴蝶鸡扒放到铁扒炉上

铁扒炉设置好一个区域为高温加热区域，一个区域为低温区域（见条目165）。将一个蝴蝶鸡扒（见条目256）鸡皮朝下，摆放到低温区域的铁扒炉架上。

2 用重物压住鸡扒

在鸡扒上放一个铸铁煎锅或两块用锡纸包裹好的砖块。盖上铁扒炉盖，把鸡铁扒至鸡皮呈金黄色，一只约1.8千克（4磅）重的鸡扒大约需要30分钟。

1

2

3

4

3 加热鸡扒的另一面

将鸡扒翻过来，再用铸铁煎锅或砖块压住鸡扒，并盖上铁扒炉盖。继续铁扒大约15分钟，然后移开煎锅或砖块。

4 测试成熟程度

将即时读取式温度计插入鸡脯肉最厚的部位，不要碰到骨头。读取的温度应为约77℃（170℉），如果鸡还没熟，继续加热5分钟，然后再测试一次。

煎去骨鸡脯肉

258

1　加热黄油和菜籽油

选择一个足够大的煎锅来煎鸡脯肉。把煎锅用中高火加热，加入黄油和菜籽油成为混合油，只需薄薄一层油即可。

2　将鸡脯肉沾上面粉

在浅盘里撒上面粉，一次取一块调好味的、经过敲打平整的无骨鸡脯肉（见条目251），沾上薄薄一层面粉，将多余的面粉抖落掉，把裹上一层面粉的鸡脯肉放入锅里。

1

2

3

4

3　煎鸡脯肉

将鸡脯肉煎至底面呈金黄色，大约需要3分钟。然后用夹子将鸡脯肉翻过来。

4　测试成熟程度

改用中火加热，将鸡脯肉的另一面煎至金黄色，当用指尖按压鸡脯肉的中间位置感觉硬实时即熟了，大约需要3分钟。然后将煎熟的鸡脯肉移到热的餐盘里。

259

锅烤鸭脯肉

1 在鸭皮上刻出花纹

用一把锋利的刀在鸭皮上刻出十字花刀。这些刀纹将有助于脂肪的熔化，使鸭皮变得香脆。

2 煎炙鸭脯肉，鸭皮朝下

用盐和胡椒粉给鸭脯肉调味，将一个大的厚底耐热煎锅用大火加热至非常热的程度。将鸭脯肉的鸭皮朝下，放入锅内，用铲子用力按压鸭脯肉。

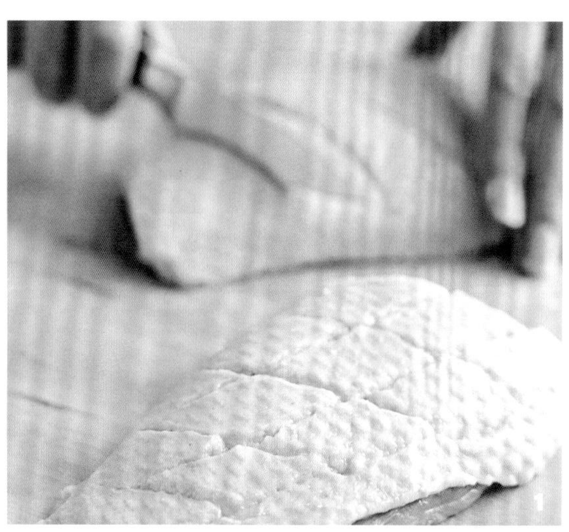

3 将鸭油舀出

煎2分钟，将锅倾斜，用勺子舀出逐渐增多的鸭油。

4 锅烤鸭脯肉

将锅放入预热至约200℃（400℉）的烤箱里，烤6分钟。用夹子将鸭脯肉翻过来，一直烤到将温度计插入每一块鸭脯肉的中间时，读取的温度都是65℃（150℉）左右。

检测去骨禽肉块的成熟程度 260

1　通过外观检测

对于小块家禽肉，如大腿肉或去骨胸脯肉，可以在肉上切割出一个小的切口观察，成熟的肉应该没有粉红色的痕迹。

2　通过触摸检测

用指尖按压家禽肉块的中心部位，肉质触摸起来感觉硬实，但很快就会反弹回来，说明家禽肉已经成熟，而且没有加热过度。

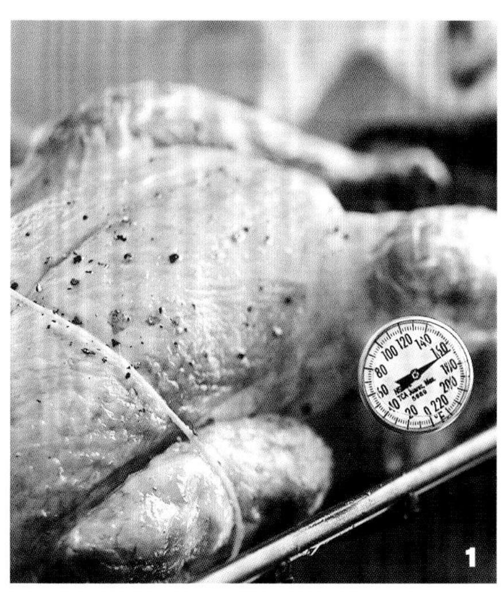

通过温度测试家禽肉的成熟程度 261

1　测试整只家禽

将即时读取式温度计插入家禽大腿上远离腿骨且肉质最厚的部位。如果家禽烤熟了，温度应为77℃（170℉）左右。

2　测试带骨肉块

对于单独的肉块如火鸡胸肉，将温度计插入中间位置，远离骨头的最厚部位。如果烤熟了，温度应为77℃（170℉）左右。

切割带骨火鸡胸肉 262

1　将火鸡胸肉从骨头上切割下来

用一只手握住肉叉稳住火鸡胸肉。用一把薄的带柔韧性的肉刀，将火鸡胸肉从胸腔上的肋骨处整个切割下来。

2　将火鸡胸肉切成片

火鸡胸肉逆着肌肉纹理切成约12毫米（1/2英寸）厚的片。

263

脱脂乳风味炸鸡

用脱脂乳卤水腌泡就是这道炸鸡美味的原因所在，外皮香酥焦脆，非常受欢迎。脱脂乳中的酸使肉质变得鲜嫩，卤水中的盐分使肉质咸香适口。用卤水浸泡也使得鸡肉在加热时能够保持湿润。

原材料

1升（4杯/32盎司）脱脂乳

75克（1/4杯/1.5盎司）盐

1汤勺红辣椒酱

约1.8千克（4磅）鸡块（鸡脯肉、大腿肉和小腿肉）

155克（1杯/5盎司）通用面粉（普通面粉）

3/4茶勺泡打粉

1/2茶勺现磨碎的黑胡椒粉

1/4茶勺辣椒粉

1/2茶勺干的马郁兰

1/2茶勺干的百里香

1/2茶勺干的鼠尾草

菜籽油，用于炸鸡

可供4人食用

1 制作脱脂乳卤水

选择不起反应的盆（玻璃、陶瓷或不锈钢），大到足以盛下鸡块和卤水。将脱脂乳倒入盆中，加入盐和红辣椒酱，用搅拌器搅拌至盐溶解开。

2 盐卤鸡块

将鸡块加入卤水中，要确保完全浸没。然后将盆盖好，并且冷藏6~12小时。炸鸡之前1小时取出盆。

1

6 炸鸡腿

用夹子把鸡小腿和鸡大腿放入热油锅中。油的温度会下降，所以要保持大火加热，使油的温度回到180℃。在整个炸鸡的过程中，都要保持这个温度。将鸡肉炸至金黄色，每面大约需要炸4分钟。捞出盛到带边的烤盘里，放入烤箱烤10分钟。

3 将鸡块沾上面粉

在一个浅盘里，将面粉、泡打粉、黑胡椒粉、辣椒粉和干香草混合到一起。每次从卤水中捞出一块鸡肉，抖落掉多余的卤水，然后把鸡肉放入调过味的面粉中沾匀，然后放到烤盘里。

4 将油倒入厚底锅内

使用一个大的厚底深边煎锅，最好是铸铁锅，这样可以很好地保留热量。将煎锅放在火上，向锅中倒入深度约为2.5厘米（1英寸）的油。将数字式高温温度计的探头插入油中。

5 将油加热

把烤箱预热到180℃（350℉）左右，用大火把油也加热到180℃（350℉）左右。你可以通过撒一点面粉来测试油的温度。如果面粉立即冒泡并且开始变成棕色，说明油温可以了。

3

4

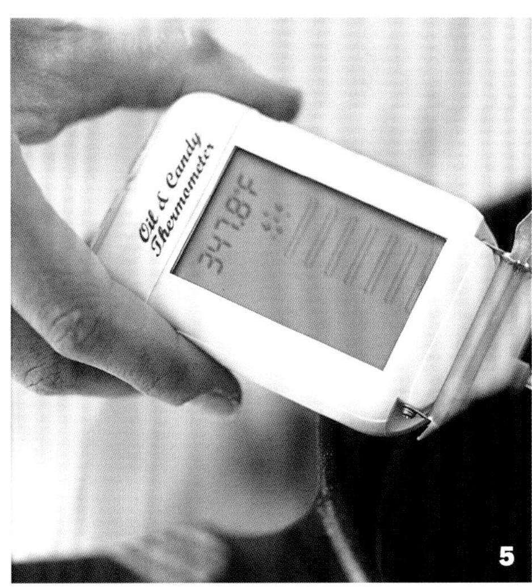

5

7

7 炸鸡脯肉

用同样的方式炸鸡脯肉，确保在炸之前把油温升到180℃。将炸过的鸡脯肉放入烤盘里，将鸡脯肉、鸡小腿和鸡大腿一起再烤10分钟。把鸡肉从烤箱里拿出来，用去皮刀的刀尖，在大腿骨附近切开一个小口。烤熟的鸡肉看起来不透明，鸡肉和骨头上没有粉红色的痕迹。

每杯细盐的重量都是一样的。粗盐中有较大的碎片，其重量会有所不同，可能会影响卤水的咸度。

264

经典烤鸡

诱人食欲的烤鸡有着香酥脆嫩的黄油般的鸡皮和鲜嫩多汁的肉质，很多厨师做不到这一点。这里有一个设计方案，经过简单调味让鸡天然的风味彻底彰显出来。

原材料

1只鸡，大约1.8千克（4磅）重

60克（4汤勺/2盎司）无盐黄油，30克常温，30克冷冻

3/4茶勺盐

1/2茶勺现磨碎的胡椒粉

菜籽油，用于涂刷烤架

可供4人食用

在这道食谱中，鸡小腿没有捆绑起来，这样烤箱的热量更容易渗透到大腿关节处，鸡肉会烤得更均匀。如果你喜欢更紧凑、更精致的外观，可以用厨用棉线把鸡小腿的两端捆绑在一起。

1　腌制鸡肉

将烤箱预热至230℃（450℉）左右。去掉腹腔内的内脏和颈部，去除多余的脂肪，用纸巾将鸡拭干。用室温下的黄油均匀地涂抹鸡的外皮。把盐和胡椒粉均匀地撒在鸡的里里外外。

2　固定鸡翅膀

将每一个翅尖都折到鸡的肩部位置下面，或者用一根厨用棉线将鸡翅系在鸡身的一侧（见条目248）。把一个V形烤架放在厚底烤盘里，在烤架上刷菜籽油。

5　将烤好的鸡放到砧板上

将烤鸡从烤箱内取出来。在腹腔内插入一把木勺，将烤鸡倾斜，以便腹腔内的汤汁流到烤盘里。趁木勺仍然在腹腔里，将烤鸡的胸脯肉朝上移到切割砧板上。

3 烤鸡

将鸡脯肉朝上摆放到烤架上，放入烤箱内烤15分钟，转动鸡身，再放回烤箱里继续烤。在烤制的过程中，每隔一段时间就翻动一下鸡身，这样会使所有的鸡皮上色。把烤箱温度降到190℃（375℉）左右，然后再烤30分钟。

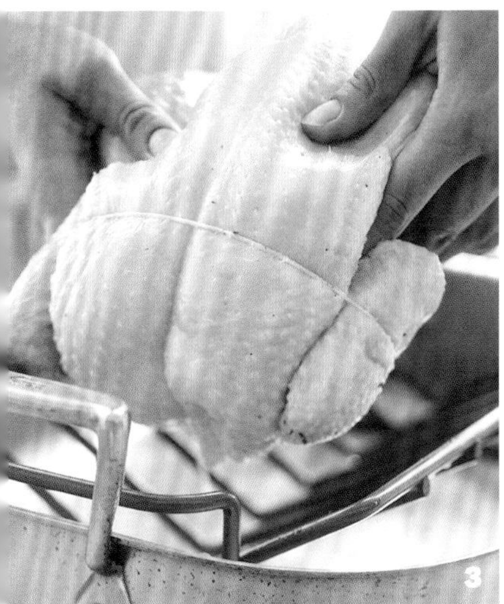

4 检测成熟程度

继续烤至鸡大腿肉质最厚部位（与鸡小腿相连在一起的部位）的温度为77℃（170℉）左右，大约需要30分钟。检测后，如果鸡没有烤好，放回烤箱里再烤5分钟，然后再检测一遍。

6 让烤鸡静置一会儿

让烤鸡静置10~20分钟。它不会变凉，将烤鸡切割成块状（见条目266），趁热食用。

各种风味的烤鸡

香草风味烤鸡

按照制作基础烤鸡的食谱步骤进行操作。在开始烤之前，在一个小碗里，将2汤勺常温下的无盐黄油、1茶勺切碎的新鲜百里香，以及1茶勺切碎的新鲜迷迭香混合好。小心地将手指滑到鸡皮下面，沿着胸脯和大腿周围滑动，将鸡皮松脱开。用手指将香草黄油均匀地涂抹在松脱开的鸡皮下面（见条目250）。然后按照食谱步骤继续制作。

香烤脆皮鸡

按照制作基础烤鸡的食谱步骤进行操作。在开始烤之前，在一个小号的干燥煎锅里，干焙1茶勺黄芥末籽、1茶勺香菜籽、1/2茶勺胡椒粒，以及1/2茶勺茴香（做法参考条目110）。将干焙好的香料籽放入香料研磨器中打碎。将混合香料放到一个小碗里，拌入1/2茶勺芹菜籽和1/8茶勺辣椒粉。然后继续按照食谱的步骤制作，在步骤1中，将混合香料撒遍涂抹了黄油和盐及胡椒粉的鸡身上。

265

食谱类

经典烤火鸡

整只烤到有着令人垂涎欲滴金黄色的火鸡，是许多特殊场合晚餐中最具特色的亮点。如果可能的话，买一只现宰的火鸡。如果是冷冻的火鸡，让它在冷藏冰箱里缓慢地解冻大约4天。

原材料

1只现宰的火鸡，带内脏和颈部，大约8.2千克（18磅）重

125克（1/2杯/4盎司）无盐黄油，常温下

菜籽油，用于涂刷烤架

500毫升（2杯/16盎司）棕色火鸡高汤（见条目299）

大约可供12人食用

1　将火鸡涂上黄油腌制

去掉火鸡颈部和内脏，如果需要，可以用卤水盐卤火鸡（见条目254）。将火鸡漂洗干净并拭干，并让其恢复到常温。用双手将黄油涂遍所有的鸡皮。

2　固定火鸡翅膀

将每一个翅尖弯曲后塞到火鸡肩部位置的下面，或者用一根厨用棉线把鸡翅系到火鸡身体的两侧（见条目248）。

5　烤火鸡

烤火鸡，每隔45分钟用一个淋油器给火鸡浇淋上高汤。在浇淋高汤的时候，把锡纸抬起来以浇淋到火鸡胸脯上，并且要快速浇淋，以防止烤箱降温。如果烤盘内的汤汁完全挥发了，可以在烤盘里加入一点水。继续烤至大腿肉质最厚部位（与火鸡小腿相连在一起部位）的温度为77~82℃（170~175℉），大约需要4小时。在烤火鸡的最后一小时里，从火鸡胸部取下锡纸。

3 根据需要，捆绑好火鸡小腿

让火鸡腿保持原样，可以烤得更均匀。为了看起来更加规整美观，也可以用厨用棉线将火鸡小腿捆绑在一起。

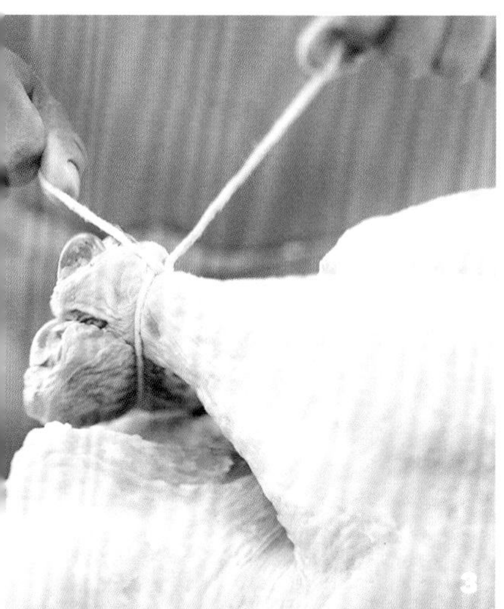

4 将火鸡放入烤盘里

选择一个大到能够盛放下火鸡的烤盘。在烤架上涂刷油，然后放到烤盘里。将火鸡放到烤架上。为了保持瘦肉型的火鸡胸肉滋润，用锡纸将其包紧。

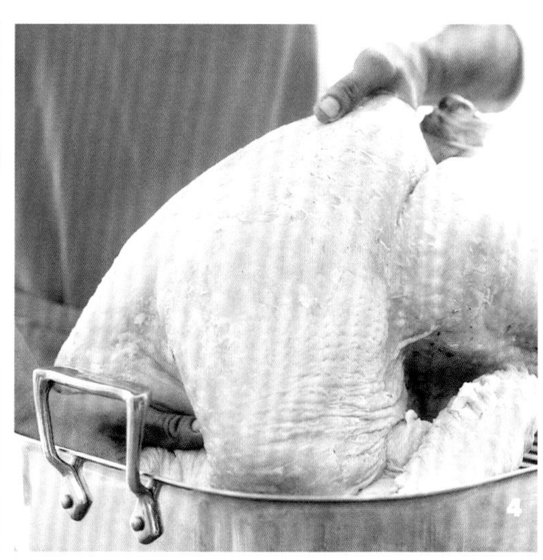

6 让烤火鸡静置一会儿

将烤好的火鸡从烤箱里取出来。将一个坚固的大金属勺子插入火鸡的腹腔里，用一个肉叉插入火鸡的颈腔支撑住火鸡，让火鸡倾斜，使腹腔内的汁液流入烤盘里。将火鸡胸部朝上，移到切割砧板上。让火鸡静置20分钟或45分钟。如果厨房里温度很低，可以用锡纸把火鸡盖住。在上桌之前，让烤好的火鸡经过短暂的静置，可以让肉汁重新分布到整个火鸡的肉质里，而这是火鸡美味多汁的关键。

各种风味的烤火鸡

白葡萄酒卤水

为了确保烤火鸡美味多汁，可以先用卤水浸泡：在一个足够大的能够盛放下火鸡的不起反应的汤锅中，放入2瓶（750毫升）干白葡萄酒、315克（1杯/10盎司）盐、220克（1杯/7盎司）红糖，干迷迭香、干百里香、干鼠尾草各2汤勺，干马郁兰、黑胡椒粒各1汤勺，4片香叶。用大火加热烧开，加入盐和糖搅拌至熔化。将锅从火上端离，拌入6.5升冰水搅拌至融化。小心地将火鸡放到冷却后的卤水里，盖上锅盖，冷藏12~24小时。

香草风味肉汁

烤完火鸡后，将烤盘里烤火鸡时滴落下来的汤汁中的油脂撇去（见条目270）。量取烹调用油：应量取125毫升（1/2杯/4盎司）烹调用油。量取汤汁：加入1.5升（6杯/48盎司）棕色火鸡高汤（见条目299）。将烤盘放在两个炉头上加热，将炉火调至中大火。将烹调用油倒入烤盘内，撒入105克（2/3杯/3.5盎司）通用面粉（普通面粉）。用搅拌器搅拌成面糊，然后加热1分钟。将棕色火鸡高汤倒到烤盘里，加入4茶勺切碎的新鲜鼠尾草，加热烧开后用小火慢炖，不时搅拌，以防止形成结块，一直加热到肉汁浓稠到足以覆盖在勺子背面并尝起来没有生面粉的味道，大约需要10分钟。调整口味。

266 整只烤鸡的切割

1 露出大腿关节

解开捆绑烤鸡的棉线。用肉叉固定好烤鸡，用肉刀或厨刀切开鸡胸与鸡腿之间的鸡皮。

2 将鸡腿切割下来

在鸡大腿的关节位置切断关节，以分离开鸡腿。

3 将鸡大腿分离开

抓牢一根鸡腿，将小腿和大腿之间的关节切断，把它们分开。

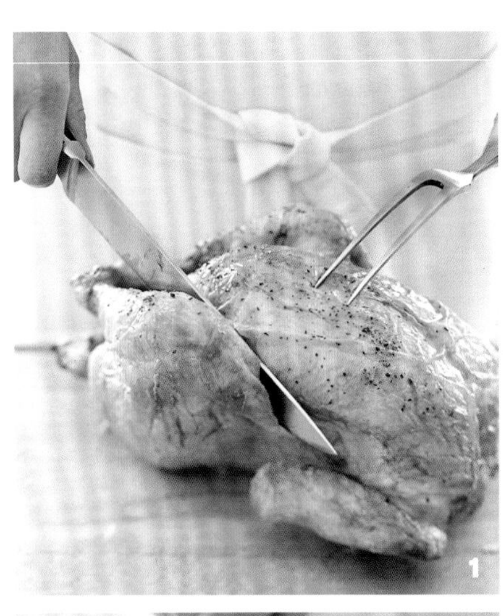

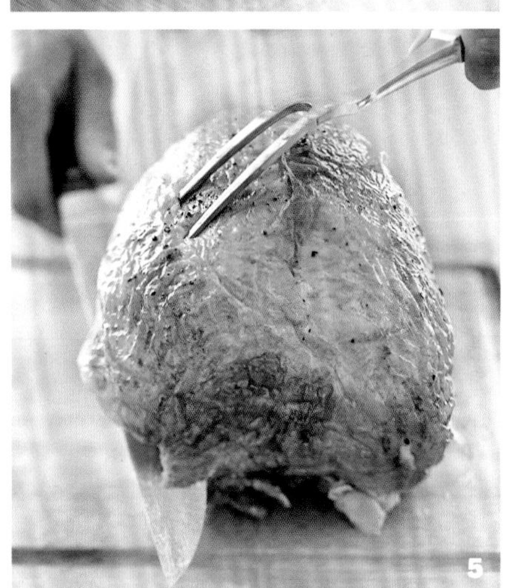

4 将鸡翅切割下来

将鸡翅和鸡脯肉之间的鸡皮切开，找到肩部关节，将其切断，取下鸡翅。

5 在鸡脯肉的底边上切割出一个切口

鸡脯肉可能很难切割成片状，因为肉片会碎裂开。切割之前，在鸡脯肉底边朝向胸骨方向水平地深切一刀，在鸡脯肉上形成一个切口。这样，每一片鸡脯肉都可规整地在底边处切断。

6 切割鸡脯肉

从胸骨处开始，沿着胸腔向下平行地进行连续地切割，从鸡脯肉的一侧将鸡脯肉切成细长的薄片。

整只烤火鸡的切割

1　将火鸡腿切割下来

将火鸡胸朝上摆放到切割砧板上，火鸡腿朝向自己。用一把肉刀切开胸部和大腿之间的火鸡皮。找到大腿关节并切开，切割下火鸡的小腿。

2　火鸡胸脯肉的切割

将火鸡大腿和翅膀留在火鸡上以稳定火鸡。在大腿和翅膀上方，切透火鸡胸部肉，一直切割到骨头，水平地深切一刀，在火鸡胸脯肉上形成一个底边的切口。

3　将火鸡胸脯肉从胸骨上切割下来

从胸骨开始切割，向下并平行于胸腔，连续切割，将火鸡胸脯肉切割成细长的薄片。

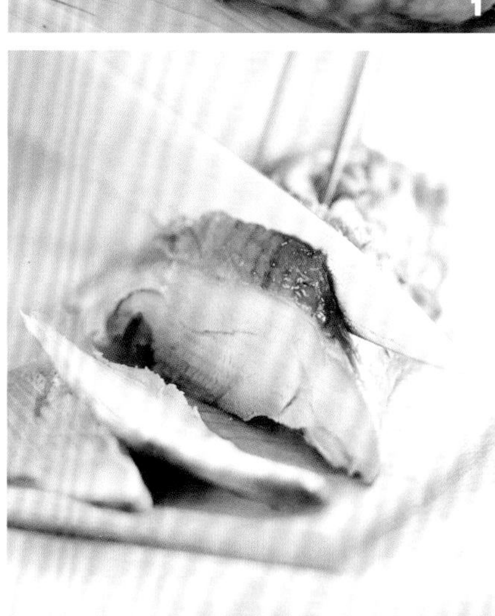

4　也可将火鸡胸脯肉切割成圆片

也可以通过沿着胸骨朝下切割，切割到水平切割的切口处，将火鸡胸脯肉从胸骨上整个切割下来。将火鸡胸脯肉平放在切割砧板上，逆着纹理切割，将火鸡胸脯肉切割成圆片。

5　将大腿和鸡翅切割下来

将每根大腿从关节处掰开，然后用刀切下大腿。找到每只翅膀和胸骨之间的关节，切断关节，取下鸡翅。

6　将切割好的火鸡肉摆放到餐盘里

将切割好的火鸡肉摆放到餐盘里，将深色肉摆放到一边，将切成片状的白色胸脯肉摆放到另外一边。用几枝新鲜香草装饰。

酱汁类烹饪技法

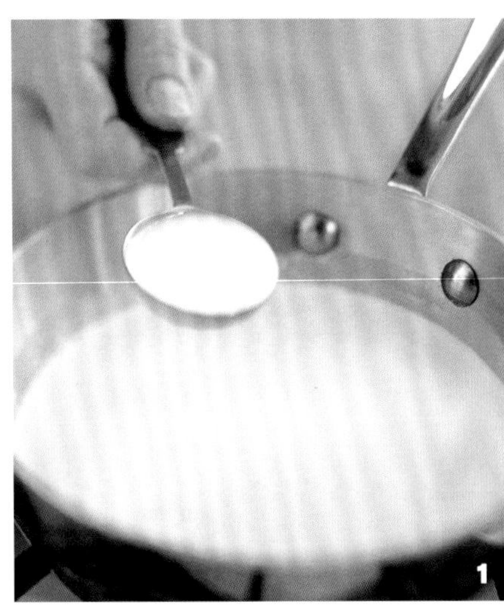

制作法式酸奶油

1 将原材料加热

中小火加热小号少司锅里的250毫升（1杯/8盎司）多脂奶油和1汤勺脱脂乳。加热至微热（不要让混合物烧开）。

2 盖好并让混合物变浓稠

将混合物倒入碗里，盖好，让其在温暖的室温下静置，直到变得浓稠，需要 8~48 小时，在使用之前，冷藏至完全冷却透。

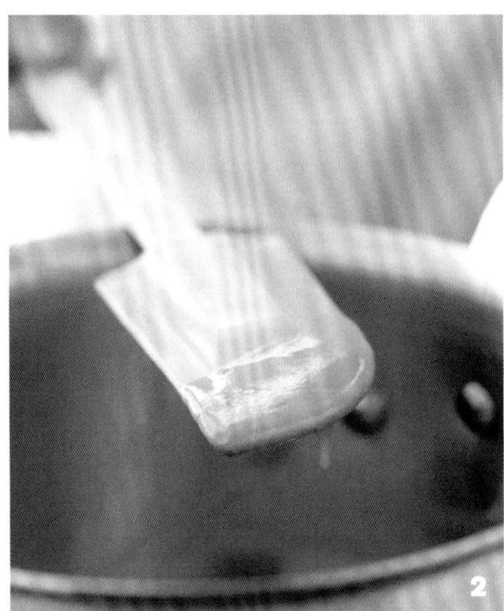

制作油面酱（黄油炒面粉）

1 将油脂和面粉混合

油面酱是油脂（通常是黄油）和面粉的混合物，常用来给酱汁和汤增稠。不同的食谱所要求的两者比例不同。在一个用中火加热的厚底锅里，加热熔化黄油或油脂。然后，加入面粉搅拌至细腻光滑的程度。

2 制作白色油面酱

要制作白色油面酱，用小火将混合物加热2~3分钟，要不停搅拌。炒好的油面酱应该呈浅稻草色，并有着淡淡的烘烤味。

3 制作棕色油面酱

要制作棕色油面酱，将混合物用中火加热大约20分钟，要不停搅拌。炒好的油面酱会呈现深红棕色，有着坚果的滋味。

疑难解答

记得调整火力大小，并密切关注火力。要让油面酱慢慢冒泡。如果油面酱加热得太快，就会焦煳并变成沙砾状。

270

烤肉汁液的脱脂处理

1 从汁液的表面舀去油脂

让烤肉时滴落的汁液静置大约5分钟，以让油脂浮到上面来。然后用大号金属勺子从表面上撇去油脂，丢弃不用。

2 也可使用油脂分离器

将汁液倒入油脂分离器中，让其静置几分钟，这样油脂会从汁液中分离出来。一旦分离开了，将汁液倒入干净量杯内，将油脂丢弃不用。

271

稀释锅底的斑块

1 将液体倒入热锅里

将盛放着通过炒或烤之后留下的棕色汁液的锅，用中大火加热，直到汁液快要烧开。将食谱中所要求的高汤或其他液体加入锅里。

2 把锅底的褐色块状物刮起来

当液体烧开时，用木铲搅拌并刮擦锅底和锅边，使棕色物质松脱。它会被吸收到液体里，提供浓郁的风味和深厚的色泽。

272

在酱汁表面放上黄油

1 将黄油切成块

把黄油冷藏至你准备使用为止。取出纵长切成两半，然后把黄油转动90度，再纵长切成两半，最后切成小方块。

2 将黄油慢慢搅入

将锅从火上端离开。一次加入一块或几块黄油，同时不停搅拌。酱汁会产生更加浓郁的风味，并且会更富有光泽。

用油面酱增稠

1 加热油脂

油面酱是一种油脂和面粉的混合物，用来给酱汁增稠。油脂可以是植物油、黄油或烤肉时提炼出的油脂。如果油脂不够热，可以用中大火将其加热。

2 加入面粉

按照食谱中所要求的比例，往热油中均匀地撒入面粉。

3 将面粉和油脂搅拌均匀

使用搅拌器将面粉和油脂搅拌到一起，直到完全混合均匀。面粉会吸收油脂并且颜色会变得略深一些。

1

2

3

4

5

6

4 加热油面酱

加热让油面酱保持微开2~3分钟，或者更长时间，这取决于你需要的是白色油面酱还是棕色油面酱（见条目269）。随着油面酱持续加热，它的颜色会变得越来越深，但会失去一些增稠的能力。

5 加入液体

当油面酱烹调到需要的程度后，加入液体搅拌使其变稠。很多厨师认为加入的液体也应该是热的，可以防止油面酱中的热油脂到处飞溅。

6 检查浓稠度和风味

使用油面酱增稠的酱汁具有不透明的外观。尝一下以确定面粉已经加热成熟。如果没有，用小火再熬煮一会儿，以去掉生淀粉的味道。

用水淀粉勾芡

1 混合玉米淀粉和水

要制作用来增稠酱汁或焙浓酱汁的水淀粉，先将等量的玉米淀粉和冷水，或者其他液体，在小碗里混合。

2 将原材料混合好

用叉子将玉米淀粉和冷水搅拌至混合均匀。混合物应该是多脂奶油的稠度。

3 将酱汁用小火加热熬煮

如果需要，加热酱汁直到冒出小气泡。水淀粉必须加入烧开的液体中，这样才能使酱汁适度变稠。

1

2

3

4

5

6

4 加入水淀粉

如果水淀粉在准备使用之前分离了，再次搅拌使其混合好。将少量水淀粉淋到微开的酱汁中。你可能不需要使用完所有的水淀粉。

5 边搅拌边将混合物烧开

搅拌水淀粉和液体，让液体加热到刚好烧开，以激活其增稠的能力。如果需要，分次加入更多水淀粉，加热至酱汁达到所希望的浓稠程度。

6 检查浓稠程度和风味

用水淀粉勾芡增稠的酱汁富有光泽。尝一下味道，以确保玉米淀粉味道已经完全成熟。如果没有成熟，用小火加热，将酱汁熬煮一会儿，以去掉生玉米淀粉的味道。

275 通用酱汁（基础酱汁）

这种用途广泛的通用酱汁其清淡的特征要归功于一个简单的方法：将高汤加入煎锅或烤盘里的肉汁中，然后用小火加热至风味充分混合，并且变得略微浓稠。几勺酱汁就可以大大增强一道菜肴的风味。

原材料

- 375毫升（1.5杯/12盎司）棕色牛肉高汤（见条目301）或者棕色鸡高汤（见条目299）
- 3汤勺冷的无盐黄油
- 半个红葱头，切成细末
- 1.5茶勺玉米淀粉，可选
- 2汤勺水，可选
- 1/4茶勺盐
- 1/4茶勺现磨碎的胡椒粉
- 1汤勺切碎的新鲜鼠尾草，可选

大约可以制作出250毫升（1杯/8盎司）酱汁

1 将肉汁中的油脂分离开

检查一下肉汁，如果需要可以通过大火加热一两分钟，使其颜色变深。将肉汁从锅内倒入油脂分离器中，让其静置几分钟直到油脂漂浮到表面。将汁液倒入大的玻璃量杯中，将油脂留在分离器中。

2 补足量杯中的汁液

选择与烹调的食物相匹配的牛肉高汤或鸡高汤，或者按照食谱操作。在脱脂后的汁液里，加入足量的高汤，使得总量达到375毫升（1.5杯/12盎司）。

6 如果需要，将酱汁增稠

如果你喜欢让酱汁更加浓稠一些，或者说食谱要求这样做，那就用玉米水淀粉勾芡。将玉米淀粉和水在一个小碗里混合均匀。将少量水淀粉加入用小火加热的酱汁中，然后烧开至刚好酱汁变稠，这只需一分钟或更少的时间。

3 煸炒红葱头

将锅底带有棕色斑块的锅放回炉子上，用大火加热，如果使用的是烤盘，可以使用两个炉头加热。加入2汤勺黄油，加热至黄油熔化，棕色斑块发出滋滋声音。加入红葱头煸炒至红葱头变软，变成透明状，大约需要1分钟。

4 稀释锅底的斑块

将高汤肉汁混合液倒入锅里，并烧开，用一把木勺将锅底和锅边上的棕色斑块都刮取下来。这些棕色斑块会给酱汁增加浓郁的风味。

5 将酱汁焙浓

锅内的液体吸收了这些棕色斑块后将酱汁烧开，焙至剩余大约250毫升（1杯/8盎司）；这个过程大概需要3分钟，这取决于锅的大小。不时倾斜一下锅，以判断出锅底还剩余多少酱汁。

3

4

5

7

7 最后在酱汁中加入黄油

将锅从火上端离开。将剩余1汤勺黄油切成小粒。在不断搅拌的过程中，将黄油一次一块或两块放入酱汁中，这一技法给酱汁带来稍微浓稠的质感和诱人的光泽。加入盐、胡椒粉，以及鼠尾草，搅拌均匀，然后尝一下酱汁的味道，根据自己的喜好调整口味。

如果你没有油脂分离器，可以把锅里的肉汁倒入耐热量杯里。让肉汁静置至油脂漂浮到表面。然后，用汤匙撇去并丢弃油脂。

通用肉汁

肉汁会伴着烤过或煎过的肉或家禽一起食用，它是使用肉质本身滴落的汁液和汤汁调制而成的。这里制作的传统肉汁，需要在汁液中将面粉略微加热，以制作出一种清淡的油面酱。

原材料

- 熔化的无盐黄油，可选
- 3汤勺通用面粉（普通面粉）
- 大约375毫升（1.5杯/12盎司）棕色鸡高汤（见条目299）或者棕色牛肉高汤（见条目301）
- 1/4茶勺盐
- 1/4茶勺现磨碎的胡椒粉
- 大约可以制作出500毫升（2杯/16盎司）

每份菜肴要配备大约125毫升（1/2杯/4盎司）的肉汁。两份菜肴需250毫升（1杯/8盎司）液体，分别使用1汤勺油脂和1汤勺面粉来制作油面酱。用这个比例，你可以制作出恰好需要的肉汁。

1 将肉汁倒出

检查一下肉汁，如果需要，可以通过大火加热一两分钟，使其颜色变深。将肉汁从锅内倒入油脂分离器中，让其静置几分钟直到油脂漂浮到表面。

2 将肉汁中的油脂分离开

将浅棕色的汤汁倒入大的玻璃量杯里；把油脂保留在分离器中。汤汁应有500毫升（2杯/16盎司）。如果不够，将高汤加入肉汁中补足。

6 评估肉汁的浓稠程度

肉汁应该足够浓稠，可以覆盖在木勺的背面。如果肉汁太稠，可以用加热过的高汤或水稀释。如果太稀薄了，继续用小火加热焙至所需要的稠度。

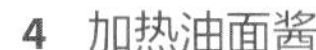

3 制作油面酱

将烤盘放在2个炉头上，用中火加热。将3汤勺分离器中留出的油脂，倒入烤盘里。如果不够，就在烤盘里加入融化的黄油补足。当油加热之后，撒入面粉。

4 加热油面酱

使用搅拌器，将面粉搅拌入热的肉汁中直至细腻光滑。让混合物保持微开，直到生面粉味消失，大约需要1分钟。

5 稀释锅底的斑块

增大火力到中大火。将高汤混合物倒入烤盘里并烧开，将烤盘底部和边上的棕色斑块都刮取下来。改用中小火加热焙肉汁，要经常搅拌，直到肉汁变稠到多脂奶油的程度，大约需要10分钟。

7 调整口味

加入盐和胡椒粉搅拌均匀并尝味。如果味道有点寡淡，加入更多的盐或胡椒粉，直到味道非常均衡。如果需要，可以通过细网筛将肉汁过滤到少司锅内，以筛出所有没有溶解开的斑块。用微火加热保温至准备用时。

277

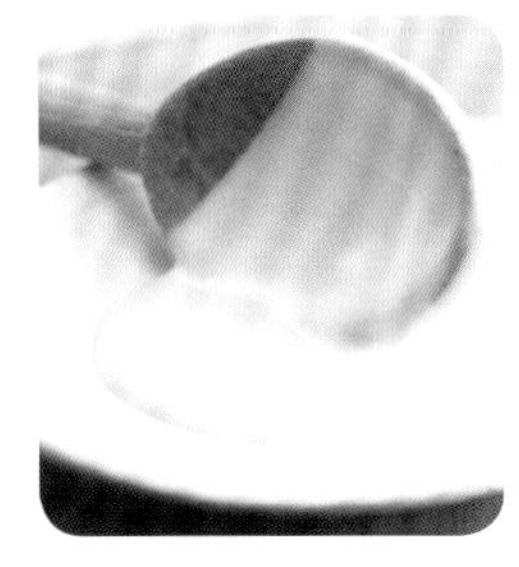

贝夏美酱汁（贝夏美少司/白汁/白少司）

贝夏美酱汁是所有酱汁中最为常见的白色酱汁。厨师可调制出三种浓稠程度的贝夏美酱汁。中等浓稠程度的酱汁在厨房里使用得最多，也就是这里要介绍的。

原材料

- 500毫升（2杯/16盎司）全脂牛奶
- 1片切成6毫米（1/4英寸）厚的黄皮洋葱
- 1/2片香叶
- 45~60克（3~4汤勺/1.5~2盎司）冷的无盐黄油
- 3汤勺通用面粉（普通面粉）
- 1/4茶勺盐
- 1/8茶勺现磨碎的胡椒粉，最好是白胡椒粉
- 大约可以制作出500毫升（2杯/16盎司）

1 将洋葱浸入牛奶中

在一个小号少司锅里，把牛奶、洋葱和香叶混合到一起。用中火加热，直到锅的边缘位置冒出了小气泡，大约需要5分钟。不要将牛奶烧开。将少司锅从火上端离开，盖上锅盖，让其静置10分钟。去掉洋葱和香叶。重新盖上锅盖以保温。

1

2 制作油面酱

在一个2.5~3升（2.5~3夸脱）的厚底少司锅中，用中小火加热熔化3汤勺黄油。当黄油熔化，泡沫消退后，加入面粉搅拌。改用小火加热，让混合物加热冒泡2分钟，然后关上火冷却1分钟。

5 评估酱汁并将酱汁过滤

品尝酱汁：它应该是奶油味道的，并且没有任何生面粉的味道。如果仍然能看到结块，可以将酱汁通过细网筛过滤到耐热碗中。

3 将浸泡好的牛奶搅拌进去

缓慢而均匀地将温热的牛奶搅拌入油面酱中。将锅重新用中火加热并烧开，要不停搅拌，并确保搅拌到了锅底和四周各处位置，改用中小火加热，缓慢熬煮，不停搅拌，直到酱汁变得浓稠，大约需要5分钟。

4 测试浓稠程度

将一把木勺蘸入酱汁中，覆盖过木勺。用手指在勺子背面的酱汁上划过，它应该留下一道清晰的痕迹。如果用酱汁来制作宽叶面一类的菜肴，加入盐和胡椒粉搅拌均匀。如果用来制作奶酪酱汁，在加入奶酪并尝味之前不要添加调味料，因为奶酪本身带有咸味。

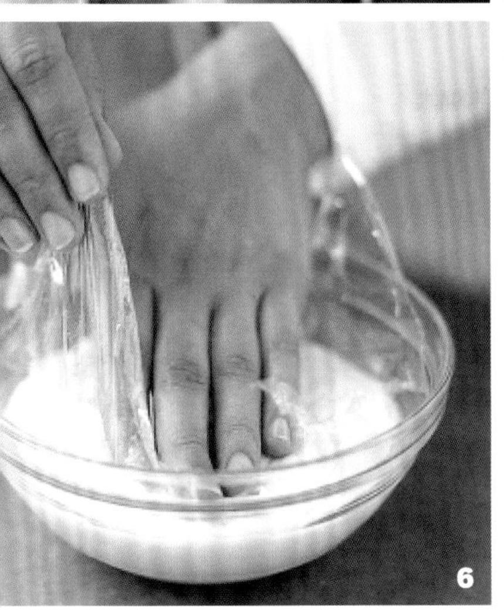

6 使用酱汁或储存酱汁

如果不马上使用酱汁，将剩余的1汤勺黄油切成小块，撒在酱汁表面。用一块保鲜膜覆盖，并将保鲜膜直接按压到酱汁表面以防止形成结皮。让酱汁冷却，可以冷藏储存2天。使用时将酱汁用小火加热，用木勺不停搅拌，或者用搅拌器搅拌，如果需要，可以加入一定量的热水或牛奶稀释一下。

奶酪酱汁

莫内酱汁

将未经调味的酱汁倒入干净的少司锅里。加入60克（1/2杯/2盎司）切成丝的格鲁耶尔奶酪和3汤勺现擦碎的帕玛森奶酪搅拌好。用小火加热，不停搅拌，直到奶酪完全熔化，酱汁变得细滑。调整口味。莫内酱汁可以用来浇淋到煮熟的西蓝花、菜花，或者其他蔬菜上。

切达奶酪酱汁

将未经调味的酱汁倒入干净的少司锅里。加入250克（2杯/8盎司）切成丝的切达奶酪。用小火加热，同时不停搅拌，直到奶酪完全熔化并且酱汁变得细滑。调整口味。可以用来制作蒸蔬菜、烤土豆，或者制作奶酪通心粉等。

戈尔根朱勒奶酪酱汁

将未经调味的酱汁倒入干净的少司锅里。加入125克（2/3杯/4盎司）碎的戈尔根朱勒奶酪。用小火加热，同时不停搅拌，直到奶酪完全熔化并且酱汁变得细滑。调整口味。这种酱汁非常适合与铁扒牛排和烤牛柳搭配食用。

白黄油酱汁

白黄油酱汁类似于荷兰酱汁，富含黄油，但味道更浓。这种酱汁的基本成分是干白葡萄酒、醋和红葱头的混合物——所有这些酸性原材料都有助于将浅黄色的酱汁结合到一起，并赋予其独具特色的风味。

原材料

- 1个红葱头
- 250毫升（1杯/8盎司）干白葡萄酒，如白苏维浓，或者灰皮诺
- 2汤勺白酒醋
- 250克（1杯/8盎司）冷的无盐黄油
- 1/4茶勺盐
- 1/8茶勺现磨碎的胡椒粉，最好是白胡椒粉
- 从两小枝新鲜龙蒿上摘下的叶片，切碎，可选
- 大约可以制作出160毫升（2/3杯/5盎司）

1 制作基础酱汁

将红葱头去皮并切成小丁。将一个小号的不起反应的少司锅，用大火加热，将葡萄酒、白酒醋，以及红葱头丁加入少司锅内，将混合物烧开，将液体焙至剩余2汤勺，大约需要5分钟。将锅从火上端离开，冷却大约30秒。

2 将黄油切成小块

在葡萄酒混合物冷却的时候，将黄油纵长切成两半。将黄油转动90度，再纵长切成两半，最后将黄油横切成12毫米（1/2英寸）见方的小块。

4 给酱汁调味

拌入盐和胡椒粉，然后品尝酱汁，它应该是浓郁的奶油味，还有来自葡萄酒的舒爽的酸味。如果味道有点清淡，可以多加入一点盐和胡椒粉，直到口感适度。

5 完成酱汁制作

如果需要，用细网筛把酱汁过滤到餐碗里。加入龙蒿拌均匀。

3 混入黄油

将基础酱汁用中小火加热，加入几块冷的黄油，并搅拌至黄油块几乎完全被吸收。继续加入黄油，一次几块的加入，搅拌至混合物变成乳白色的酱汁，并呈现出多脂奶油的浓稠程度。

各种风味的白黄油酱及其应用

红黄油酱

按照白黄油酱食谱的步骤制作，但是在步骤 1 中，用干红葡萄酒代替白葡萄酒，最好是橡木味不重的葡萄酒，白酒醋用红酒醋代替。用于浇淋铁扒、煎小牛排或牛排上。

橙味白黄油酱

按照白黄油酱食谱的步骤制作，在步骤 5 中，加入 1 个擦碎的橙子外层皮来代替龙蒿。用于铁扒或煎的鱼柳。

柠檬风味白黄油酱

按照白黄油酱食谱的步骤制作，但是在步骤 1 中，用柠檬汁代替葡萄酒醋。在步骤 5 中，加入 1 个擦碎的柠檬外层皮来代替龙蒿。用于蒸或煮的洋蓟心，或者配贝类海鲜等。

青柠檬风味白黄油酱

按照白黄油酱食谱的步骤制作，在步骤 5 中，加入 1 个擦碎的青柠檬外层皮来代替龙蒿。用于铁扒或煎的鸡排。

香脂醋风味白黄油酱

按照白黄油酱食谱的步骤制作，但是在步骤 1 中，用香脂醋代替白酒醋。在步骤 5 中，加入从一枝新鲜迷迭香上摘下的叶片，切碎后用来代替龙蒿。可以增强羊肉类菜肴的风味。

剩余白黄油酱的使用

剩余的白黄油酱可以冷藏 1 天，然后像复合风味黄油一样使用（见条目 107）。将小块冷的白黄油酱放到热的食物上，白黄油酱块会融化开，形成一种美味的酱汁。

279

荷兰酱汁（荷兰少司）

美味的荷兰酱汁应该以黄油为主要味道，同时带有一抹柠檬的清香；所以找到最佳品质的黄油是非常重要的。这里推荐使用欧洲风格的黄油，因为它有很高的乳脂含量和浓香扑鼻的风味。

原材料

- 4个冷的蛋黄
- 2汤勺水
- 250克（1杯/8盎司）无盐的欧洲风味黄油，经过澄清（见条目106）
- 2~3茶勺鲜榨柠檬汁
- 1/4茶勺盐
- 1/8茶勺现磨碎的胡椒粉，最好是白胡椒粉
- 大约可以制作250毫升（1杯/8盎司）

你可以试着只使用少司锅来制作荷兰酱汁，而不是在微开的水上隔水加热制作。注意要保持小火，温度要低。

1 配置一套双层加热锅

将少司锅内2.5厘米（1英寸）深的水烧至微开，将一个金属碗放到少司锅上，要确保它的底部没有接触到微开的水。将火调小，以保持用微小火加热，将蛋黄倒入碗里。

2 将水加入蛋黄中

把水加到蛋黄里，使用手持式电动搅拌器快速搅拌，直到蛋黄略微变稠，并呈淡黄色，大约需要30秒。蛋黄充满气体有助于乳化。

5 过滤荷兰酱汁

用细网筛过滤荷兰酱汁。这个过程会去掉所有依附在蛋黄上的熟了的蛋白结块或卵带。

3 缓慢加入黄油

检查一下，以确保是用微火加热。如果温度过高，蛋黄会凝结。用搅拌器低速搅拌，在逐渐将澄清黄油滴落到蛋黄中时，持续搅拌。开始的时候不能焦急，要慢慢加入黄油，这样酱汁就不会懈开了。一旦加入了一半的黄油，就可以用稍微快一点的速度将剩下的黄油搅入。

4 检查浓稠程度

制作好的荷兰酱汁应该细滑、富有光泽，而且温热。如果酱汁看起来分离成了半固体和液体两部分，那么是因为加入黄油的速度太快了。如果一开始就发现了这个问题，试着把一汤勺冷水搅拌到酱汁中，让它们重新混合在一起。对于出现的更严重的情况，也可以解决（见条目280）。

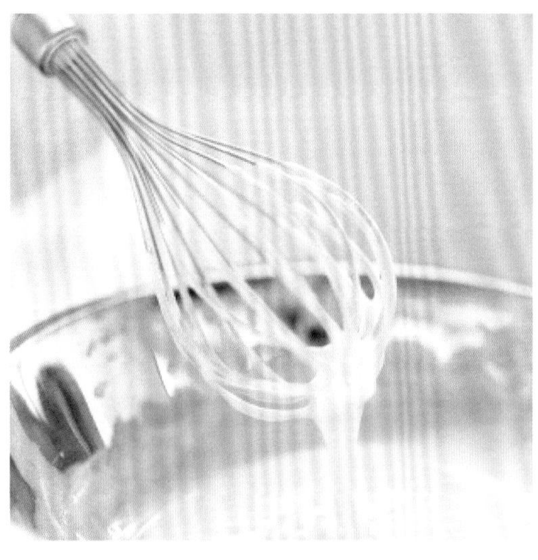

6 调整口味

将2茶勺柠檬汁，以及盐和胡椒粉搅拌进去，然后尝一下酱汁的味道。如果有一点淡，可以一次加入一点盐、胡椒粉，或者柠檬汁，直到达到你所喜欢的口味。

各种风味的荷兰酱汁

边尼士酱汁（边尼士少司）

将小号的不起反应的少司锅，用中火加热，加入45克（1/4杯/1.5盎司）红葱头末、3汤勺白酒醋、2汤勺切碎的新鲜龙蒿，以及1/4茶勺胡椒碎。烧开并焙至混合物呈糖浆状，大约需要2分钟。放到一边备用。按照制作荷兰酱汁的步骤进行制作。在步骤6中，加入红葱头混合物代替盐和胡椒粉调味并搅拌。可以配铁扒肉类和鱼类一起食用。

血橙风味荷兰酱汁

在小号的不起反应的少司锅中，用中火加热60毫升（1/4杯/2盎司）血橙汁，直到焙至剩余一半的量，大约需要2分钟。放到一边备用。按照制作荷兰酱汁的步骤进行制作。在步骤6中，用焙好的血橙汁和擦碎的半个血橙外层皮来代替柠檬汁并搅拌好。可以搭配鱼类或贝类海鲜。

使用电动搅拌器制作荷兰酱汁

要制作比较浓稠的荷兰酱汁，可以用电动搅拌器制作：把蛋黄和水放入电动搅拌器里打匀。随着机器的运转，通过盖子上的小孔，慢慢地将澄清黄油加入，直到混合均匀并变得浓稠。如果需要，可以过滤，并调整口味。

修复瀶开（制作失败）的荷兰酱汁

疑难解答

如果你把黄油和鸡蛋混合得太快，荷兰酱汁或许会“瀶开”，或者分离成液体和半固体部分。

1 将酱汁倒入量杯里

要修复瀶开的荷兰酱汁，需要将其与新鲜的蛋黄慢慢搅拌到一起。首先将酱汁和所有剩余的黄油倒入液体量杯里。

2 将搅拌盆擦拭干净

将曾经装有荷兰酱汁的搅拌盆彻底清洗干净并擦干，这样就可以重新制作了。

3 从使用新的蛋黄开始

将2个蛋黄放入干净的搅拌盆里，使用电动搅拌器，将蛋黄与1汤勺水搅打至浓稠状，大约需要30秒。将搅拌盆置于少司锅微开的水上，底部不可接触水。

4 淋入瀶开的荷兰酱汁

随着不停搅拌，慢慢将瀶开的荷兰酱汁淋入（你也可以把蛋黄放在电动搅拌机里搅拌，然后从顶部的小孔中滴入瀶开的荷兰酱汁）。这样就应该能够让瀶开的荷兰酱汁重新乳化。

5 检查浓稠程度

如果荷兰酱汁变得浓稠，并且已经乳化，但是里面还有斑块状的鸡蛋，就用细网筛过滤酱汁。因为加入了两个新鲜的蛋黄，可能需要调整口味来达到你所需要的味道。

修复澥开（制作失败）的蛋黄酱

疑难解答

如果在制作蛋黄酱的时候，混合油和鸡蛋的速度太快，蛋黄酱可能会澥开或分离开，从而形成结块。

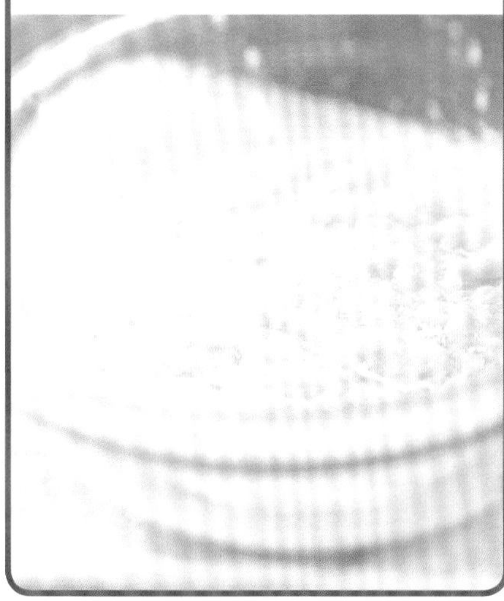

1 将蛋黄酱倒入量杯中

为了修复澥开的蛋黄酱，它需要缓慢地与一个新鲜的蛋黄混合。首先将蛋黄酱和剩余的油倒入液体量杯里。

2 将搅拌盆擦拭干净

将曾经装有蛋黄酱的搅拌盆彻底清洗干净并擦干，这样就可以重新制作蛋黄酱了。

1

2

3

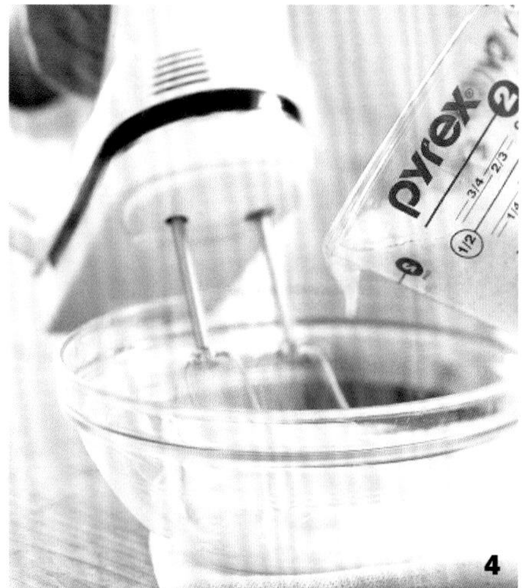

4

5

3 从使用新的蛋黄开始

将1个蛋黄放入干净的搅拌盆里，加入1汤勺澥开的蛋黄酱。使用电动搅拌器，搅拌至两者完全混合。

4 缓慢加入澥开的蛋黄酱

随着不停搅拌，慢慢将澥开的蛋黄酱加入，加入的速度要比你第一次加入油的时候慢得多。

5 检查浓稠程度

通过认真控制澥开的蛋黄酱和新鲜蛋黄混合的速度，就可以重新乳化分离开的蛋黄酱。尝味并根据自己的喜好调整口味。

282

食谱类

蛋黄酱

自制的蛋黄酱比市售的蛋黄酱口感更加丰富，奶油味更加浓郁。

原材料

2个鸡蛋

1汤勺鲜榨柠檬汁

1茶勺法国大藏芥末（网店有售）

180毫升（3/4杯/6盎司）菜籽油或豆油，常温下

180毫升（3/4杯/6盎司）普通橄榄油，常温下

1/4茶勺盐，最好是细海盐

1/8茶勺现磨碎的胡椒粉，最好是白胡椒粉

1汤勺水，可选

可以制作出430毫升（1¾杯/14盎司）

1 将蛋黄回温

把蛋黄放入中等大小的玻璃碗里，坐入装有热水的大碗。用硅胶抹刀搅拌蛋黄，直到它们刚好回温；用手指测试蛋黄的温度。冷的蛋黄不会像室温下的蛋黄乳化得那么好。把大碗拿开。

2 加入风味调味料

用抹刀将柠檬汁和芥末拌入蛋黄里。将一块叠好的湿毛巾垫到玻璃碗的下面，以防止碗移动。

5 将剩余的油搅入

在加入一半油之后，可以稍微快地加入另一半油。如果蛋黄酱分解成半固体和液体，看起来有结块，那就是油加入得太快了。请参阅条目281以修复澥开的蛋黄酱。

3 将油混合到一起

将菜籽油和普通橄榄油倒入液体量杯中混合好。这种橄榄油（不是特级初榨橄榄油）和清淡植物油的组合，能够制作成一种质地温和、口感清爽的蛋黄酱。

4 开始缓慢加入油

手持式电动搅拌器开高速档，搅拌蛋黄混合物。在搅拌的过程中，缓慢、稳定地滴入油。搅拌的时候，蛋黄酱会乳化、变稠，从亮黄色变成不透明的奶油色。

3

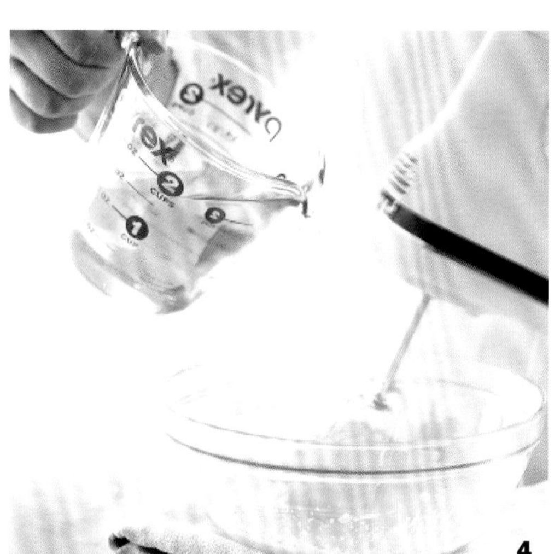

4

6

6 调整口味

将蛋黄酱倒入餐碗里或储存容器里。拌入盐和胡椒粉调味。根据需要，可以加入一点水，以制作出乳脂状的蛋黄酱。

各种风味的蛋黄酱

柠檬香草风味蛋黄酱

将擦碎的一个柠檬的外层皮、1汤勺切碎的新鲜香芹、1汤勺切碎的新鲜细香葱，以及1汤勺切碎的新鲜莳萝混入搅拌好的蛋黄酱里。可以用作冷食海鲜的蘸酱或酱汁。

蒜泥蛋黄酱

使用特级初榨橄榄油代替普通橄榄油。然后将2~3瓣蒜末拌入制作好的蛋黄酱里。用作炸海鲜或煮熟的蔬菜的蘸酱。

青酱蛋黄酱

将2汤勺罗勒青酱（见条目284），或者成品青酱搅入制作好的蛋黄酱里。可以用作意式风味三明治的涂抹用料。

塔塔酱

将切碎的酸黄瓜、3汤勺洗净并控净水的水瓜柳（又称酸豆，网店有售），1汤勺切碎的新鲜香芹，以及少许辣椒汁拌入制作好的蛋黄酱里。用来配鱼或贝类海鲜食用。

283

基础油醋汁

油、醋、盐和胡椒粉——这些就是制作传统油醋汁的全部原材料。油和醋不容易混合到一起，但是经过适当的搅拌，它们会乳化，从而形成一种味道强烈、充满活力的酱汁，非常适合搭配新鲜的沙拉蔬菜、蒸蔬菜或烤鱼等食用。

原材料

3汤勺醋（红酒醋、白酒醋、苹果醋，或者香脂醋都可）

1/4茶勺盐

1/2茶勺法国大藏芥末，可选

180毫升（3/4杯/6盎司）特级初榨橄榄油

1/8茶勺现磨碎的胡椒粉

大约可以制作250毫升（1杯/8盎司）

尽管搅拌器是乳化原材料最经典的工具，但它并不是制作油醋汁的唯一选择。你也可以使用叉子、手持式电动搅拌器，或者迷你型食品加工机（见条目25b），甚至在一个紧紧盖住的罐子或瓶子里用力摇晃原材料。

1 将醋和盐搅拌均匀

将一个中等大小的碗放在叠好的湿毛巾上，使其保持稳定。将醋和盐在碗里搅拌到一起，直到盐开始溶解。

2 加入芥末搅拌均匀

如果使用了芥末，将芥末搅入醋盐混合液中。除了添加风味之外，芥末还能起乳化剂的作用，有助于油和醋的稳定性并使其结合到一起。

4 调整口味

将胡椒粉搅入。品尝搅拌好的油醋汁，并根据需要加入更多的盐和胡椒粉，如果要使用油醋汁配绿叶生菜，将一片绿叶生菜蘸油醋汁尝一下。有些绿叶生菜带有苦味或香辛风味，油醋汁需要进行调味。

5 使用或储存油醋汁

油醋汁可以立即使用，或者储存5天。在冷藏的时候橄榄油会凝固，但是如果在常温下放置，大约30分钟后就会融化。

3 缓慢加入油

以圆周运动的方式快速搅拌，并逐渐将油加入。随着搅拌，原材料会乳化并逐渐变得浓稠。

各种各样的油醋汁

使用电动搅拌机搅拌的油醋汁

电动搅拌机会将油搅碎成更小的液滴，带给油醋汁一种更加细滑和浓稠的质地。将醋、盐，以及芥末放入电动搅拌机里。开动机器混合，随着搅拌机的运转，逐渐将油以平稳的细流状通过机盖上的小孔加入。使用胡椒调味。

覆盆子－核桃风味油醋汁

按照食谱的步骤制作基础油醋汁，但是用覆盆子醋代替红酒醋，并且使用核桃油代替橄榄油。用来与烘烤过的核桃仁一起配绿色生菜沙拉食用。

柠檬－红葱头风味油醋汁

按照食谱的步骤制作基础油醋汁，但是用柠檬汁代替红酒醋，将擦取的一个柠檬的外层皮和 1 汤勺切碎的红葱头搅入制作好的油醋汁里。用于配海鲜沙拉。

橙子－龙蒿风味油醋汁

在小号的不起反应的少司锅里，用大火加热 250 毫升（1 杯 /8 盎司）鲜榨橙汁，直到焙至剩余一半的程度。在一个碗里，将焙好的橙汁、3 汤勺香脂醋、1/2 茶勺法国大藏芥末，以及 1/4 茶勺盐混合好。逐渐将 60 毫升（1/4 杯 /2 盎司）特级初榨橄榄油搅拌进去。拌入 2 茶勺切成细末的新鲜龙蒿，并调味。这种油醋汁与鸡肉、虾仁（大虾）、蒸芦笋，或者洋蓟都非常搭配。

洛克福奶酪和核桃风味油醋汁

在一个碗里，将 3 汤勺雪梨醋和 1/4 茶勺盐搅拌到一起。逐渐将 180 毫升（3/4 杯 /6 盎司）核桃油搅入。拌入 90 克（3 盎司）罗克福奶酪碎和 1/2 个切碎的红葱头。调整口味。这种油醋汁搭配以烤甜菜为特色的沙拉上非常美味可口。

亚洲风味油醋汁

将一大块鲜姜去皮。使用四面刨上的大刨丝孔擦取 30 克（1/4 杯 /1 盎司）姜丝到一个小碗里。用手将姜丝在碗的上方握紧挤出姜汁。应该能挤出大约 1 汤勺的姜汁（将姜丝丢弃不用）。在一个碗里，将姜汁、3 汤勺米醋，以及 1 汤勺酱油混合到一起。逐渐将 160 毫升（2/3 杯 /5 盎司）菜籽油或豆油和 1 汤勺香油搅入。调整口味。使用这种油醋汁配苦味温和的绿叶生菜，或者小白菜胡萝卜沙拉。

罗勒松子仁酱（罗勒青酱）

在意大利，罗勒松子仁酱是使用研钵和杵纯手工制作而成的，需要花费大量的时间和耐心。在这里，我们借助于食品加工机，以最快速最方便的方式来制作这道深受人们喜爱的绿色酱汁。

原材料

- 2瓣大蒜
- 60克擦成细末的罗马羊奶酪或帕玛森奶酪
- 30克（1/4杯/1盎司）松子仁，经过烘烤，如果需要的话
- 60克（2杯/2盎司）新鲜罗勒叶，洗净，并完全晾干
- 125毫升（1/2杯/4盎司）特级初榨橄榄油
- 1/4茶勺盐
- 1/8茶勺现磨碎的胡椒粉

大约可以制作250克（1杯/8盎司）

1 处理加工块状的原材料

将大蒜瓣放入搅拌桶里搅碎。关掉机器，加入奶酪和松子仁，短暂搅打。

2 加入罗勒叶

用硅胶刮刀沿着搅拌桶的侧面朝下刮擦。加入罗勒叶搅打几次，将罗勒叶搅碎。再次将搅拌桶周边朝下刮擦一次。

4 朝下刮擦桶边

搅打时，要时不时地停下，沿着搅拌桶的周边朝下刮擦一下。加入盐和胡椒粉，尝一下味道。如果味道平淡，可以加入更多的奶酪、盐和胡椒，直到味道达到完美的平衡。

5 使用或储存罗勒松子仁酱

罗勒松子仁酱可以马上使用，或在表面倒上一薄层用来延缓变色的橄榄油，在冰箱内可以储存1星期。在使用之前，将罗勒松子仁酱恢复到室温，并搅拌均匀。

3 缓慢加入油

开动机器，将油呈稳定的细流状，通过进料口倒入。目的是制作出一种浓稠程度适中的罗勒松子仁酱。

更多风味的罗勒松子仁酱

核桃和佩科里诺奶酪酱

按照基木罗勒松子仁酱的食谱步骤进行制作，用切碎的核桃仁代替松子仁，并只使用佩科里诺奶酪代替所有的帕玛森奶酪。如果你喜欢味道稍微浓烈一些的酱汁，可以用这种青酱。

薄荷松子仁酱

按照基本罗勒松子仁酱的食谱步骤进行制作，使用新鲜的薄荷叶代替新鲜的罗勒叶。将这种酱在烤或铁扒羊肉的最后10分钟，涂抹到羊肉上，或者用来作为一种清新爽口的调味料。

迷迭香-核桃仁酱

按照基本罗勒松子仁酱的食谱步骤进行制作，使用切碎的核桃仁代替松子仁，并使用50克（$1\frac{3}{4}$杯/$1\frac{3}{4}$盎司）新鲜香芹叶和10克（1/4杯/1/3盎司）切碎的新鲜迷迭香来代替罗勒。适合搭配铁扒猪排和牛排。

芝麻生菜酱

按照基本罗勒松子仁酱的食谱步骤进行制作，用去掉梗的芝麻生菜叶代替罗勒。适合浇淋到意大利面上，或者铁扒大虾上。

皮斯托酱（普罗旺斯风味杏仁酱）

按照基本罗勒松子仁酱的食谱步骤进行制作，使用杏仁片代替松子仁，使用切成细丝的格鲁耶尔奶酪代替罗马羊奶酪或帕玛森奶酪。适合作为汤菜或铁扒鱼类菜肴的调味料。

香菜南瓜子酱

将2瓣大蒜和1粒去籽并切碎的墨西哥辣椒放入搅拌机打碎，将机器停下，加入30克（1/4杯/1盎司）去壳的南瓜子和60克（2杯/2盎司）擦碎的柯提雅奶酪略微搅打。加入60克（2杯/2盎司）新鲜香菜叶搅碎。边打边将125毫升（1/2杯/4盎司）特级初榨橄榄油慢慢搅入，形成中等浓稠程度的酱汁。加入擦取的1个青柠檬的外层皮、1汤勺鲜榨青柠檬汁，以及盐和胡椒调味。适合搭配烤猪肉或铁扒鸡等。

通用型番茄酱汁

用高质量的番茄罐头可以在大约20分钟时间内做出简单而美味的番茄酱汁。这种基本的酱汁充盈着红酒风味并掺有红辣椒碎。如果要制作味道更加强烈的番茄酱汁，可以多放些大蒜。

原材料

1汤勺橄榄油

1个黄皮洋葱，切成丁

3~4瓣蒜，切成末

2汤勺番茄酱

1茶勺干的牛至

1茶勺干的百里香

60毫升（1/4杯/2盎司）干红葡萄酒，如金芬黛葡萄酒

1罐（875克/28盎司）整粒番茄罐头

1茶勺白糖

1/2茶勺红辣椒碎

1茶勺盐

1/8茶勺现磨碎的黑胡椒粉

大约可以制作750毫升（3杯/24盎司）

1 将油加热

将少司锅用中火加热，加入橄榄油。将油加热至微微冒泡。

2 加入洋葱和大蒜

加入洋葱煸炒，直到变成透明状，大约需要5分钟。加入大蒜煸炒至金黄色，需要2~3分钟。小心不要将大蒜烧焦煳，否则会有苦味。

6 炖番茄酱汁

时常搅拌，用中大火烧开。然后把火调小到偶尔有小气泡在酱汁的表面冒出。不用盖锅盖，炖大约10分钟，直到酱汁刚好包裹住勺子。

3 加入调味品搅拌

加入番茄酱、牛至和百里香煸炒，不停搅拌，直到番茄酱均匀分布、洋葱变成均匀的浅红色，大约需要3分钟。番茄酱会使酱汁风味变得浓厚，颜色变深。

4 刮取锅底的褐色斑块

将炉火升为中高火，倒入葡萄酒，使用一把木勺用力搅拌，将在加热时粘连在锅底的所有棕色斑块都刮取下来。

5 加入番茄

加入番茄和它们的汤汁、糖、红辣椒碎。糖对番茄中轻微的酸味起到了平衡作用。根据需要，可以用木勺把番茄轻轻碾碎，或者整粒留在酱汁里，制作出带有大块番茄的酱汁。

7 调整口味

在酱汁中加入盐和黑胡椒粉，搅拌大约3分钟，使调味料分布均匀。如果带有酸味，再加一点糖。如果味道平淡，可以再加一点盐、黑胡椒粉或红辣椒碎，直到风味非常均衡并达到你喜欢的程度。

> 在当季番茄还没有上市的时候，意大利的厨师们使用罐装的番茄来制作番茄酱汁。你可以购买贴着“意大利去皮番茄”标签的罐头。

贝类海鲜烹饪技法

清洗海蛤或贻贝

疑难解答

如果外壳碎裂开或破裂，或者碰触的时候外壳无法关闭，这就表明其已经死亡，必须丢弃不用。

1 浸泡海蛤或贻贝

将海蛤或贻贝在一盆盐水里浸泡10分钟，以去掉外壳上的泥沙。最好的盐水比例是185克（3/4杯/6盎司）盐配4升（4加仑）自来水。

2 如果有必要，擦洗外壳

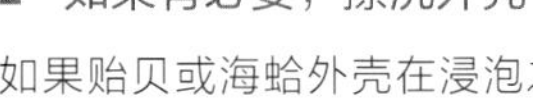

如果贻贝或海蛤外壳在浸泡之后仍然不干净，需要用硬毛刷在自来水下仔细洗刷。

3 擦拭外壳

用一块湿润的毛巾把所有的外壳擦干净。

4 如果需要，去除贻贝上的线须

用刀或剪刀剪掉或刮掉每个贻贝上的线须（贻贝用来连接岩石或桩子的细小纤维丛）。有些人工养殖的贻贝上没有线须。

5 将海蛤或贻贝洗净

轻轻地将海蛤或贻贝放入过滤器中，进行最后一次清洗。如果不立即烹调，把它们放入冰箱里直到需要使用的时候再取出。

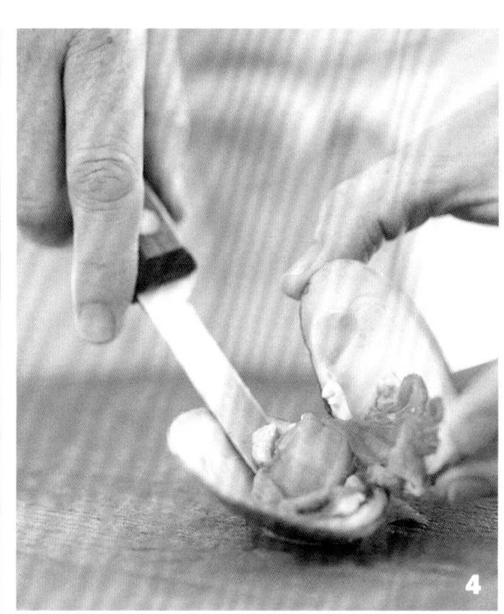

撬开海蛤外壳

287

1 擦洗外壳

用硬毛刷在流动的冷水下彻底洗刷海蛤。将所有触摸之后无法闭合的海蛤丢弃掉。

2 将刀插入

把一只海蛤平放在砧板上。将海蛤刀的刀刃放在海蛤壳之间的接缝处。用手掌固定住海蛤（也可以用毛巾来保持稳定）。用另一只手抓住刀柄，轻轻地推入，直到刀片插入到接缝里。

3 切断第一个闭壳肌

切断附着在外壳上的闭壳肌（海蛤有两块闭壳肌）。

4 切断第二块闭壳肌

让刀尖保持在壳里，切断第二个闭壳肌。

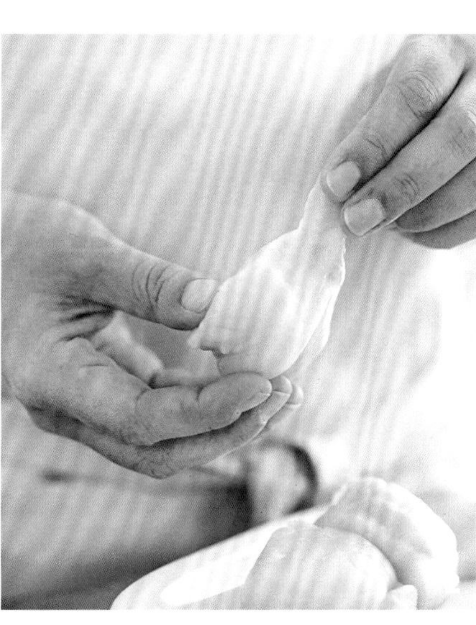

扇贝的加工制备

288

1 找到稠密的肌肉条

观察扇贝较短的一侧，找出更小、更稠密、更不透明的肌肉条。这个肌肉条坚韧并呈橡胶状，所以要把它摘除。

2 摘除稠密的肌肉条

用手指把这个小肌肉条摘除掉。摘除下来的小肌肉条可制作鱼汁（见条目296）、鱼高汤（见条目295）、贝类海鲜高汤（见条目297）等，或者直接丢弃。

289 熟龙虾的清理和取肉

1 插入刀尖

将熟龙虾放在带槽的切割砧板上，以便留住所有的汤汁。用毛巾扶住龙虾外壳，用大号厨刀的刀尖插入龙虾身和龙虾头的接合处。

2 将龙虾切开成两半

牢稳地抓住龙虾，切开龙虾壳，将龙虾头纵长切成两半。转过刀来，将龙虾身到尾部纵长切成两半。

3 摘下龙虾爪和腿

取下捆住龙虾爪的橡皮筋。把龙虾爪和腿扭下来。如果龙虾腿够大，里面有很多龙虾肉；将非常细小的龙虾腿丢弃掉。

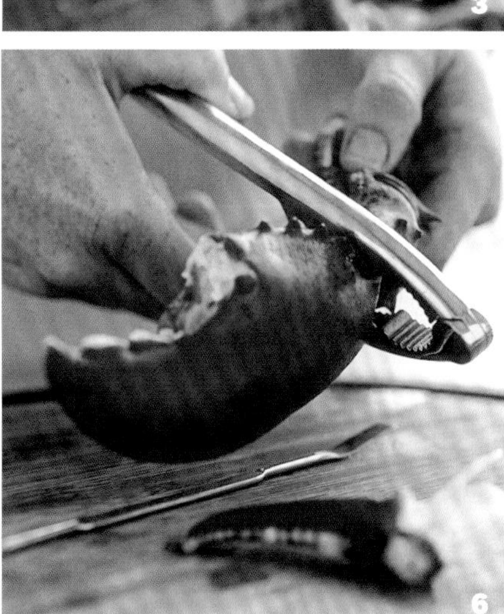

4 取出龙虾肝和龙虾籽

如果需要的话，挖出并保留绿色的龙虾肝。如果龙虾是雌的，也可以保留珊瑚色的龙虾籽。两者都可以增加额外的风味。

5 取出龙虾尾部的肉

将腹腔内残留的内脏丢弃，然后从龙虾壳内取出所有白色的龙虾肉。把龙虾尾部的肉拽出来。

6 敲开龙虾爪

使用龙虾钳、胡桃钳或木槌，轻轻敲开龙虾爪坚硬的外壳。将所有大的龙虾腿也敲碎开。用龙虾叉或手指把肉取出来。

撬开生蚝的外壳

290

1 擦洗生蚝

用硬毛刷在自来水下仔细刷洗生蚝。将所有的泥土、沙子或沙砾都冲洗掉。将触碰时没有闭合的生蚝都丢弃掉。

2 抓牢生蚝

将一个生蚝摆放在台面上，并找到其扁平的那一面。折叠一条毛巾，用它把生蚝包起来，让扁平的那一面朝上。毛巾可以保护你的手。

3 插入生蚝刀

找到生蚝在尖端处的连接点。将生蚝刀的刀尖插入到连接点大约12毫米（1/2英寸）深。扭动刀撬开顶部的外壳，使其松脱，断开连接点。

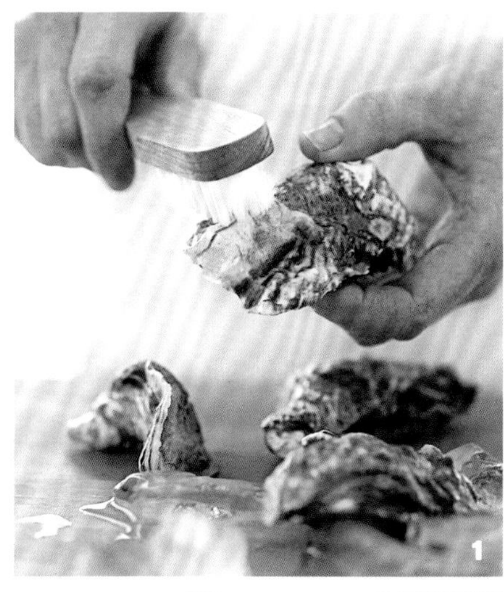

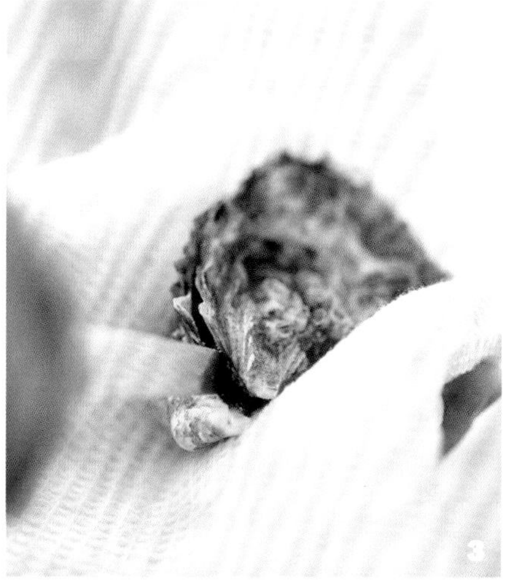

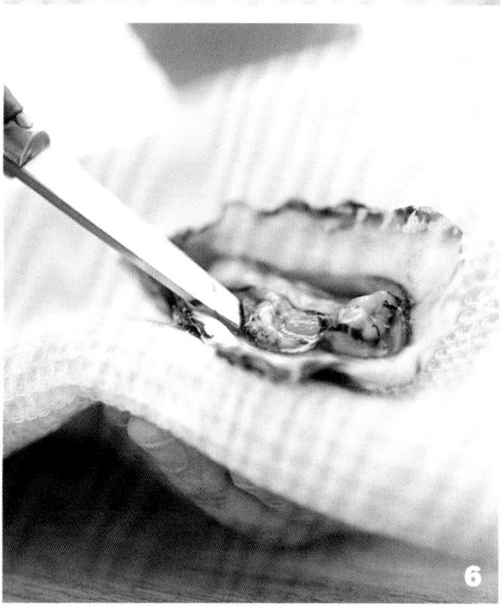

4 将内收肌分离开

如果刀尖上有泥土，用水冲洗干净。沿着上壳的内里滑动刀，以分离开连接着生蚝的内收肌。

5 去掉上壳

现在已经切断了内收肌，上壳应该会脱离开，把它扔掉。注意不要让一点生蚝汁或液体洒出来，因为这些带咸味的汁液会增加鲜味。

6 将生蚝肉与下壳分离开

用刀沿着生蚝下壳的内里划开，将生蚝肉与下壳分离开。如果以半壳形式提供给客人，在壳里保留好生蚝肉和汁液。

煮新鲜的螃蟹

没有什么比煮熟的新鲜螃蟹更甘美的白色肉质了。

原材料

8升（8夸脱）冷水

37克（1/4杯/1/4盎司）粗盐

2只活的珍宝蟹，每只大约907克（2磅），或者12只硬壳蓝螃蟹（大西洋产，我国山东也有）

大约可以制作出454克（4杯/1磅）螃蟹肉

1 煮螃蟹

在汤锅里加入水、盐搅拌均匀。把螃蟹放进锅里，确保螃蟹被水完全覆盖。盖上锅盖，调到中大火烧开。当水完全沸腾时，关掉火，盖上锅盖。

2 让螃蟹浸泡一会儿

让螃蟹在热水中浸泡大约10分钟。较大的珍宝蟹大约需要浸泡15分钟。它们的外壳会变成鲜红色。用长柄夹把螃蟹从水里捞出来，沥干水分，然后放到砧板上。

6 扭断蟹爪和蟹腿

把螃蟹洗净，用双手扭断蟹爪和蟹腿。用大号厨刀，或者双手，将螃蟹沿着中间位置纵长切成两半或掰成两半，然后每块再切两半。

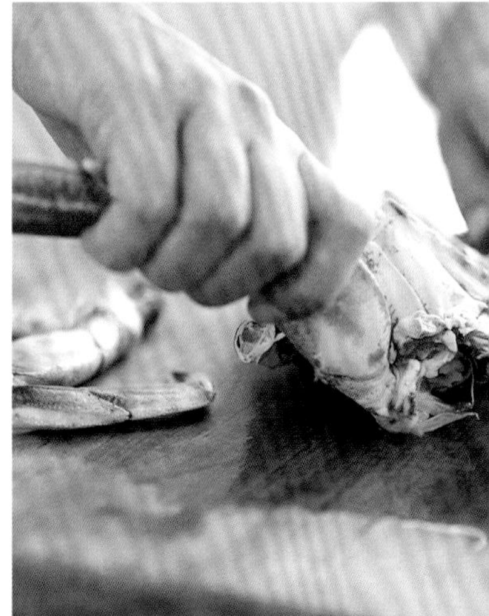

这个方法也适用于加工烹调活龙虾：准备足以没过龙虾 5 厘米（2 英寸）的水，然后在每升（夸脱）水中加入 1.5 茶勺盐。让小龙虾（小于 750 克）浸泡 10 分钟，大的龙虾浸泡 15 分钟。

3　去掉蟹裙

对于珍宝蟹，将它的壳面朝下，将三角形的尾部皮瓣，或称为蟹裙提起并丢弃。注意螃蟹底部的刺，它们非常锋利。

4　去掉背壳

把螃蟹翻过来，抓住蟹腿，把背壳剥掉。如果愿意的话，可以将背壳里浅黄色的蟹膏挖出并保留好（这种蟹膏有一种极佳的微咸的味道，可以用来给黄油或酱汁调味）。

5　去掉蟹鳃和蟹肠

接下来，将沿着螃蟹两侧的浅灰色的蟹鳃，以及前面下颌部位中间位置的蟹肠拉下来并丢弃掉。

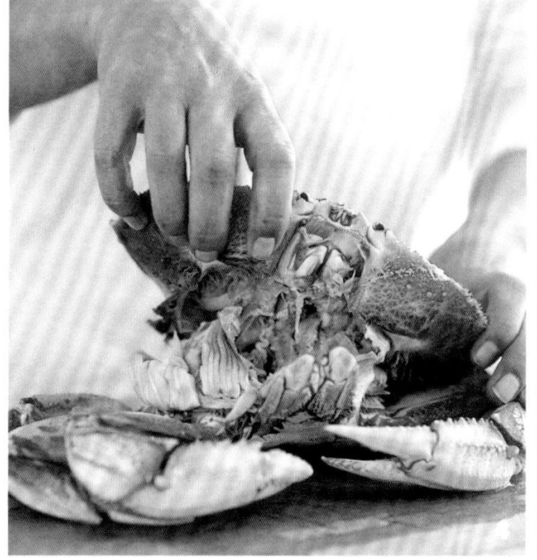

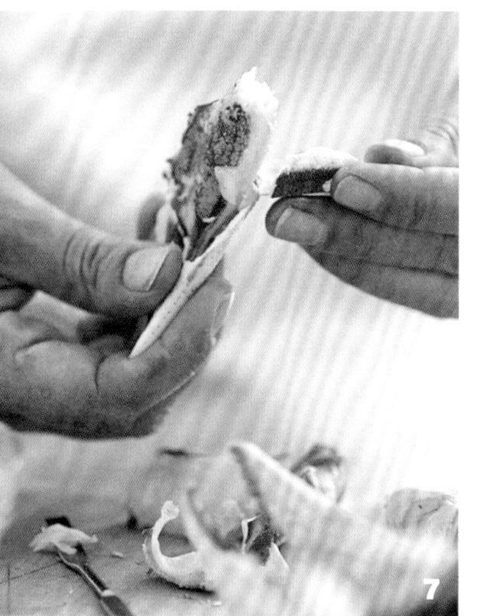

7　提取蟹肉

用手指或龙虾钳、小叉子或去皮刀，将蟹肉全部取出。用坚果钳和龙虾钳，或者肉锤，轻轻地将蟹爪和大的蟹腿敲碎。剥掉壳片，取出蟹肉。

292 将虾剥掉外壳并去掉虾线

1 剥离虾头和虾腿

一次取一只虾（大虾），用一只手抓住虾头，另一只手抓住虾尾，把它们分离开。把虾身下面的小腿剥离下来。

2 将虾壳从虾身上剥离

从靠近虾头的那一节开始，把虾壳从虾身上剥离。

3 剥离最后一节虾壳

你可以选择是否去掉最后一节虾壳，称为“凤尾”。要去掉这一节虾壳，在朝外拉的时候挤压一下虾的根部，这样虾肉就能保留下来。

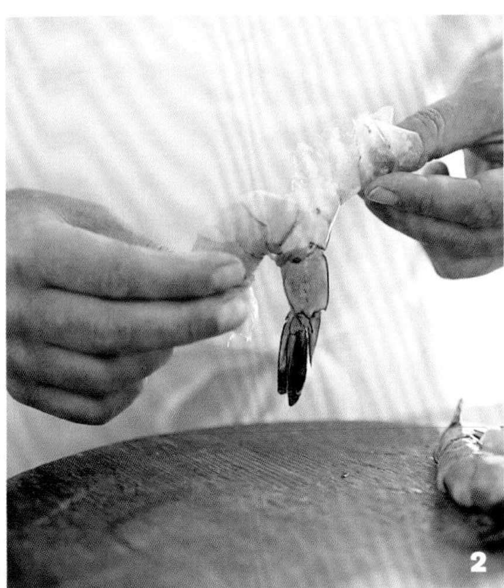

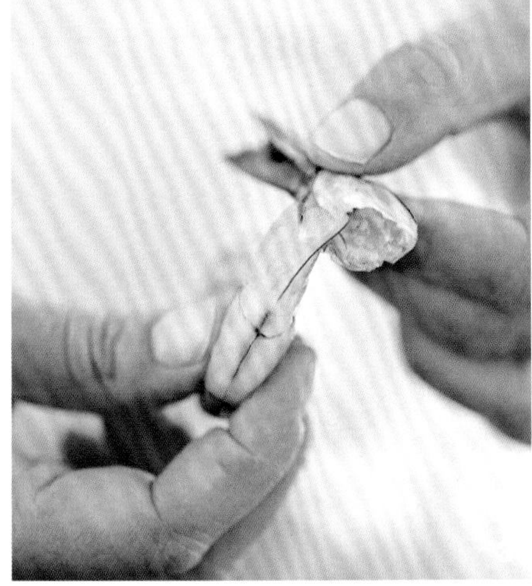

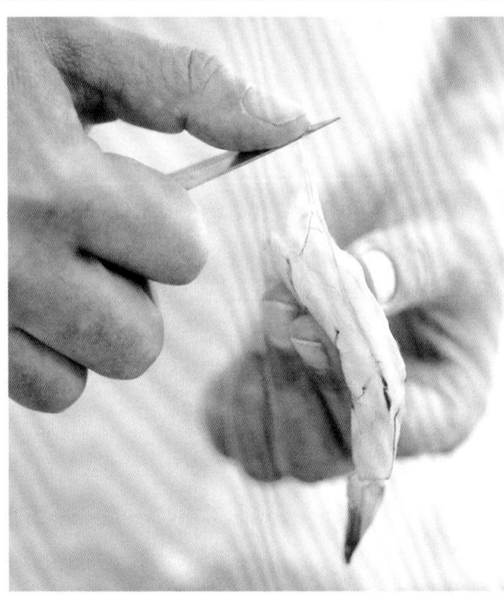

4 开背

用去皮刀开背，以取虾线。

5 去掉虾肠（虾线）

用刀尖将虾肠挑起拉出。去掉所有的虾肠之后，把虾仁放在过滤器里，用冷水冲洗，去除所有残留的沙砾。

疑难解答

冷冻虾解冻后，用盐腌可以改善风味和质地。将未去皮的虾多撒上一些盐，静置1分钟，然后洗净。

鱿鱼的加工处理

1 切断鱿鱼须

用厨刀从紧靠鱿鱼的眼睛处切断鱿鱼须。要小心不要切得离开眼睛太远，否则鱿鱼须会散开。

2 去掉鱿鱼嘴

挤压鱿鱼须的切口位置，露出底部坚硬的圆形“喙”。把喙拔出来扔掉。把鱿鱼须放在一边备用。

3 去掉鱿鱼头和内脏

轻轻挤压管状鱿鱼身，将头部拉开。内脏，包括墨囊，应该和头部一起去掉。

4 去掉软骨

把手伸进鱿鱼身里拔出那根长的透明状的软骨，连同剩余的内脏一起扔掉，用自来水冲洗鱿鱼身和鱿鱼须。

5 把鱿鱼外皮去掉

把外皮从鱿鱼身上撕掉，可以使用去皮刀协助将外皮刮掉。如果保留外皮，成熟后的鱿鱼呈粉红色。

6 将鱿鱼切成鱿鱼圈

有些食谱中会要求将鱿鱼切成鱿鱼圈，通常大约为12毫米（1/2英寸）宽。将切好的鱿鱼圈放入冷水中，搅动鱿鱼圈，以冲洗掉粘连的所有杂质，然后捞出控净水。

高汤类烹饪技法

蔬菜高汤

一份成功的蔬菜高汤会充满浓郁的风味，但不会某种单一的蔬菜风味占据主导地位。首先对蔬菜进行焦糖化处理，以加深高汤的颜色和风味。使用蔬菜高汤可以制作成蔬菜汤，以及炖菜，并且可以制作酱汁。

原材料

2～3个黄皮洋葱，去皮

3～4根胡萝卜，去皮

185克（6盎司）新鲜的白蘑菇，洗净

1个红柿椒，去籽

1小棵韭葱，取用白色和浅绿色部分

2个番茄，去心

2～3根芹菜茎，带叶

1个小萝卜，去皮

1个小防风根（一种中药），去皮

4瓣蒜，去皮，切碎

125克（2杯/4盎司）撕碎的菠菜叶

2汤勺特级初榨橄榄油

2枝新鲜的香芹

8~10粒胡椒

大约可以制作2升（2夸脱）

1 将油加热

把所有的蔬菜切成6毫米（1/4英寸）见方的块。将一个8升（8夸脱）的厚底汤锅用中大火加热。锅热后，加入橄榄油烧至橄榄油在锅内开始滚动。

2 翻炒蔬菜至上色（焦糖化蔬菜）

将洋葱、胡萝卜、蘑菇、柿椒，以及韭葱放入锅内翻炒至蔬菜变成金黄色。加入液体之前，先将蔬菜煸炒上色，有助于使其所含的天然糖分焦糖化，并使高汤呈现出浓郁的风味和金黄色泽。

1

6 如果需要，将高汤冷却

如果没有马上使用高汤，冷却之后可以储存。在一个大盆中加入半盘的冰块和水，将盛有高汤的碗坐入冰水中冷却至室温，不时搅拌一下。

3 将水加入锅内

将番茄、芹菜、萝卜、防风根、大蒜、菠菜、香芹，还有胡椒粒加入锅里并搅拌，使所有原材料混合均匀。加入刚好没过蔬菜2.5厘米（1英寸）的水；加入过多水会稀释高汤的风味。将液体用中大火烧开。

4 用小火炖汤

一旦将高汤烧开，就改用中小火炖一会儿，不用盖锅盖，直到将液体焙至剩2/3，需要加热1~1.5小时。炖蔬菜汤时，蔬菜不会像肉骨头那样释放出胶原蛋白，所以不需要在蔬菜高汤的表面撇去浮沫。

5 将高汤过滤

在耐热的大碗上放细眼网筛。小心地将高汤倒入网筛中过滤，将留在网筛中的固体原材料丢弃。你可以马上使用高汤，或者冷却之后储存起来。

7 使用或储存高汤

如果你打算在3天之内使用蔬菜高汤，将高汤盖好并冷藏保存，或者将高汤倒入密封的容器中，不要装满，留出12毫米（1/2英寸）（高汤在冷冻时会膨胀），可以冷冻保存3个月。要解冻时放冷藏24小时，或者将冷冻的高汤块放入少司锅里，用小火加热，盖上锅盖，直到全部液化。

要记住，有些人口味重或口味轻，所以不要加太多盐，淡些可补救。

295 鱼高汤

制作鱼高汤至少需要一个鱼头和几个鱼骨架，或者鱼的脊骨刺，所有这些都需要仔细清洗，才能给鱼高汤带来所需要的风味。彻底清洗将确保做出味道清爽的高汤，可以做鱼汤菜肴和酱汁等。

原材料

约1.8千克（4磅）非油性鱼类如比目鱼、鳕鱼、海鲈鱼，或者鲷鱼的鱼头和鱼骨架，清洗干净

60克（1/4杯/2盎司）粗盐，多备出1汤勺

125毫升（1/2杯/4盎司）干白葡萄酒，如白苏维浓或者灰皮诺

1个黄皮洋葱，切成细丝

1根芹菜，切成薄片

2枝新鲜的香芹

1枝新鲜的百里香

1片香叶

8~10粒胡椒

大约可以制作2升（2夸脱）

1 将鱼的边角料清洗干净

用冷水彻底冲洗干净鱼的边角料。用厨用剪刀把每个鱼骨架的脊骨剪成2块或多块。有助于提升鱼高汤风味的鱼胶就在鱼的脊骨里，剪开会促使其释放出来。

2 浸泡鱼的边角料

将鱼头和鱼骨架放入大盆里，加入盐和没过它们的冷水。盖好冷藏1小时。然后控净盐水，将这些鱼块漂洗干净，再重新浸泡1小时。这两次浸泡确保了鱼骨架里没有了血水和杂质。

1

6 过滤并冷却鱼高汤

小心地将高汤直接倒入网筛里，固体残留物倒掉。你可以马上使用鱼高汤，或者冷却后储存起来。要储存鱼高汤，在一个大盆中加入半盘冰块和水，将盛有高汤的盆坐入冰水中冷却至室温，要不时搅拌。

3 将鱼汤烧开

将鱼块捞出控净水，放入8升（8夸脱）的厚底汤锅里，加入刚好没过鱼块2.5厘米（1英寸）的水；太多水会稀释鱼高汤的风味。将锅用中大火加热。不需搅拌，慢慢烧开，然后改用中小火炖。

4 撇去杂质

用大漏勺或撇沫勺撇去表面的灰色泡沫。加入酒、洋葱、芹菜、香芹、百里香、香叶和胡椒粒，不用盖上锅盖，直到液体内充满着鱼的芳香风味，大约需要小火炖30分钟。

5 在网筛里铺上一块纱布

剪取一块纱布，折叠三层后还能平铺在网筛里。折叠纱布，用冷水浸湿，再挤干水分，然后将其铺在网筛里。将网筛摆放到大的耐热盆上。

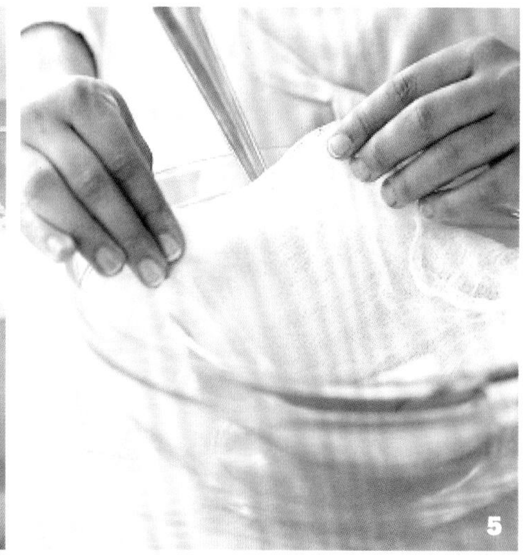

7 将鱼高汤解冻，然后再量取所需要的用量

如果你打算在2天之内使用鱼高汤，将高汤盖好并冷藏保存。或者将高汤倒入密封的容器中，不要装满，留出12毫米（1/2英寸）（高汤在冷冻时会膨胀），可以冷冻保存2个月。要解冻时放冷藏24小时，或者将冷冻的高汤块放入少司锅里，用小火加热，盖上锅盖，直到全部液化。

在制作鱼高汤时，一定要使用硬质的、白色肉质的、非油性鱼的鱼骨和鱼头。如用油性的多脂的鱼类如三文鱼、鲭鱼或金枪鱼，会给高汤带来一种过于浓烈的“鱼腥”味。

鱼汁

鱼汁是速成版的鱼高汤，用来强化与鱼一起食用的酱汁的风味。当你需要使用一种美味的底料来制作酱汁的时候，使用鱼汁特别方便。

原材料

- 约680克（1.5磅/24盎司）来自于白色鱼肉的、非油性鱼的鱼头、鱼骨，如鲷鱼、鲆鱼或比目鱼等，清洗干净
- 1汤勺菜籽油
- 1棵韭葱，只取用白色和浅绿色部分，切成12厘米（1/2英寸）见方的丁
- 1根芹菜，切成12毫米（1/2英寸）见方的丁
- 3枝新鲜的香芹
- 8粒胡椒
- 2枝新鲜的百里香
- 1/4茶勺小茴香
- 1/2片香叶
- 180毫升（3/4杯/6盎司）干白葡萄酒，如白苏维浓或灰皮诺
- 大约可以制作1.5升（1.5夸脱）

1　浸泡鱼的边角料

将鱼头和鱼骨放在一个大碗里，用冷水浸泡。让鱼的边角料浸泡15分钟，然后控净水分，再次冲洗。浸泡可以去除残留的血液和杂质，制作出更清澈、口感更清新的鱼汁。

2　焐蔬菜

将荷兰锅或其他大锅用中小火加热，加入油烧热。加入韭葱和芹菜，盖上锅盖。继续加热，不时翻动一下，直到蔬菜变软而没有上色，大约需要5分钟。这种缓慢加热蔬菜而不使其上色的过程叫作“焐”。

6　将鱼汁过滤

小心地将鱼汁倒入垫有湿纱布的网筛中，过滤到大的耐热盆里，固体倒掉。鱼汁可以立即使用，或者冷却后储存。

3 加入剩余的原材料

将香芹、胡椒粒、百里香、小茴香和香叶用一小块纱布包好系牢制作成一个香料包（见条目177）。连同鱼头、鱼骨和酒加入锅内。加水没过原材料大约2.5厘米（1英寸）；加入太多水会稀释鱼汁的风味。

4 用小火加热鱼汁

用大火加热。不要搅动，缓慢地将液体烧开。一旦看到有气泡形成，就马上改用小火。

5 撇去杂质

用大漏勺或撇沫勺撇去表面的灰色泡沫。让鱼汁保持微开，撇净所有浮沫，直到鱼汁味道浓郁，需要30~40分钟。如果需要，可以添加一些水，以始终保持原材料浸没在汤汁中。要确保鱼汁不要沸腾，否则会变得浑浊。

3

4

5

7

7 冷却并储存鱼汁

要储存鱼汁，在一个大盆中加入半盆冰块和水，将盛有鱼汁的盆坐入冰水中冷却至室温，要不时搅拌。盖好后可以冷藏2天。鱼汁不适合冷冻，因为它很容易产生异味。最好是小批量制作，并在几天之内使用完。

亚洲地区的鱼市有许多适合制作鱼汁或鱼高汤的鱼类。许多顾客会购买整条鱼，然后让鱼贩剔取鱼肉，所以市场上通常有现成的鱼头和鱼骨供应。

贝类海鲜高汤

最经济实惠的制作高品质贝类海鲜高汤的方法是冷冻保存好熟的虾壳、龙虾壳和螃蟹壳等，直到你攒够了大约680克（4杯/1.5磅）的壳。用这些壳制作的高汤可作为海鲜浓汤或秋葵浓汤的基料。

1 将虾壳切碎

用大切刀把虾壳剁成小块。不要把虾壳剁得太碎，否则很难过滤出来。

2 把较硬的外壳弄碎

将龙虾壳或螃蟹壳放入结实的密封塑料袋里，使用擀面杖或肉锤，将外壳敲碎成小块。

原材料

- 约680克（4杯/1.5磅）大虾壳，最好连着虾头；龙虾壳，或者螃蟹壳等混合外壳
- 2枝新鲜香芹
- 1枝新鲜百里香
- 1片香叶
- 1个黄皮洋葱，去皮，大致切成丝
- 1根胡萝卜，去皮，切成12毫米（1/2英寸）长的斜刀块
- 1根芹菜，切成12毫米（1/2英寸）见方的块
- 2汤勺番茄酱
- 1茶勺胡椒粒
- 125毫升（1/2杯/4盎司）干白葡萄酒，如白苏维浓，或者灰皮诺
- 1汤勺海盐

大约可以制作2升（2夸脱）

1

6 将高汤过滤

剪取一块纱布，折叠三层后还能平铺在细眼网筛里。折叠好纱布，用冷水浸湿，再挤干水分，铺在网筛里。将网筛摆放到大的耐热盆上。小心地将高汤直接倒入网筛里，固体残留物倒掉。你可以马上使用高汤，或者冷却后储存起来。

3 将高汤用小火加热

将所有外壳都放入8升（8夸脱）的厚底汤锅里。加入刚好没过外壳2.5厘米（1英寸）的水；加入太多水会稀释高汤的风味。将锅用中大火加热。不要搅动，缓慢地将液体烧开。然后改用小火加热，以便让高汤保持微开。

4 撇去杂质

用大漏勺或撇沫勺撇去表面的灰色泡沫。这些泡沫是由外壳加热时释放的杂质组成的，如果不将其去除，高汤会变得浑浊。一定不要搅动高汤。

5 加入芳香型原材料

将香芹、百里香和香叶用一小块纱布包好系牢制作成一个香料包（见条目177）。将洋葱、胡萝卜、芹菜、番茄酱、香料包、胡椒粒，以及葡萄酒加入锅里。不用盖锅盖，用小火加热，直到液体充满贝类海鲜的风味，大约需要30分钟。加入盐搅拌均匀，将锅从火上端离开。

3

4

5

7

7 冷却并储存高汤

如果不是马上使用高汤，将其冷却后储存。在一个大盆中加入半盆冰块和水，将盛有高汤的盆坐入冰水中冷却至室温，要不时搅拌。如果你打算在2天之内使用高汤，盖好后冷藏保存。也可以将高汤倒入密闭容器内，不要装满，留出12毫米（1/2英寸）（高汤在冷冻时会膨胀），可以冷冻保存2个月。要解冻时放冷藏24小时，或者将冷冻的高汤块放入少司锅里，用小火加热，盖上锅盖，直到全部液化。

鸡高汤

鸡汤是许多汤菜、炖菜和酱汁的主要原料，也是意大利调味饭不可缺少的原材料。虽然自制高汤需要花费很多时间，但可以一次多做些，然后冷冻保存。

原材料

约2.7千克（6磅）鸡骨架

1根胡萝卜，去皮，切成2.5厘米（1英寸）见方的块

1根带叶的芹菜，切成2.5厘米（1英寸）见方的块

1瓣蒜，去皮

1个大的或2个中等大小的黄皮洋葱，去皮，切成四瓣

3~4枝新鲜的香芹

1片香叶

8~10粒胡椒

大约可以制作4升（4夸脱）

1 将原材料混合到一起

将鸡骨架、胡萝卜、芹菜、蒜瓣、洋葱块、香芹、香叶，以及胡椒粒放入8升（8夸脱）的厚底汤锅内，加入刚好没过原材料2.5厘米（1英寸）的水，太多水会稀释高汤的风味。将锅用中大火加热。不要搅动，缓慢地将液体烧开。

1

2 用小火加热高汤

一旦看到液体的表面开始形成大的气泡时，就改用小火加热，直到只有小气泡偶尔在液体的表面出现。

6 去掉高汤中的油脂

使用高汤之前，要小心地去除所有的油脂，否则用高汤制作的菜会带有油腻的风味和质地。用大的金属勺子将过滤好的高汤表面的黄色油脂撇干净。

3　撇去杂质

用撇沫勺或大漏勺，将加热后10分钟浮到表面的灰色泡沫撇去。这些泡沫是由鸡骨头和鸡肉中的胶原蛋白和动物胶释放出来之后形成的，如果不去掉，会让高汤变得浑浊。

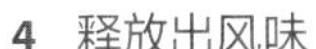

4　释放出风味

继续用小火加热，不用盖上锅盖，保持小火加热煨2~2.5小时。不要搅拌，但每隔30分钟就撇去表面的泡沫。如果需要的话，可以加入更多水，保持高汤刚好能没过原材料。

5　过滤高汤

剪取一块纱布，折叠三层后还能平铺到网筛里。折叠好纱布，用冷水浸湿，再挤干水分，然后铺在网筛里。将网筛摆放到一个大的耐热盆上。用撇沫勺或漏勺将大块的固体原材料捞出，然后小心地将高汤直接倒入网筛里，固体残留物倒掉。

3

4

5

7

7　冷藏高汤

如果时间允许，在撇去油脂之前先将高汤冷藏。在一个大盆中加入冰块和水，将盛有高汤的盆坐入大盆的冰水中冷却至室温，偶尔搅拌一下。把高汤盖好，冷藏一晚上。油脂会上浮到表面并凝固，很容易捞除。

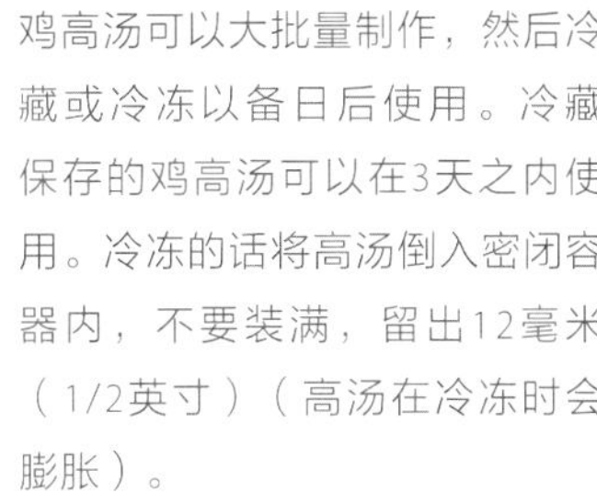

鸡高汤可以大批量制作，然后冷藏或冷冻以备日后使用。冷藏保存的鸡高汤可以在3天之内使用。冷冻的话将高汤倒入密闭容器内，不要装满，留出12毫米（1/2英寸）（高汤在冷冻时会膨胀）。

棕色鸡高汤（褐色鸡高汤）

这种高汤在厨房里用途最为广泛，适合用来制作酱汁、肉汁，以及其他各种用途。将鸡块在烤箱里烤成棕色，然后与蔬菜用小火炖，这样就会制作出比普通鸡高汤风味更浓烈、颜色也更深的棕色鸡高汤。

原材料

约1.4千克（3磅）鸡骨架、鸡翅，用砍刀剁成5~7.5厘米（2~3英寸）见方的块状

2汤勺菜籽油

1个小黄皮洋葱，切碎

1根小胡萝卜，切碎

1小根带叶芹菜，切碎

250毫升（1杯/8盎司）水

4枝新鲜的百里香，或者1/2茶勺干的百里香

6粒胡椒

1小片香叶

大约可以制作2升（2夸脱）

1 烤鸡块

将烤箱预热至220℃（425℉）。在一个大的烤盘里把鸡块摊开，必要时可以略微叠压，烤30分钟。将鸡块翻面，然后继续烤至鸡块变成深棕色，大约需要再烤20分钟。

1

2 加热蔬菜

将6~8升（6~8夸脱）的汤锅或荷兰锅用中火加热，加入油烧热，加入洋葱、胡萝卜和芹菜煸炒，直到蔬菜开始变成棕色，大约需要6分钟。将锅从火上端离开。将烤盘从烤箱中取出，用夹子将烤至棕色的鸡块夹到锅中。

5 用小火加热高汤

加入刚好没过原材料的水，并用大火加热。加入百里香、胡椒粒和香叶，加热至沸腾。一旦看到形成气泡，改用小火加热。用大的金属漏勺或撇沫勺，撇去浮在表面的灰色泡沫。不盖锅盖，熬到风味浓郁，需要加热3~6小时。

更多风味的家禽高汤

棕色火鸡高汤

按照制作棕色鸡高汤的食谱制作，但是使用火鸡翅代替鸡骨架，将火鸡翅切成5~7.5厘米（2~3英寸）见方的块。为了增加额外的风味，加入1只火鸡的内脏，还有脖子、火鸡心，以及火鸡肫等，但是不要使用火鸡肝，与火鸡翅一起放入烤盘里。

棕色鸭高汤

按照制作棕色鸡高汤的食谱制作，但是使用鸭翅代替鸡骨架，将鸭翅切成5~7.5厘米（2~3英寸）见方的块。为了增加额外的风味，加入1只鸭子的内脏，以及鸭脖、鸭心、鸭肫等，但是不要使用鸭肝，与鸭翅一起放入烤盘里。

速成棕色高汤

烤鸡骨架，将它们放入汤锅中，然后用2.5升购买的低钠鸡汤去稀释。用大火烧开，撇去所有泡沫，加入少许干百里香。改用小火，不用盖锅盖，炖1小时左右。然后按照步骤6的制作方法过滤高汤，根据需要使用高汤。

3 稀释烤盘底部的结块

戴上高温手套，倾斜着抬起烤盘以将烤盘内的油脂聚集到角上。用勺子把油脂撇除掉。把烤盘放在炉灶上，用两个炉头加热，调至大火。当烤盘里的肉汁开始沸腾时，小心地将一杯水倒进烤盘里，用木铲或勺子进行搅拌。

3

4 将烤盘里的汤汁倒入锅里

把烤盘里的水烧开，用木铲将粘连在烤盘底部和边上的褐色斑块刮取下来。将烤盘里制作出来的美味棕色液体倒入锅里。

4

6 过滤高汤

将较大的固体去除，然后通过铺有三层湿纱布的细眼网筛，将高汤过滤到大的耐热盆里，去掉剩下的固体。用大的金属勺子把滤过的高汤表面的黄色油脂撇去。高汤可以立即使用，也可在冰箱里冷藏储存3天，或者冷冻储存3个月。

牛肉高汤

牛腿骨和牛胫骨制作的高汤独具特色，芳香四溢，并且风味柔和，汤味清淡。可以制作汤菜、炖菜，以及酱汁，还可以制作牛肉类菜肴，或者搭配牛肉一起食用。

原材料

约1.4千克（3磅）牛腿骨，购买时让肉贩帮忙剁开

2厚片带肉的牛胫骨，大约907克（2磅）重

2根胡萝卜，去皮，斜切成12毫米（1/2英寸）见方的块

2根带叶的芹菜，切成12毫米（1/2英寸）长的段

1个大的黄皮洋葱，去皮切成2.5厘米（1英寸）见方的块

3~4枝新鲜的香芹

1片香叶

8~10粒胡椒

大约可以制作2升（2夸脱）

1 将原材料混合

将牛腿骨、牛胫骨、胡萝卜、芹菜、洋葱、香芹、香叶，以及胡椒粒放入8升（8夸脱）的厚底汤锅内，加入刚好没过原材料2.5厘米（1英寸）高的水；加入太多水会稀释高汤的风味。将锅用中火加热。不要搅动，慢慢地将液体烧开。

2 撇去杂质

一旦锅里开始形成大的气泡，就改用小火加热，直到仅仅有小气泡在液体的表面冒出碎裂开。使用大漏勺或撇沫勺，将浮到表面的灰色泡沫撇去。

6 去掉高汤中的油脂

在使用高汤之前，要小心地去除高汤里所有的油脂，否则用高汤制作的菜肴会带有油腻的风味和质地。用大的金属勺子将高汤表面的油脂撇干净。

3 释放出风味

继续用小火加热高汤，不用盖锅盖，始终保持用小火加热，煨3~4小时。不要搅拌，但每隔大约30分钟就撇去表面的泡沫。如果需要的话，可以加入更多水，以保持高汤刚好能没过原材料。

4 取出较大块的骨头

为了方便过滤，用漏勺或网筛将大块的骨头捞出并放到一边。

5 将高汤过滤

剪取一块纱布，大到折叠三层后还能平铺在网筛里。折叠好纱布，用冷水浸湿，再挤干水分，然后铺在网筛里。将网筛摆放到大的耐热盆上。小心地将高汤直接倒入网筛里过滤，固体残留物倒掉。

3

5

7

7 冷藏高汤

如果时间允许，在撇去油脂之前先将高汤冷藏。在一个大盆中加入半盆冰块和水，将盛有高汤的盆坐入大盆的冰水中冷却至室温，偶尔搅拌一下。把高汤盖好，冷藏一晚上。油脂会上浮到表面并凝固，很容易捞出。

301

食谱类

棕色牛肉高汤（褐色牛肉高汤）

这种颜色特别深的、风味浓郁的高汤是通过先将牛骨和蔬菜在烤箱里烤至棕色来实现的，烤使得肉汁颜色变深，使蔬菜中的天然糖分焦糖化。当你制作汤菜或酱汁，想要一种特别深的颜色和风味时，可以使用棕色牛肉高汤。

原材料

约1.4千克（3磅）牛腿骨，购买时让肉贩帮忙剁开

2厚片带肉的牛胫骨，大约907克（2磅）重

2根粗的胡萝卜，去皮，斜切成12毫米（1/2英寸）见方的块

2根带叶的芹菜，切成12毫米（1/2英寸）长的段

1个大的黄皮洋葱，去皮切成2.5厘米（1英寸）见方的块

菜籽油，用来涂抹烤盘

500毫升（2杯/16盎司）水，多备出一些，以能够覆盖过原材料

3~4枝新鲜的香芹

1片香叶

8~10粒胡椒

大约可以制作2升（2夸脱）

1 烤牛骨

将烤架摆放在烤箱上部的1/3处，并将烤箱预热至200℃（400℉）。将牛腿骨、牛胫骨、胡萝卜、芹菜，以及洋葱撒入涂有薄薄一层油的烤盘里烤，期间翻动原材料一两次，直到它们变成深棕色，大约需要45分钟。将牛骨和蔬菜倒入8升（8夸脱）的厚底汤锅里。

1

2 稀释烤盘底部的结块

戴上高温手套，倾斜着抬起烤盘以将烤盘内的油脂聚集到角上。用勺子把清澈的油脂撇除掉。把烤盘放在炉灶上，用两个炉头加热，调至小火，加入2杯水。用宽边木铲，将粘连在烤盘底部和边上的褐色斑块全部刮取下来。

5 释放出风味

继续用小火加热高汤，不用盖锅盖，始终保持小火加热，煨3~4小时。不要搅拌，但每隔大约30分钟就撇去表面的泡沫。如果需要的话，可以加入更多水，保持高汤刚好能没过原材料。

3 将高汤烧开

把烤盘里的所有汤汁全部倒进装有褐色原材料的锅里。加入香芹、香叶和胡椒粒。加入刚好没过原材料2.5厘米（1英寸）的水，加入太多水会稀释高汤的风味。把锅用中大火加热。不用搅拌，慢慢烧开。

4 撇去杂质

一旦锅里开始形成大的气泡，就改用小火加热，直到仅仅有小气泡偶尔出现。用大漏勺或撇沫勺，将加热之后的前10分钟之内浮到表面的灰色泡沫撇去。

3

4

6

6 过滤并去掉高汤中的油脂

去除较大的骨头块，然后将高汤通过铺在细眼网筛上的折叠了三层的湿纱布，过滤到大的耐热盆里。固体残留物倒掉。用大的金属勺子将高汤表面的黄色油脂撇干净。高汤可以马上使用，也可冷却后在冰箱里储存3天，或者冷冻保存3个月。

更多风味的肉高汤

棕色肉高汤

按照制作棕色牛肉高汤的食谱制作，但是用小牛肉胫骨代替牛肉胫骨。制作好的高汤，由牛骨和小牛骨混合而成，会比全部使用牛骨制作的高汤风味更加细腻。

棕色小牛肉高汤

按照制作棕色牛肉高汤的食谱制作，但是用小牛肉腿骨或骨头汤代替牛肉腿骨，并且用小牛胫骨代替牛胫骨。制作好的高汤，风味会更加温和，可以用来制作精致的酱汁，风味更好。

速成棕色牛肉高汤

烤牛骨，将它们放入汤锅里，然后用2.5升（2.5夸脱）购买的低钠牛肉汤去稀释。用大火烧开，撇去所有浮沫，加入少许干百里香。改用小火，不盖锅盖，炖1小时左右。按照步骤6的制作方法过滤高汤，然后根据需要使用高汤。

蔬菜类烹饪技法

将洋葱切成丁

1 将洋葱切成两半

用厨刀将洋葱纵长切成两半。这样更容易去皮。

2 将洋葱去皮

将老皮剥除。

3 修剪洋葱

将洋葱的两端切规整，留下一部分完整的根部，以有助于将切半的洋葱连接在一起。将半个洋葱平面朝下，根部朝向外侧，摆放到砧板上。

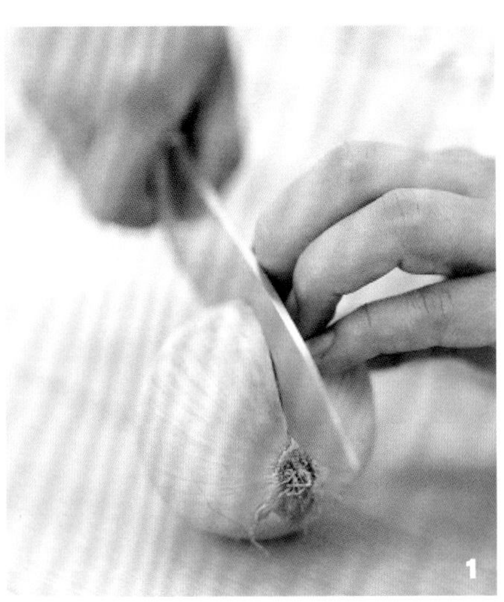

1

2

3

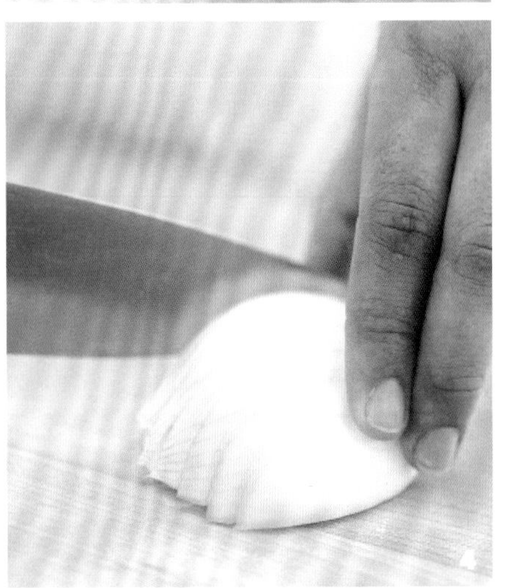

4

5

6

4 将切半洋葱纵长切割

在洋葱的两侧扶稳洋葱。用厨刀纵长切割几刀，与你想要的最后切成丁的厚度一致。不要把根的末端都切开。

5 将切半洋葱水平切割

用刀水平切割几刀，厚度与你最后想要切成丁的厚度一致。

6 将切半洋葱横向切割

将洋葱切成丁后切碎。

将洋葱切成丝

303

1 将洋葱去皮

用厨刀将洋葱纵长切成两半，去皮。

2 将洋葱切成丝

用厨刀把洋葱切成所希望厚度的丝。

制作焦糖洋葱

304

1 加热黄油并加入洋葱

将大的厚底锅用中小火加热，然后在锅里加入适量黄油和菜籽油。当黄油熔化后，加入洋葱，翻炒均匀。

2 加入糖

改用小火加热，盖上锅盖，不时翻炒，需要加热15分钟。揭开锅盖，在洋葱上撒入少量糖，翻炒均匀。加入的糖有助于洋葱上色。

3 将洋葱煸炒至金黄色

继续加热，不时翻炒，直到洋葱变成金黄色，大约需要25分钟。当洋葱以这种缓慢的速度加热时，糖就会焦糖化，使洋葱的风味变得更浓郁更复杂。

4 如果需要，将锅内的洋葱稀释

如果用洋葱制作汤菜或酱汁，加入食谱中所要求的液体，并充分搅拌，以濉开所有棕色的斑块。

305 将红葱头（干葱）切成丁

1 将红葱头瓣分离开

如果有必要，可以将红葱头分离开。

2 将红葱头切成两半

将红葱头沿着根部纵长切成两半。

3 将红葱头去皮并修剪

将老皮去除。将两端修剪整齐，但保留一部分根茎，以帮助切半的红葱头连接到一起。

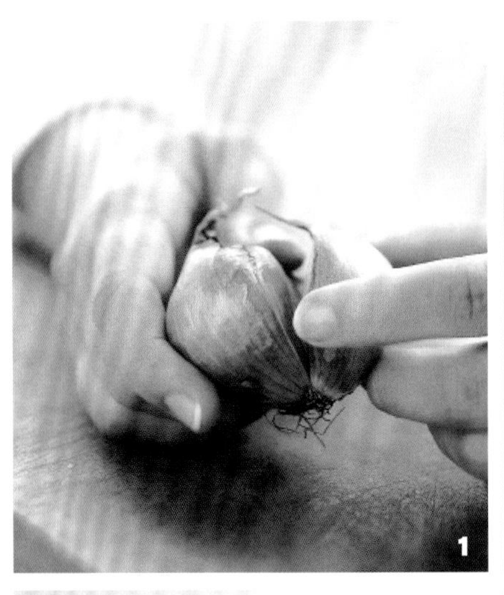

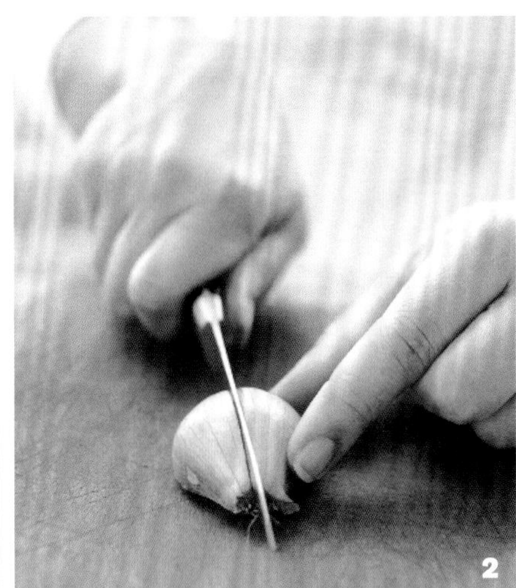

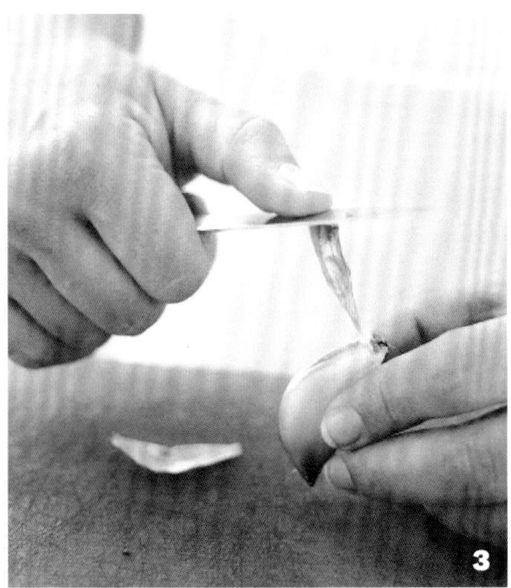

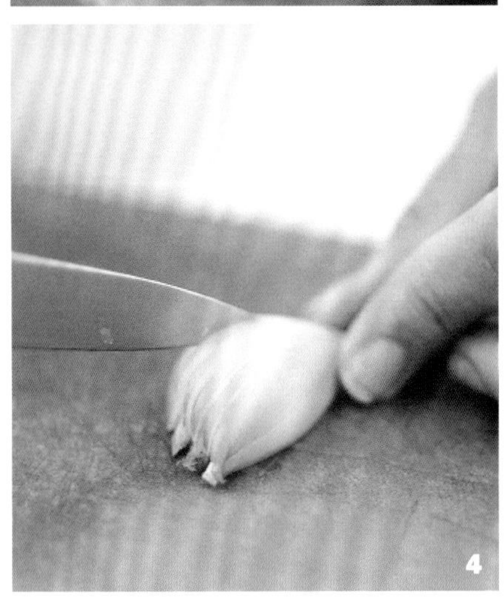

4 纵长切割切半的葱头

将切半的红葱头切面朝下摆放到砧板上，并纵长细细切几刀。不要把根端全部切开，根端可以把红葱头的分层连在一起。

5 水平切割切半的红葱头

将厨刀的刀刃与砧板平行，在切半红葱头上细细的水平的切割几刀，切到靠近根茎处。

6 将红葱头切丁

将切半的葱头横切成丁，用这种规整的方式将葱头切成丁，会使其加热得非常均匀。

将大蒜切成末和剁碎

1 松脱蒜皮

如果你打算把大蒜切成蒜末，刀面猛击一下效果会非常好。如果你打算将大蒜切成碎片，刀轻压以保持大蒜瓣的完整。

2 剥掉蒜皮并切成两半

剥蒜皮，将蒜瓣从根端纵长将大蒜瓣切成两半。

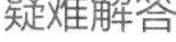

疑难解答

如果需要，可以用去皮刀的刀尖把蒜瓣中间的绿芽挑出来，然后扔掉。有一些厨师认为它带有苦味。

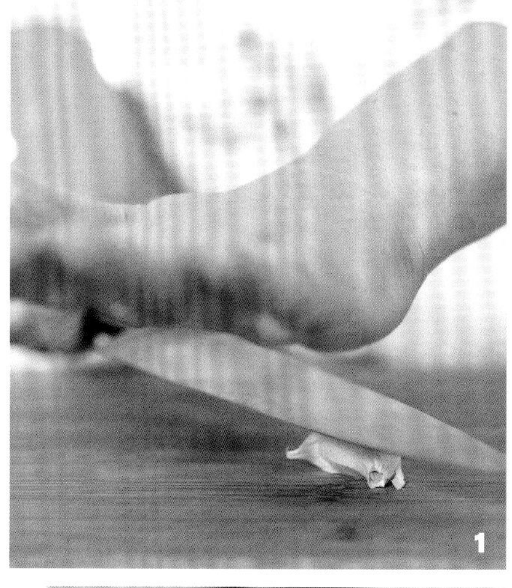

1

2

3

4

5

3 将切半的蒜瓣切成片

用厨刀将切半的蒜瓣横着切成非常薄的片（如图所示），或者纵长切成片。蒜片可以直接使用，或者将它们切碎。

4 将大蒜片切成末

将蒜片切成均匀的蒜末。蒜末可以直接使用，或者将它们剁得更碎。

5 将大蒜剁得更碎

将切好的大蒜末继续剁碎。

307

小葱的加工处理

1 将葱根修剪掉

用厨刀把小葱的根部切掉。

> **疑难解答**
>
> 在制备小葱时，一定要触摸一下小葱的外层皮；如果是黏滑的，就像剥去其他洋葱的纸质外皮一样除去它。
>
> 

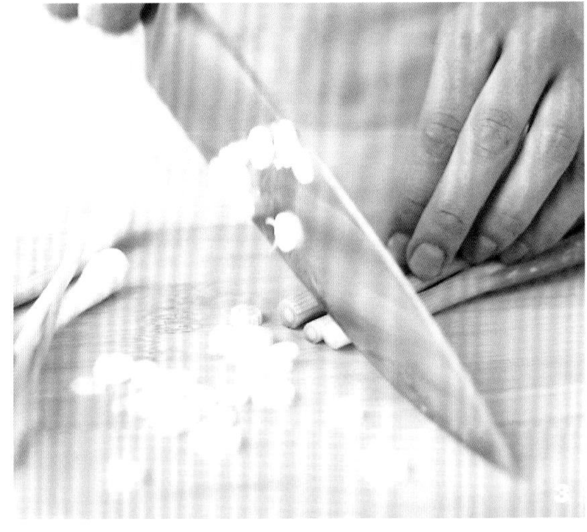

2 修剪小葱的顶端

将所有枯萎的或变黄的葱叶都去掉，然后将顶端绿色葱叶中长长的，扁平的葱叶全部或部分切除。

3 将小葱切成片，或者切碎

将修剪好的葱根对齐，将小葱横切成片或切碎。

韭葱的加工处理

1　修剪韭葱

将韭葱的葱根和顶端深绿色的老叶切掉，只留下白色和浅绿色的部分。如果韭葱的外层枯萎了或变色了，将其剥下来并丢掉。

2　将韭葱切成两半和四半

将每一棵韭葱纵长切成两半，切面朝下，再切成两半，就成为四半。

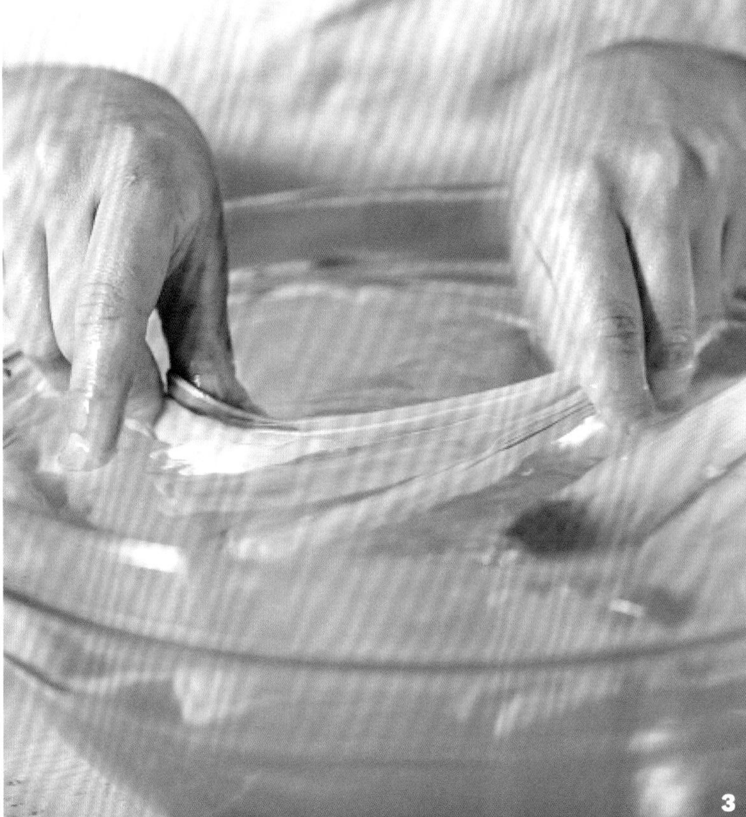

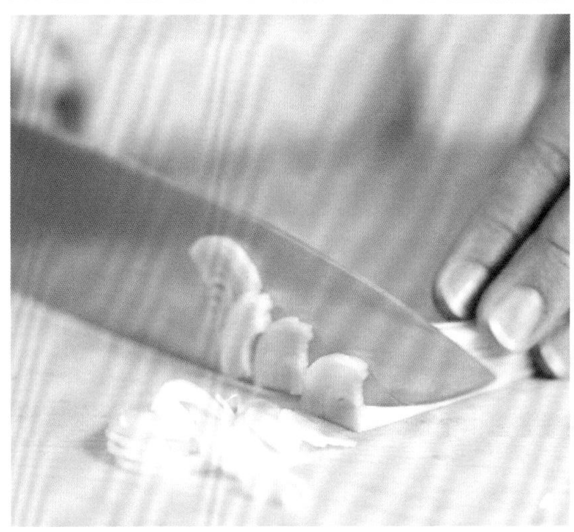

3　将韭葱洗净

用自来水彻底冲洗韭葱。

4　将韭葱切成片

将韭葱横切成片状。

309

将胡萝卜切成丁

1 去皮并修剪胡萝卜

胡萝卜用削皮刀削去粗糙的表皮。换用厨刀，修剪掉顶端的胡萝卜叶，以及根。

2 将胡萝卜切成相同长度的段

将胡萝卜切成不超过7.5厘米（3英寸）长的段。

3 切割出一个平的边

在切每一段胡萝卜之前，先从其圆周侧切下一片薄片，使边缘处平整。切面朝下放好。

4 将胡萝卜切成片

将胡萝卜段纵长切成片，厚度与你最后想要切成丁的厚度相同。这里将胡萝卜切成6毫米（1/4英寸）厚的片。

5 将胡萝卜切成条

将2~3片胡萝卜片摞到一起。切成条。

6 将胡萝卜切成丁

将胡萝卜条横着切成丁，要切得均匀。

将胡萝卜切成条

1 去皮并修剪胡萝卜

胡萝卜用削皮刀削去粗糙的表皮。换用厨刀，修剪掉顶端的胡萝卜叶，以及根。

2 将胡萝卜切成相同长度的段

将胡萝卜横切成2～3段长度相同的段。它们应该与你最后想要切成的条的长度相同；7.5厘米（3英寸）长最合适。

3 将胡萝卜切成三块

换用厨刀，把胡萝卜段的边缘切出一个平面，使其稳定。将胡萝卜段纵长切成三块。每一块大约12毫米（1/2英寸）宽。

4 将胡萝卜切成条

把每一块胡萝卜都纵长切成条。每个切口间隔大约12毫米（1/2英寸）。

311 将芹菜切成丁

1 修剪芹菜根

用厨刀将芹菜的根剪掉。将芹菜梗洗净。

2 将芹菜叶切碎

芹菜叶常用在一些菜肴中，以提供额外的风味。将芹菜叶取下切碎，通常粗略切碎即可。

疑难解答

有时芹菜梗纤维很多，用削皮刀或去皮刀将这些纤维削去。

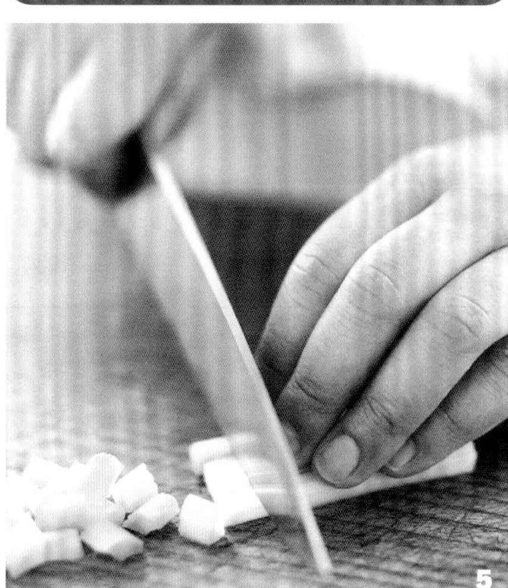

3 将芹菜切成段

将芹菜梗切成长度不超过7.5厘米（3英寸）长的段。

4 将芹菜切成条状

将芹菜段纵长切成条，其厚度与你最后想要切成丁的大小一致。这里把它们切成6毫米（3/4英寸）厚的条状。

5 将芹菜切成丁

把芹菜条横切成丁。切成规整的芹菜丁，烹调时会以相同的速度成熟。

将芹菜切成条 312

1 将芹菜切成段

将芹菜梗横着切成长度相同的2～3段。它们应该与你最后想要切出的条是一样的长度。7.5厘米（3英寸）长最合适。

2 将芹菜切成条

将每一段芹菜都纵长切成条。分开大约12毫米（1/2英寸）的间隙进行切割。

蘑菇的加工制备 313

1 刷去污物

用蘑菇刷轻轻刷去蘑菇上所有的污物。用湿布或纸巾擦去所有顽固的污垢（口蘑可以略微冲洗一下）。

2 修剪蘑菇茎

用去皮刀把蘑菇茎的底部削去薄薄一层。

疑难解答

如果蘑菇的整个茎都很老，就把它全部修剪掉。有些蘑菇品种如香菇，总是带有老韧的木质茎。一定要把这些蘑菇的老茎去掉，以避免这些硬块出现在制作好的菜肴里。

3 如果必要的话，可以去掉菌褶

如果用的是波多贝罗蘑菇（双孢蘑菇），要去掉深色的菌褶，因为在烹调的过程中，会让其他原材料染上色。用一把金属勺子将菌褶挖出。

314

将番茄去皮

1　在番茄上划出刀纹

用去皮刀在番茄的顶部划出十字花刀。

2　将番茄焯水

将一锅水烧开。将番茄浸入开水中焯水15~30秒，直到番茄皮刚好松脱。

3　将番茄拔凉

捞出番茄浸入一盆冰水里。这个过程称为拔凉，能阻止番茄继续加热。

4　剥去番茄皮

一旦番茄冷却后，把它们从冰水中取出，撕去皮。

番茄去籽 315

1　将番茄切成两半

去番茄的籽，使用厨刀或锯齿刀，把番茄顺长切成两半。

2　挤压出或挖出番茄籽

将切半番茄放在一个碗的上方，用手指挖出籽瓤和多余的汁液，或轻轻地挤压切半番茄，将番茄籽挤压出来。

将番茄切成丁 316

1　将番茄直切成片

如果需要的话，用厨刀在蒂部切出一个浅圆形的切口，去掉番茄蒂。将切半番茄的切面朝下，间隔3~6毫米（1/8~1/4英寸），直接切成片。

2　将番茄片切成条

将2片或3片番茄片摞到一起，刀口与第一次切割面垂直，间隔3~6毫米切成条。

3　将番茄条切成丁

将番茄条摆好，横向切成3~6毫米宽的丁。将切好的番茄丁放到一边，与工作区域分开，重复1~3的操作步骤切完剩下的切半番茄。

4　将番茄丁装入盆里

将番茄丁从砧板上装到准备好的盆里，可以用厨刀的刀面铲起番茄丁。

317 绿叶蔬菜的加工处理

1 整理菜叶

仔细地整理菜叶，分开检查每一片叶子，将所有发黄的（或褪色的）、枯萎的，或者有虫洞的叶子丢掉。

2 将绿叶蔬菜的茎择掉

如果是处理嫩绿的蔬菜，如菠菜（如图所示），将每一片叶子沿着茎对折，叶脉面朝外。用另一只手抓住茎，然后迅速把它择掉。

3 将茎切除

如果要处理较老韧的绿色蔬菜，如瑞士甜菜、芥蓝，或羽衣甘蓝（如图所示），在粗茎的两边切出V形切口，把茎从叶子上去掉。

4 将叶子漂洗干净

在沙拉脱水器的桶里装满水。放入脱水篮，加入叶子，摇匀以去掉所有的泥土或沙粒。提起篮子，换水，重复冲洗过程，直到看不见沙粒。

5 甩干叶子上的水分

根据食谱要求，将叶子甩干，或留一些干净的水分在叶子上。若要将叶子脱水，可以分批放入沙拉脱水器中旋转脱水直到甩干；对于需要湿润的叶子，只需简单的沥干水分即可。

疑难解答

对于像羽衣甘蓝这样较大片的绿色蔬菜，它们会残留着很多沙粒，将几片叶子摞在一起，顺长卷起来，横向切成窄窄的条状后再清洗。

修剪加工菜豆或豌豆

318

1 把茎端折断

用手指将豆荚老韧的茎端掰断，那里是它们与豆荚的连接处。另外一侧的尖端可以保留，也可以切掉。

2 去掉筋脉线

如今大多数的菜豆都没有“筋脉线”。如果发现豆荚的茎端连接着一根细的筋脉线，沿着豆荚顺长把它拉出来并去掉。保留尖尾端完整。

豌豆去壳

319

1 将豆荚剥开

准备一个小碗。一次剥一个豆荚，用力捏豆荚的两端使豆荚裂开。挤压豆荚，用拇指对豆荚接缝处施压，将其打开。

2 将豌豆取出

用拇指沿着豆荚的内部向前推压，使豌豆脱离豆荚，让它们落入到碗里。将豆荚丢弃。剩下的豆荚重复此操作。

柿椒（甜椒）的加工处理

1　去掉籽和筋脉

用厨刀将柿椒纵长切成两半。把每一半柿椒里的蒂部和大部分的籽去掉。用去皮刀把白色的筋脉切除。

2　切掉柿椒的顶部和底部

如果要把柿椒切成条或丁，将每个切半的柿椒的顶部和底部切平。

3　将切半的柿椒切成条

将切半的柿椒摆到砧板上，带皮的一面朝下，将柿椒顺长切成12毫米（1/2英寸）或6毫米（1/4英寸）宽的条。

4　将条切成丁

将几根柿椒条排好，横切成12毫米（1/2英寸）或6毫米（1/4英寸）的方形丁。将柿椒切成规整的丁可以使其受热均匀。

烤柿椒

1 在烤盘里铺上锡纸

将烤架尽量靠近热源，并将烤炉预热。将柿椒放入带边的铺有锡纸的烤盘里。

2 烤柿椒

将放有柿椒的烤盘放入烤炉里烤，根据需要，使用长柄夹翻动柿椒，直到将柿椒的所有表面都烤焦并起泡，大约需要烤15分钟。

3 将柿椒装入纸袋里冷却

将烤好的柿椒放入纸袋中，然后松松地合上袋子。这会使柿椒在冷却的时候产生蒸汽，从而让柿椒的表皮松弛下来。

4 将外皮去掉

大约10分钟后，待柿椒凉了下来，从袋子里把柿椒拿出来，剥去柿椒的外皮，尽可能多地去掉烧焦的外皮。

322 用蔬菜切割器刨土豆片

1 将土豆从刀片上擦过

调整蔬菜切割器，以切出所需要厚度的片。牢牢地抓住去皮土豆，把它刨成圆片，注意将手放到土豆后面，这样就不会碰到刀片。

2 将土豆片擦干

将刨出的土豆片放到一盆冷水中，以防止变色。当准备使用土豆片时，捞出土豆片控净水并擦干，然后将土豆片铺到烤盘里或用于油炸土豆片。

323 手工切土豆片

1 将土豆削皮并放到冷水里

使用削皮刀或去皮刀将土豆去皮，如果需要，可以将它们放到一盆冷水里。在切片前，将去皮后的土豆从水中取出并擦干。

2 用厨刀将土豆切成片

用厨刀在土豆的底部切去薄薄的一片，以让土豆的底部牢固。抓住土豆，然后将土豆切成所需要厚度的片。

甘薯的加工处理 324

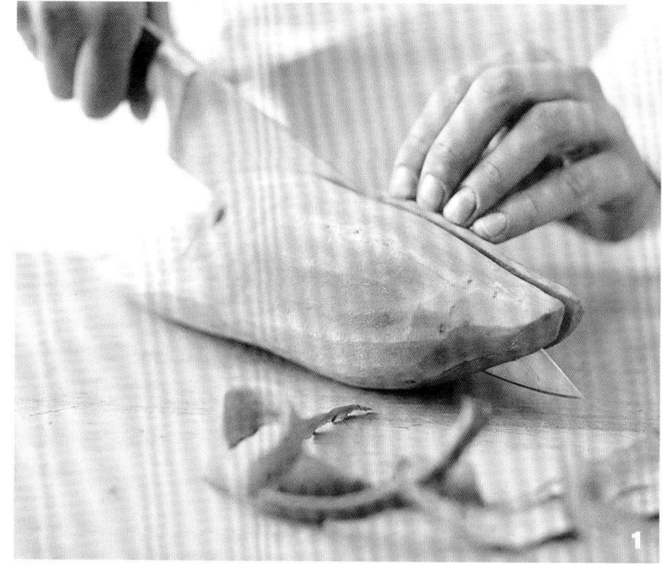

1　将甘薯顺长切开

用厨刀将去皮或没有去皮的甘薯顺长切成两半。切时要小心，因为块茎类非常硬实并且会滑动。

2　将甘薯切成V形块或方块

将切成两半的甘薯切面朝下摆放到砧板上，顺长切3刀，切成V形块。如果需要，将V形块排好，横向切成大体相同的方块。

挤土豆泥 325

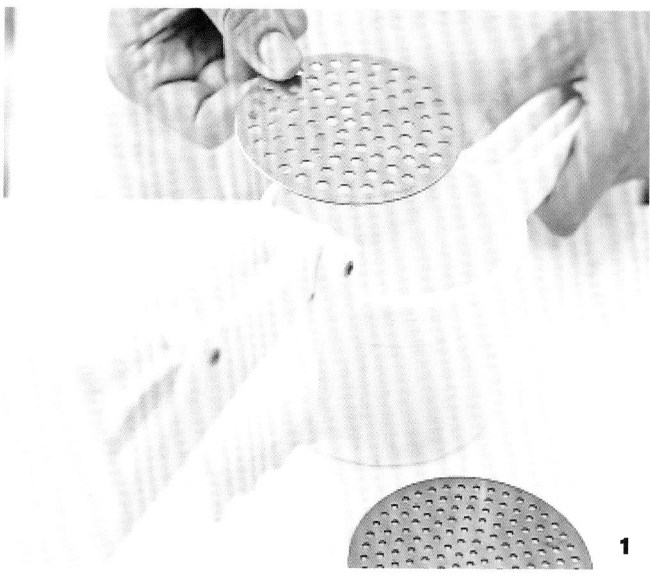

1　安装菜泥压榨器

按照使用说明把所需要使用的挤压盘安装到菜泥压榨器上。图示的是一个大孔的挤压盘，这样土豆就可以很容易地从中挤出。

2　挤压土豆

用大勺子将煮熟的土豆装入菜泥压榨器里。合上手柄，把土豆挤压到一起，让土豆穿过挤压盘落入少司锅或盆里。

传统土豆泥

褐色土豆是传统制作土豆泥所使用的土豆，因其干性的、富含淀粉的肉质非常易吸收黄油和牛奶。淀粉含量适中的土豆也非常适合用来制作土豆泥，尤其是育空黄金土豆（介于高淀粉土豆和蜡质土豆之间），它的黄油色是深受人们喜爱的原因之一。

原材料

约1.1千克（2.5磅）高淀粉含量的土豆，如褐色土豆或中等淀粉含量的土豆，如育空黄金土豆

1.5茶勺海盐

90克（6汤勺/3盎司）无盐黄油，常温

125毫升（1/2杯/4盎司）牛奶或淡奶油，温热

1/8茶勺现磨白胡椒粉

可供4~6人食用

1 准备土豆

使用高淀粉含量的土豆，如褐色土豆时，可以带皮加热。高淀粉含量的土豆有着干性的、吸收力强的肉质，这意味着如果去皮、切开，它们会很容易吸收水分。不管是否将土豆去皮，都要好好地将它们擦洗和冲洗干净。

2 煮土豆

将土豆放入5升（5夸脱）的汤锅里，加水没过土豆2.5厘米（1英寸）。水中加入1勺海盐调味。将锅用大火加热，将水烧开后改用小火加热。盖上锅盖，用小火将土豆煮至用去皮刀的刀尖能刺穿土豆后即成熟，需要加热25~30分钟。

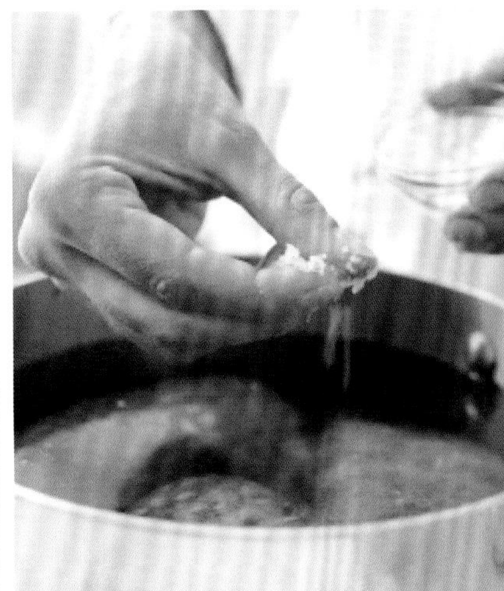

5 加入黄油和牛奶

将锅里略微捣碎了的土豆用小火加热。换一把木勺，把黄油拌到土豆里。再分次倒入温热的牛奶，每次加入60毫升（1/4杯/2盎司），直到土豆泥柔软光滑。加入剩下的1/2茶勺海盐和白胡椒粉搅拌均匀。

3 将土豆去皮

将土豆捞出控净水分，摆放到砧板上。用去皮刀的刀尖顺长切开每个土豆的外皮，为剥土豆皮创造出一个起始位置。一次处理一个土豆，用叉子将土豆固定住，用夹子把外皮剥掉。把剥了皮的土豆放到一个空锅里，盖上锅盖，放在一边备用。

4 将土豆制成土豆泥

用土豆泥捣碎器挤压土豆块，每次都稍微转动一下捣碎器，根据需要在锅里将土豆捣碎。若要制作出光滑细腻的土豆泥，将土豆用菜泥压榨器挤出泥。

6 调整口味

尝一尝土豆泥。如果觉得味道淡，可以再加一点海盐或白胡椒粉，一次加一点；如果喜欢奶油味道浓郁的土豆泥可以多加一些牛奶或黄油，每次加一点，尝一次味，直到味道和黏稠度达到需要。一旦达到想要的口感和味道就停止搅拌。过度搅拌的土豆泥会发黏。

各种风味的土豆泥

快手土豆泥

将去皮或没有去皮的土豆切成5厘米（2英寸）的块，然后按照传统土豆泥的食谱制作土豆泥，加热的时间缩短到15~18分钟。

大蒜橄榄油风味土豆泥

在一个用小火加热的小煎锅里加热60毫升（1/4杯/2盎司）的特级初榨橄榄油，加入1汤勺蒜末，煸炒成蒜油，但大蒜没有变成棕色，大约需要加热10分钟。放到一边备用。在一个用小火加热的小号少司锅里加热250毫升（1杯/8盎司）的牛奶至沿着锅边冒出小泡，拌入大蒜橄榄油，放到一边备用。按照制作传统土豆泥的食谱制作土豆泥，用大蒜橄榄油代替牛奶和黄油。

青酱土豆泥

按照制作传统土豆泥的食谱制作土豆泥。在步骤5中，与牛奶和黄油一起加入125毫升（1/2杯/4盎司）的罗勒青酱（见条目284），可按照口味调整用量。

327

西蓝花的修剪加工

1 将叶和茎切掉

用厨刀将西蓝花茎上剩余的叶片切除，然后将茎的底部切掉（切掉的这一部分可去皮，切成小块，可以用来制作另外一道菜）。

2 将西蓝花切成小朵

用去皮刀将西蓝花分割成单独的小朵，每朵约4.5厘米（$1\frac{3}{4}$英寸）长。如果小朵从茎上切下来后太大，可从茎的末端轻轻地切，这样就不会破坏形状。

328

菜花的加工处理

1 去掉茎和叶片

用厨刀将菜花垂直切成两半，露出中间的茎。用去皮刀切掉中间的茎，并去掉所有的绿色叶片。

2 将菜花切成小朵

将菜花分割成单独的小朵，每朵大约4.5厘米（$1\frac{3}{4}$英寸）长。如果小朵上的茎较老，可以用去皮刀去掉外皮。

329

将西葫芦切成片

1 将西葫芦洗净并修切好

为了获得最佳效果，在加工处理西葫芦时，尽量取用粗细相同的西葫芦。用厨刀切掉茎端和花端，并丢弃不用。

2 将西葫芦切成片

根据食谱要求，把每个西葫芦横切或斜切。斜切可以切出诱人食欲的片，为上色提供更多的表面积。

冬南瓜的加工制备 330

1 将冬南瓜切成两半

如果使用的是冬南瓜（如图所示），用厨刀将“颈部”从瓜身上切下来。将瓜身部分顺长切成两半。

2 挖出瓜子

用勺子从每半瓜身里挖出瓜子和所有的线状瓜瓤（冬南瓜的颈部没有瓜子和线状瓜瓤）。

圆茄子的加工处理 331

1 修整加工茄子

用锯齿刀或厨刀将茄子的绿色顶部切掉，然后根据食谱要求，将茄子横切成片或块。

2 如果需要，在茄子上撒上盐

用盐腌茄子可以去除一部分的苦味。在茄子片的两面都撒上盐，并放到一个过滤器里。将过滤器置于盆的上方，腌制至少30分钟，或者根据食谱要求进行腌制。

亚洲茄子的加工处理 332

1 修整加工茄子

用厨刀将亚洲茄子（细长形茄子）的绿色顶部切掉，如果打算将茄子斜切成片状，顶部也要斜着切掉。

2 切割茄子

根据食谱要求将茄子斜切或横切成片，亚洲茄子不需要撒盐腌制，因为比起圆茄子，亚洲茄子风味更加温和，苦味也更少。

333 茴香头的加工处理

1 修剪掉茴香茎

用厨刀切掉茴香头的茎和茴香叶。取一些茴香叶放在一边备用，如果直接使用，可以作为装饰或给菜肴添加风味。

2 去掉所有破损的部分

用削皮刀削茴香头的外层，以去掉所有破损的部位或者较老的部分。如果茴香头的外层破损很严重或者裂开了，可以整片去掉。

3 将茴香头切成两半

用厨刀从上往下切，将茴香头切成两半，正好将茴香心切开。

4 将切半的茴香头切成V形块

如果食谱需要使用茴香块，将切半的茴香头顺长切成4块，不用去掉茴香心，它有助于将各层的茴香片连在一起。

5 将V形茴香块切成片

如果食谱需要使用薄片，先从每块茴香块上切去茴香心，然后将茴香块顺长切或横切成片。

6 将茴香叶切碎（可选）

如果要使用茴香叶，将其洗净并控净水，然后将茴香叶从茎上择下。用厨刀剁碎。

抱子甘蓝的加工处理

334

1 修剪掉茎根部

用去皮刀将每个抱子甘蓝的茎根部修剪掉，去掉所有枯萎的或变黄了的叶片。

2 切割抱子甘蓝

将较大的抱子甘蓝顺长切成两半或者四瓣，以使得它们与最小的抱子甘蓝差不多大小。以这种方式切割，抱子甘蓝会以相同的速度成熟。

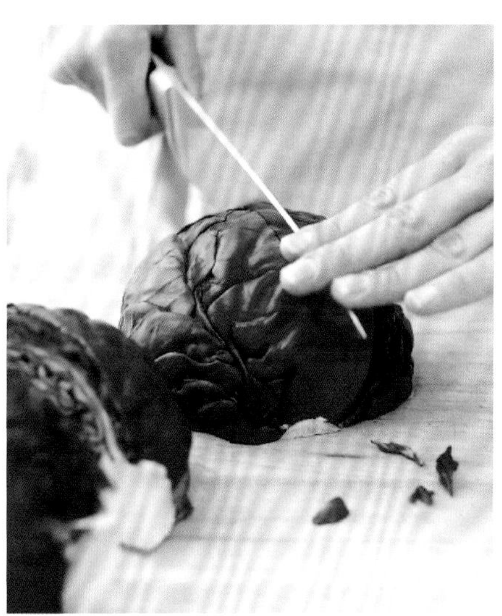

紫甘蓝的加工处理

335

1 将紫甘蓝切成两半

将紫甘蓝上破损的或枯萎的外层叶片剥掉。用厨刀将紫甘蓝切成两半。紫甘蓝非常结实，要用力切割并小心不要让紫甘蓝在砧板上滚动。

2 将紫甘蓝切成四瓣

把切成两半的紫甘蓝再切成四瓣，将紫甘蓝切面朝下摆放在砧板上，顺长穿过菜心切割。

3 去掉紫甘蓝的茎

将切成四瓣的紫甘蓝切面朝下平放在砧板上。用去皮刀将硬质的茎去掉。剩余的几瓣紫甘蓝重复此操作。

4 将紫甘蓝切成片或丝

将每瓣去掉茎的紫甘蓝根据食谱要求，横切成片，通常为6毫米（1/4英寸）宽。紫甘蓝片会分离成丝，可以用于烹调或凉拌紫甘蓝。

洋蓟的修剪加工处理

1 去掉外层叶片

一次加工处理1个洋蓟，掰掉外层叶片，一直掰到靠近洋蓟心的浅绿叶片。将处理好的洋蓟放入加有柠檬汁的冷水中，防止变黄。

2 把洋蓟顶部的1/3切掉

用锯齿刀将每个洋蓟顶部的1/3部分切掉，这一部分吃起来太老。用柠檬涂擦洋蓟的切面，以防变色。

3 修剪洋蓟的根部

用去皮刀将叶片的茎削掉。修剪掉茎与洋蓟底部相连的深绿色叶片，以及更大的被掰断的外部叶片的底部。

4 去掉绒心

将洋蓟顺长切成四瓣，去除绒心和里面所有带刺的叶片，将洋蓟块放入柠檬水中备用。

芦笋的修剪加工

1　修剪掉底部

如果使用的是较粗的芦笋，用厨刀将每根芦笋的底部切去。若底部位置的颜色变成了较浅的颜色，即老了。

2　将较粗芦笋茎的外皮削去

用削皮刀将每根较粗芦笋上绿色的外皮削下薄薄的一层，距离芦笋尖大约5厘米（2英寸）。

3　将细芦笋的底部掰断

如果使用的是大约铅笔宽度的细芦笋，轻轻地将每根芦笋的底部掰至断开。芦笋尖会精准地在纤维多且老的位置处折断。将底部的芦笋丢掉。

4　将芦笋斜切成段

一次切一根芦笋，将每根芦笋尖根据食谱要求横切或斜切成段。

鳄梨（牛油果）的加工处理

1　将鳄梨顺长切成两半

挑选一个成熟的鳄梨，应该用手指轻轻按压能留下印痕，用厨刀，将鳄梨顺长切成两半，切到果核处绕着果核切一圈。

2　将切成两半的鳄梨分离开

握住鳄梨，两只手各握住其中的一半。轻轻地向相反的方向转动，把切成两半的鳄梨分离开。

3　去掉果核

小心地用一只手握住带有果核的那一半鳄梨，或者把它摆在砧板上，用厨刀的刀后跟砍向果核，刀就会留在果核里。把刀转动一下，就可以将果核带出来。

1

2

3

4

5

4　切割每一半鳄梨

用去皮刀在半个鳄梨上以平行线的方式切割，只切到鳄梨的外皮。将鳄梨转动90度，再次平行切割，与第一次切割的平行线垂直。

5　挖出鳄梨块

用一把大勺子将切成方块的鳄梨挖到一个碗里。切好的鳄梨块要尽快使用。

疑难解答

鳄梨的果肉暴露在空气中会很快变成棕色。在果肉上撒上一点鲜榨柠檬汁或青柠汁，有助于减缓鳄梨果肉变色的进度。

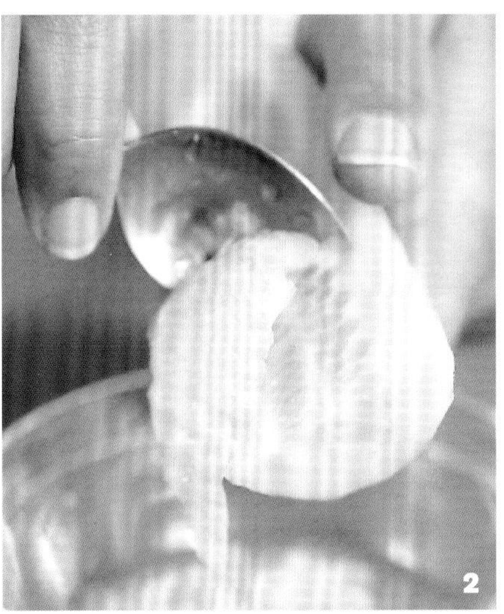

黄瓜的加工处理 339

1 将黄瓜去皮并切成两半

用削皮刀将黄瓜的外皮削掉（许多黄瓜外皮上都会有一层蜡）。用厨刀将黄瓜顺长切成两半。

2 将黄瓜籽挖出

用茶勺或挖球器将所有的籽和瓤挖出来，这些瓤非常绵软。英国黄瓜（温室黄瓜）只有很少或者没有黄瓜籽。

3 将去籽后的切半黄瓜切成条

将切半黄瓜顺长切成条，如果打算将黄瓜切成丁，就将黄瓜切成与所需丁同样厚度的条。然后将黄瓜条分别顺长切成相同大小的条。

4 将黄瓜条切成丁

将黄瓜条摆放好，将它们横向切成丁。要确保按压黄瓜条的手指在切黄瓜时聚拢在一起。

凹槽造型黄瓜片的加工处理 340

1 将黄瓜皮呈条状削掉

用条形凹槽刀（也称柠檬脱皮刀）或者削皮刀的刀尖将黄瓜的外皮间隔削成条状。

2 将黄瓜切成片

用厨刀将黄瓜横切或斜切成片，用于开胃菜的话，切成6毫米（1/4英寸）厚比较合适。

341

烫蔬菜（蔬菜焯水）

1　将蔬菜短暂的煮一下

将一个装有3/4满水的大锅加热烧开。当水煮沸时，加入约2茶勺盐，并加入蔬菜焯水，或将蔬菜煮熟。图示的是芦笋焯水。

2　将焯好水的蔬菜捞出

一旦蔬菜变得脆嫩、断生（尝一根芦笋），并且颜色鲜艳，用撇沫勺或者漏眼勺将它们从水中捞出。对于小块的蔬菜，可以用漏勺将它们捞出。

1

2

3

4

3　将蔬菜拔凉（急速降温）

立刻将焯好水的蔬菜放入到冰水盆里。这样会阻止蔬菜继续受热，并将蔬菜的颜色固定，这种工艺称为“拔凉”（急速降温）。

4　将蔬菜擦干

一旦蔬菜冷却，捞出蔬菜控净水分并将它们的水分擦干。

炒蔬菜

1 将炒锅加热

用大火将炒锅加热，直到把手放在锅的上方时，感觉到热量在上升。加入食用油，如花生油或菜籽油，抬起倾斜并旋转炒锅使油分布均匀，加热至油变热。

2 加入需要较长加热时间的蔬菜

将蔬菜按照加热时间的先后顺序，从最长到最短，加入到锅内，继续加热，用两把木勺或铲子不停地翻动和搅拌，加热一两分钟，或者按照食谱要求的时间进行加热。

3 加入其他蔬菜

按照食谱要求，加入剩下的蔬菜和香料，如姜或大蒜，继续加热，同时不断地翻炒，再加热一两分钟。让火力保持在大火。

4 加入新鲜的调味料

在出锅前的最后一分钟，将像新鲜的香草和柑橘类外皮这样的原材料加入到锅内，这样它们会保持清新的滋味和鲜艳的色彩。

343

蒸蔬菜

蒸蔬菜要比煮蔬菜快得多。对于想要吃得健康的人来说，这是一种理想的烹调方法：蒸过的蔬菜保留了蔬菜中大部分的营养成分，油脂可以在成熟之后酌量添加到蔬菜里。

原材料

约680克（1.5磅）菜花、西蓝花、抱子甘蓝，或者其他适合用来蒸的蔬菜

可供4~6人食用

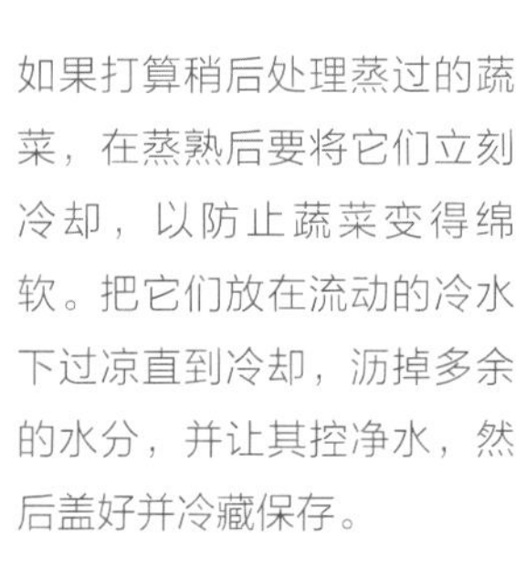

如果打算稍后处理蒸过的蔬菜，在蒸熟后要将它们立刻冷却，以防止蔬菜变得绵软。把它们放在流动的冷水下过凉直到冷却，沥掉多余的水分，并让其控净水，然后盖好并冷藏保存。

1 切割蔬菜

修整蔬菜，并将它们切成小块（把菜花切割成小朵，见条目328）。大小相同的块会受热均匀，并以同样的速度成熟。

2 放入蒸篮（蒸笼）

将水倒入少司锅内，水深大约2.5厘米（1英寸）。在锅里放一个蒸篮或者蒸笼。水的深度应该刚好到蒸篮的底部。盖上锅盖，用大火加热，直到水面形成了大而多的气泡（如果不确定水是不是烧开了，可以用叉子挑起蒸篮看一下）。

5 揭开锅盖

要检查蔬菜蒸的成熟情况，可以用折叠好的毛巾或者戴上高温手套揭开锅盖。因为所有的蒸汽都会上升，锅的任何金属部分都会非常热。

蒸各种风味的蔬菜

蒸西蓝花配柠檬和橄榄油风味酱汁

西蓝花按照蒸蔬菜食谱的步骤进行制作，在一个足以容纳西蓝花的大碗里拌入50毫升（1/4杯/2盎司）特级初榨橄榄油、2茶勺现擦柠檬皮碎、2汤勺切成细末的春葱、1/2茶勺海盐以及1/8茶勺现磨胡椒粉，将热的蒸西蓝花倒入碗里，和调味料一起轻轻搅拌均匀。

蒸菜花配咖喱黄油风味酱汁

菜花按照蒸蔬菜食谱的步骤进行制作，在一个碗里，将60克（4汤勺/2盎司）常温无盐黄油、2茶勺咖喱粉、1茶勺现擦柠檬皮碎、1茶勺鲜榨柠檬汁、1/2茶勺海盐、1/4茶勺白糖、1/8茶勺豆蔻粉以及1/8茶勺红椒粉混合到一起。加入热的蒸菜花和2汤勺香芹碎，轻轻拌均匀。

3 放入蔬菜

将蔬菜摆放到蒸篮或蒸笼里，均匀分布开。均匀的间隔可以让蒸汽更容易在它们周围循环。

4 蒸蔬菜

盖上锅盖，将蔬菜蒸至成熟并且颜色鲜艳，菜花大约需要蒸5分钟，西蓝花大约需要蒸4分钟，抱子甘蓝需要蒸8分钟。

3

4

6

6 测试蔬菜的成熟程度

要测试蔬菜的成熟程度，将去皮刀的刀尖插入到一块蔬菜中，如果刀尖能很容易地插进插出，但蔬菜块还仍然有一点硬度，那么蔬菜就蒸好了。如果不是这样，那就重新盖上锅盖再蒸30~60秒钟，然后再次测试。不要把蔬菜蒸过了，否则会缺乏蒸蔬菜最清新的风味和质感。

煎炒蔬菜

煎炒是用少量的油在高温下快速加热相对精致的蔬菜。这种方法炙烧蔬菜的表面，使得它们形成焦糖，形成金黄色的外皮，同时保持了内部的鲜嫩和香脆。

原材料

约680克（1.5磅）西葫芦或者其他夏季瓜，柿椒，粗芦笋以及其他适合煎炒的蔬菜

2汤勺橄榄油

1/4茶勺海盐

少许现磨碎的胡椒粉

可供4~6人食用

如果想练习颠锅，可在一个干燥的，没有经过加热的煎锅里装入干豆子练习。

1 切好蔬菜

修整蔬菜，并将它们切成小块。西葫芦顺长切成四条，然后横切成12毫米（1/2英寸）的块；柿椒顺长切成1厘米（3/8英寸）厚的片；芦笋斜切成4厘米（1.5英寸）的长段或者6毫米（1/4英寸）的较短一些的段。

2 将锅加热

将一个大号的煎锅用大火加热一会。在煎锅加热的时候，将所有的原材料都摆放到靠近炉灶的位置。测试锅热的程度，将手放到锅的上方，直到感觉有热量升起。

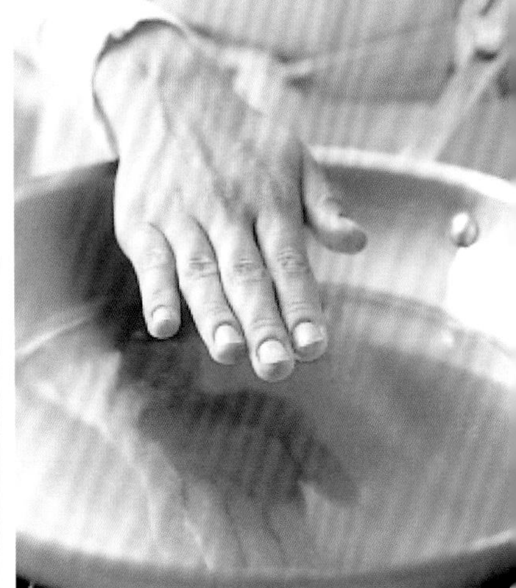

5 煎炒蔬菜

快速翻动锅里的蔬菜块，或者来回颠锅让蔬菜在锅内翻动，也可简单地使用木勺或者硅胶抹刀翻动蔬菜，煎炒蔬菜直到呈金黄色，西葫芦需要煎炒8~10分钟，柿椒、芦笋需要煎炒4~7分钟。

3 加入油

当锅烧热之后，加入橄榄油。倾斜并转动煎锅，让锅底均匀地沾上一层油。让油加热几秒钟。

4 加入蔬菜

当锅内的油烧热时，立刻将蔬菜块加入到锅内。翻炒蔬菜，使蔬菜都沾上油，撒上海盐和胡椒碎。

6 测试蔬菜的成熟程度

要测试蔬菜的成熟程度，将去皮刀的刀尖插入一块蔬菜里。蔬菜应该是软嫩的，但是中间仍然有点硬。如果蔬菜还没有熟，再多煎炒30~60秒并再次测试。不用太频繁地煎炒，因为与煎锅接触会让蔬菜呈现高温加热的焦糖风味。

更多风味的煎炒蔬菜

柠檬香草风味面包糠煎炒西葫芦

西葫芦按照煎炒蔬菜食谱的步骤进行制作。将一个小号煎锅用小火加热，将20克（1/2杯/2/3盎司）新鲜面包糠与1茶勺橄榄油一起在锅内翻炒成金黄色并变得酥脆，大约需要加热10分钟。加入1/2茶勺大蒜末、1汤勺现擦柠檬皮碎以及2汤勺切碎的新鲜甘牛至，翻炒几分钟，然后倒入一个小碗里。在煎炒好的西葫芦上撒上焙好的面包糠混合物。

新鲜香草煎炒芦笋

芦笋按照煎炒蔬菜食谱的步骤进行制作。将1汤勺新鲜罗勒碎或者切成细末的新鲜细叶芹、香菜、香芹等拌入芦笋中即可。

帕玛森奶酪煎炒茴香头

按照煎炒蔬菜的食谱步骤进行制作，使用3个大的茴香头，总重量大约为315克（10盎司），顺长切成6毫米（1/4英寸）厚的片。将茴香头煎炒到变软，大约需要加热10分钟，然后加入80毫升（1/3杯/3盎司）干白葡萄酒，如白苏维浓，继续加热直到茴香头变成金黄色并成熟，需要再加热5~7分钟。适当调味，然后加入1汤勺切碎的茴香叶和现擦帕玛森奶酪碎调味。

烤蔬菜

用烤箱干烤特别适合秋冬季质地紧实型蔬菜。涂抹一点橄榄油，在高温加热下，蔬菜中的天然糖分就会显现出来。

原材料

约907克（2磅）甘薯，中度或低度淀粉含量的土豆，如红皮土豆或育空黄金土豆，粗胡萝卜，或者其他适合用来烤的蔬菜，切成6厘米（$2^{1}/_{2}$英寸）的角块或者块状。

60毫升（1/4杯/2盎司）橄榄油

2茶勺新鲜百里香碎或迷迭香碎

1/2茶勺海盐

1/8茶勺现磨胡椒碎

可供4~6人食用

1　将橄榄油拌入到蔬菜里

将烤箱预热至220℃（425℉）。将切成角块或者块状的蔬菜放入到一个大盆里，加入橄榄油拌均匀（如果使用的是切得规整的土豆，要快速搅拌，因为土豆暴露在空气中会变色）。

2　加入调味料

加入百里香碎、海盐和胡椒碎。用手或两把木勺搅拌蔬菜，以让蔬菜均匀沾满油和香草的混合物。

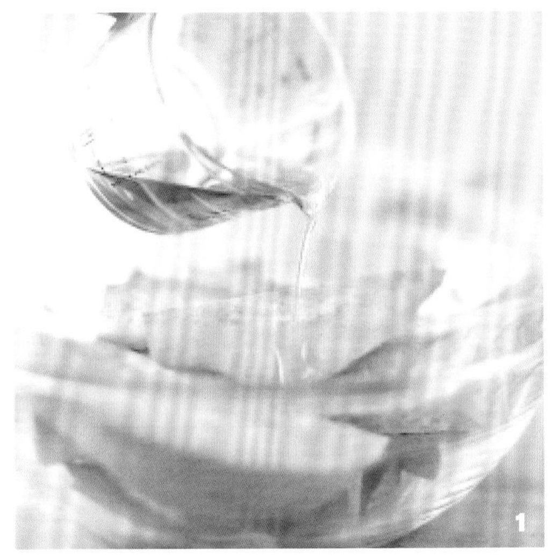

1

5　烤蔬菜

将烤盘放入烤箱里，烤至蔬菜金黄色并成熟，甘薯大约需要烤20分钟，切成块状的土豆或者胡萝卜需要烤25分钟。将去皮刀的刀尖插入蔬菜块中，如果刀尖能很容易插进插出，蔬菜就烤好了，如果不行，再继续烤5分钟并再次测试。不要将蔬菜烤过了，否则香甜浓郁的风味以及烤蔬菜的质地就会缺失其最佳状态。

3 将蔬菜倒入烤盘里

将蔬菜倒入烤盘里，确保将盆里所有剩余的油和香草都全部倒出。

4 将蔬菜整理好

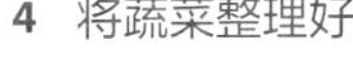

将蔬菜块单层均匀摆放好。这样做会使蔬菜的表面区域最大限度的暴露在烤箱的高温之下，促使其变成均匀的金黄色。

6 给烤蔬菜调味

尝一下烤蔬菜的味道，应该带有本身的天然风味，并带有来自高温烘烤的微妙的甘美香味，还有海盐、胡椒碎以及百里香的突出风味。如果觉得蔬菜淡而无味，可以用在烤蔬菜上撒上一点盐的方式来提高风味。

更多风味的烤蔬菜

烤圣女红果（樱桃番茄）

将烤箱预热至220℃（425℉）。将560~750克（2品脱/24盎司）小圣女果放入烤盘里，烤盘要大到足以盛下它们。加入4茶勺橄榄油和1/4茶勺海盐混合均匀。烤到表皮开始裂开，番茄释放出一些汤汁，需要烤5~7分钟。加入1/8茶勺现磨胡椒碎，搅拌均匀即可。

迷迭香烤甜菜

将烤箱预热至220℃（425℉）。将约680克（$1\frac{1}{2}$磅）红或者黄小甜菜切成5厘米（2英寸）的块，放入烤盘里，烤盘要大到足以盛下它们。加入3茶勺切碎的新鲜迷迭香、4茶勺橄榄油、1/4茶勺海盐，以及1/8茶勺现磨碎的胡椒粉，搅拌均匀，放入烤箱里烤，不时翻动一下，直到甜菜变成金黄色并成熟，当插入一把去皮刀的刀尖时能穿透甜菜块。大约需要烤1个小时。

烤土豆和大蒜

将烤箱预热至220℃（425℉）。将约680克（$1\frac{1}{2}$磅）小土豆放入烤盘里，烤盘要大到足以盛下它们。加入1头没有剥去皮的蒜、60毫升（1/4杯/2盎司）橄榄油、3茶勺切碎的新鲜百里香、3/4茶勺海盐以及1/4茶勺现磨胡椒碎，搅拌均匀，放入烤箱里烤，不时翻动一下，直到土豆变成金黄色并成熟，当插入一把去皮刀的刀尖时能穿透土豆。大约需要烤40分钟。

炖蔬菜

炖是一种温和的烹调方法，要求有少量的汤汁，使用小火加热，并盖着锅盖，可以用于各种蔬菜。也可以将味道饱满的炖蔬菜的汤汁收浓，用来作为配菜的酱汁食用。

原材料

- 0.79~0.9千克（$1\frac{3}{4}$~2磅）韭葱，芹菜或者茴香头，或者其他适合用来炖的蔬菜
- 1~2汤勺无盐黄油
- 60克（1/4杯/2盎司）黄皮洋葱碎
- 60克（1/4杯/2盎司）干白葡萄酒，如白苏维浓
- 375毫升（1.5杯/12盎司）鸡高汤（见条目298）或者罐装低钠鸡汤
- 1/4茶勺海盐
- 1/8茶勺现磨胡椒碎，可选
- 1~2茶勺鲜榨柠檬汁，可选

可供4~6人食用

1 在锅内将黄油加热

整理好蔬菜并将它们切成大小均匀的块，这样蔬菜受热会均匀。将一个带锅盖的直边煎锅用中大火加热，加入1汤勺黄油。

2 煸炒洋葱

当黄油熔化并且泡沫开始消退时，加入洋葱碎不断煸炒，直到变软，需要煸炒2~3分钟。加入干白葡萄酒加热至葡萄酒三十收至一半的量，需要加热1~2分钟。

1

5 测试成熟程度

揭开锅盖，把去皮刀的刀尖插入一块蔬菜中。如果刀尖能很容易插进插出，但是蔬菜块还略微有一点硬，炖蔬菜就制作好了。如果还没有好，重新盖上锅盖，再多炖2分钟，然后再次测试。不要将蔬菜炖得太软烂，否则会失去炖蔬菜最佳的清新风味。用夹子将蔬菜夹取到一个热的餐盘里，盖上盖子保温。

更多风味的炖蔬菜

3 加入蔬菜

把蔬菜块、鸡汤和海盐一起放进锅里，用大火加热烧开。一旦锅内汤汁形成了大的气泡，就改用小火，直到只有小气泡偶尔在表面冒出。

4 炖蔬菜

盖上锅盖，让蔬菜在封闭的加热环境中焖煮至变软，韭葱大约需要炖25分钟，芹菜大约需要炖15分钟，茴香头大约需要炖20分钟。

3

4

6

6 如果需要，制作酱汁

如果需要，可以用锅内的汤汁制作出味道饱满的酱汁。将带有炖蔬菜剩余汤汁的锅用大火加热烧开，让汤汁冒泡并收汁至剩余大约80毫升（1/3杯/3盎司），大约需要加热8分钟。将剩余的1汤勺黄油和胡椒碎加入到锅里搅拌均匀。尝味，如果味道清淡，加入柠檬汁或者更多的海盐和胡椒碎，一次加入一点，直到达到满意的味道。将酱汁浇淋到炖蔬菜上即可。

柠檬风味炖芹菜

在一个用中大火加热的煎锅里加入375毫升（1/2杯/12盎司）鸡汤、60克（1/4杯/2盎司）洋葱末、1小枝新鲜百里香以及1条5厘米（2英寸）宽的柠檬皮。加热烧开，然后改用中小火加热，将汤汁收至减半，大约需要加热5分钟。加入1棵切成10厘米（4英寸）长的条（芹菜叶另用）的芹菜、1汤勺无盐黄油以及海盐调味。盖上锅盖炖至芹菜成熟，当插入一把去皮刀的刀尖时能穿透芹菜，大约需要炖15分钟。将芹菜盛入到一个热的餐盘里。在锅内的汤汁中加入1汤勺柠檬汁、2茶勺黄油、预留出来的芹菜叶以及少许胡椒碎。用大火加热煮开1分钟。将酱汁浇淋到炖芹菜上。

奶油风味炖苦苣

在一个用中大火加热的煎锅里加热熔化3汤勺无盐黄油，加入6个切成两半的苦苣，切面朝下摆放到煎锅里。煎至浅金色，需要加热4~5分钟。轻轻翻动苦苣，并加入80毫升（1/3杯/3盎司）鸡汤、1/2茶勺海盐以及1/8茶勺现磨胡椒碎加热烧开。盖上锅盖，将火调至小火加热，炖至苦苣变软，大约需要炖20分钟。揭开锅盖，加入60毫升（2/3杯/5盎司）鲜奶油、2茶勺切碎的新鲜龙蒿以及1茶勺柠檬汁。改用大火加热，收至奶油变成浓稠的酱汁状。

烹饪换算图表

按照体积测量液体

在测量液体时，对于量少的液体，可以使用标准的量勺。对于超过3汤勺的液体，可以使用液体量杯以确保准确性。在使用液体量杯时，要把它放在一个平整的台面上，然后倒入液体。让液体沉淀好，眼睛平视读取测量值，并随时调整。下面的表格可在增加食谱的分量或者需要用不同的测量工具来代替使用的测量工具时提供帮助。

茶勺	汤勺	液体盎司	杯	品脱	夸脱	加仑
3茶勺	= 1汤勺	= 1/2液体盎司				
	2汤勺	= 1液体盎司				
	4汤勺	= 2液体盎司	= 1/4杯			
	8汤勺	= 4液体盎司	= 1/2杯			
	16汤勺	= 8液体盎司	= 1杯			
		16液体盎司	= 2杯	= 1品脱		
		32液体盎司	= 4杯	= 2品脱	= 1夸脱	
		128液体盎司	= 16杯	= 8品脱	= 4夸脱	= 1加仑

肉类和家禽类的成熟温度

烤肉从烤箱中取出后，根据它们的大小、形状和重量的不同，静置5分钟、10分钟或者更长的时间后，其内部温度会上升3~6°C（5~10°F），下表展示了烤肉在静置之前需要达到的温度。要确保肉类和家禽类按照食谱的要求进行静置，这样温度就会上升到最佳的成熟温度。

品种	三分熟	四分熟	五分熟	七分熟	全熟
牛肉	120~125°F 49~53°C	125~130°F 52~54°C	135~140°F 57~60°C	140~150°F 60~65°C	150°F 65°C
小牛肉	—	52~54°C 125~130°F	135~140°F 57~60°C	140~150°F 60~65°C	—
羊肉	120~125°F 49~53°C	125~130°F 52~54°C	135~140°F 57~60°C	140~150°F 60~65°C	150°F 65°C
猪肉	—	—	135~140°F 57~60°C	140~150°F 60~65°C	150°F 65°C
家禽胸脯肉	—	—	—	—	160°F 71°C
家禽腿肉	—	—	—	—	170°F 77°C

替换与等量换算

下表列出了某种食物重量和数量等量换算的具体换算标准，以及在条件许可的情况下，某些食物可以用的替代品。要计算公制的等量换算，使用以下公式：把汤勺用量转换成毫升，可以将汤勺的数量乘以14.79；若要将杯数转换为升，可以将杯数乘以0.236；若要将盎司换算成克，则将盎司数乘以29.57。

食物	数量	等量/重量	替代原材料
黄油	1/2条	4汤勺，1/4杯，2盎司	—
	1条	8汤勺，1/2杯，4盎司	—
	2条	1杯，8盎司	7/8杯植物油或者1杯熟猪油
	4条	2杯，16盎司（1磅）	—
脱脂乳	1杯	8盎司	1杯牛奶+1汤勺鲜榨柠檬汁，或者1杯原味酸奶
奶酪	1杯擦碎的奶酪	4盎司	—
	1杯菲达奶酪碎	5盎司	—
	1杯里科塔乳清奶酪	8盎司	—
巧克力	1块（1盎司）	4汤勺擦碎的巧克力	—
玉米淀粉	1汤勺	—	2汤勺面粉或者1汤勺葛根粉
面粉，蛋糕粉	453.59克（1磅）	4.5杯过筛后的面粉	—
	1杯	—	1杯2汤勺通用面粉（加上2汤勺玉米淀粉，如果可能的话）
大蒜	2瓣中等大小	1茶勺切碎的大蒜	—
香草	1汤勺（3茶勺）新鲜香草	1茶勺干香草	—
柠檬	1个中等大小	1~3汤勺柠檬汁，1.5茶勺柠檬外皮	—
青柠檬	1个中等大小	1.5~2汤勺青柠檬汁	—
酸奶油	1杯	8盎司	1杯原味酸奶
红糖	453.59克（1磅）	$2^1/_4$满杯	—
	1杯	—	1杯砂糖+2汤勺浅色或深色糖浆混合好
番茄	3个中等大小（1磅）	1.5杯切碎的番茄	—
香草香精	1茶勺香草香精	—	2.54厘米（1英寸）长的香草豆荚段，从中间切开并刮取香草籽
活性干酵母	1袋	$2^1/_4$茶勺	1块压缩酵母

索引

曲奇类和巧克力蛋糕

烹饪知识应知应会

蛋类烹饪技法

鱼类烹饪技法

水果处理技法

谷物和豆类烹饪技法

铁扒知识应知应会

香草和香料知识

刀工技法

肉类烹饪技法

意大利面烹饪技法

馅饼和挞类烹饪技法

家禽类烹饪技法

酱汁类烹饪技法

贝类海鲜烹饪技法

高汤类烹饪技法

蔬菜类烹饪技法

后记

威尔登·欧文在此感谢以下人士对本书编纂的大力支持：
摄影师塔克、霍斯勒；美食造型师艾莉森·阿滕伯勒，凯文·克拉夫斯，雪莉·康顿斯基，珍·施特劳斯，威廉姆·史密斯；道具造型师玛丽娜·马尔钦，利·诺伊和南希·米克林·托马斯；道具造型师梅勒妮·巴纳德，杰·哈洛，丹尼斯·凯利，埃丽诺·克利万斯，黛博拉·麦迪逊，里克·罗杰斯，米歇尔·西科龙，玛丽·西蒙斯，以及简·韦默；文本编写诺曼·科尔帕斯；文字编辑凯莉·布拉德利，莎朗·席尔瓦和莎伦·伍德；校对员莱斯利·埃文斯；索引编撰肯·德拉彭塔；顾问海尔斯尔·贝尔特和布列塔尼·威廉姆斯；以及玛丽莎·霍尔沃森和她在旧金山邮政街上的威廉姆斯-索诺玛商店里的员工。

其他的摄影工作人员

诺尔·巴恩赫斯特：条目53（做好的菜品），54（做好的菜品），65（做好的菜品），160（做好的菜品），240（做好的菜品）；比尔·贝特恩考特：条目34，35（步骤2），41，43，46~49，51，52，55，57，58，71，74~84，97，100~105，108~110，120~124，126，128~134，151，152，178，180，205，223（做好的菜品），226（步骤4），235，237，239，252，287~293，294（做好的菜品），296（做好的菜品），299（做好的菜品），300（做好的菜品），302，303，306，308，310，312，315，316，318，321，327，328，338，341；本·迪恩利：条目70（做好的菜品）；丹·戈德堡：条目80（做好的菜品）；劳里弗兰克尔：条目69（做好的菜品）；杰夫·考克：条目96，98，193，219~225（步骤1~2），227~234，277，284（做好的菜品），286，294，295，297，298，300，301，304，314；戴维·马西森：厨房用具解读章节的开篇内容，使用技巧章节的开篇内容；马克·托马斯：条目35（步骤1），38~40，42，45（做好的菜品），50，56，73，106，107，135~137，141，145~147，170，177，194，195，198，199~204，207，214，251，254，255，258，260~266，270~276，277（做好的菜品），278~282，283（做好的菜品），284，285，296，299，305，309，311，320.

关于重量和量度的说明

所有食谱使用的是美国习惯用法和公制的量度标准。度量转换是基于本书的标准，并经过四舍五入，实际重量可能会略有出入。

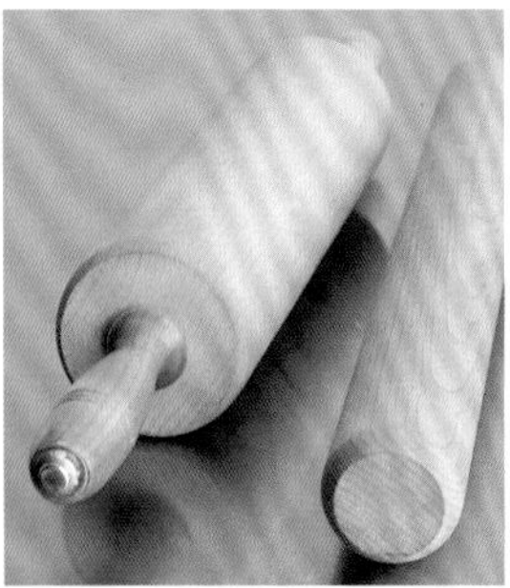